教育部职业教育与成人教育司推荐教材
数控专业教学用书

数控机床与机械结构

第2版

主　编　晏初宏
副主编　张江华　郑　英　凡进军
参　编　王丽洁　赵　军　曹　伟　周　辉
主　审　刘力群　刘让贤

机械工业出版社

本书是教育部职业教育与成人教育司推荐教材，是在第1版的基础上修订而成的。本书共分九章，主要介绍了数控机床的基础知识、数控机床的运动分析、计算机数控（CNC）装置、数控轮廓加工的数学基础、数控机床的典型机械结构、数控车床的机械结构、数控铣床的机械结构、加工中心的机械结构和数控电火花线切割机床的机械结构，各章后均附有思考题与习题。书中采用了新的国家标准规定的名词术语，较系统地介绍了数控机床与机械结构的工作原理，以及数控机床与机械结构的应用技术。全书表述新颖，通俗易懂，方便教学和自学。

本书特别适合高等职业技术学院数控技术专业选用为教材，也可供大专院校相关专业的师生和从事数控加工工作的工程技术人员阅读参考，以及作为工厂数控机床操作工人的培训教材和自学教材。

图书在版编目（CIP）数据

数控机床与机械结构/晏初宏主编. —2版. —北京：机械工业出版社，2013.1（2025.1重印）

教育部职业教育与成人教育司推荐教材. 数控专业教学用书

ISBN 978-7-111-41506-0

Ⅰ.①数… Ⅱ.①晏… Ⅲ.①数控机床-机构学-职业教育-教材 Ⅳ.①TG659

中国版本图书馆CIP数据核字（2013）第031201号

机械工业出版社（北京市百万庄大街22号 邮政编码100037）
策划编辑：汪光灿 责任编辑：黎 艳 责任校对：张 薇
封面设计：陈 沛 责任印制：李 昂
北京捷迅佳彩印刷有限公司印刷
2025年1月第2版第8次印刷
184mm×260mm · 12.25印张 · 296千字
标准书号：ISBN 978-7-111-41506-0
定价：42.00元

电话服务	网络服务
客服电话：010-88361066	机 工 官 网：www.cmpbook.com
010-88379833	机 工 官 博：weibo.com/cmp1952
010-68326294	金 书 网：www.golden-book.com
封底无防伪标均为盗版	机工教育服务网：www.cmpedu.com

第 2 版前言

本书是教育部职业教育与成人教育司推荐教材，体现了以学生的创新精神和实践能力为重点的教育教学指导思想。本书第1版自2005年5月出版以来，受到了广大师生的喜爱和支持，为全面贯彻素质教育思想，培养高素质数控应用型高级技术专门人才做出了贡献。

目前我国是世界机床消费第一大国，并正在由制造大国向制造强国发展。数控机床以其高效、高精度以及加工灵活可变的特点，在各行各业取得了越来越广泛的应用，在许多场合，它已成为企业保证产品质量、提高生产率和管理水平的关键设备。因此，国家启动了"职业院校制造业和现代服务业技能型紧缺人才培养培训工程"，坚持以就业为导向，以全面素质为基础，以能力为本位，努力造就数以千万计的制造业和现代服务业一线迫切需要的高素质技能型人才。根据这一新形势、新任务的需要，机械工业出版社组织了对本书的修订工作，为读者推出了《数控机床与机械结构》的第2版。

修订后的《数控机床与机械结构》主要有以下特点：

1）在保留本书第1版整体框架的基础上，增添了数控机床的基础知识、数控机床的运动分析、计算机数控（CNC）装置、数控轮廓加工的数学基础内容。在教学内容方面，加强了数控机床理论和技能实践环节的统一，基本上满足了"理论浅、内容新、应用多和学得活"的要求。

2）按教育部的要求，突出高等职业技术教育培养特色。本书遵循以应用为主的原则，围绕数控机床的基础知识、计算机数控（CNC）装置和数控机床的典型机械结构知识组织内容，注重培养学生对计算机数控（CNC）装置进行技术分析的能力，解决数控机床典型机械结构的调整和故障排除问题的能力，在数控机床加工过程中采用新知识、新技术、新材料、新工艺和新方法的能力。

3）适应了"准确服务于培养目标，更新技术方法和提高技术应用水平"的社会新形势。本书所阐述的计算机数控（CNC）装置的基本理论、数控轮廓加工的数学计算、数控机床典型机械结构的调整方法和故障排除方法等内容，突出了"实际、实用、实效"的原则，体现了以能力为本位培养学生创新精神和实践能力的教育教学思想。

4）书中采用了新的国家标准规定的名词术语，较系统地介绍了数控机床与机械结构的工作原理，以及数控机床与机械结构的应用技术。

本书由晏初宏任主编，修订了绪论、第五章，编写了第一章、第二章。郑英编写了第三章，曹伟编写了第四章，凡进军、张江华、周辉、王丽洁、赵军分别负责第六、七、八、九章的修订工作。刘力群、刘让贤审阅了全书的修订稿，提出了许多宝贵的意见和修改建议，在此表示衷心的感谢。

限于编者水平有限，书中难免缺点和错误，敬请读者能一如既往地给予批评指正。

编　者

第1版前言

本书是根据机械工业教育发展中心2003年10月在北京召开的机电类五年制高等职业技术教育专业教学计划及教材编写工作研讨会议的精神编写的。除供高等职业技术学院数控技术应用专业选用外，本书也可供大专院校相关专业和从事数控加工工作的工程技术人员参考，或作为工厂数控机床操作工人的自学教材。

本书根据科学事业的迅速发展对人才素质的需要而组织课程的教学内容，体现了创新意识和实践能力为重点的教育教学指导思想。在调查研究的基础上，本书注意反映了生产实际中的新知识、新技术、新工艺和新方法，突出了高等职业教育特色，紧密联系生产实际，注重基本理论、基本知识和基本技能的叙述。通过对本书的学习，可以提高学生解决实际问题的能力，逐步培养学生的职业技能，使学生能够掌握数控机床机械结构的工作原理、调整方法和故障排除方法。

全书共五章，分别介绍了数控机床的典型机械结构、数控车床的机械结构、数控铣床的机械结构、加工中心的机械结构和数控电火花线切割机床的机械结构等内容。

本书的绪论、第一章由张家界航空工业职业技术学院晏初宏编写，第二章由西安理工大学高等技术学院王丽洁编写，第三章由常州机电职业技术学院张江华编写，第四章由山西机电职业技术学院赵军编写，第五章由张家界航空工业职业技术学院周辉编写。晏初宏任主编，并负责全书的统稿和定稿工作。

本书由河北机电职业技术学院刘力群副教授主审。他对全书提出了许多宝贵的建议和修改意见，在此表示衷心的感谢。

由于编者水平有限，经验不足，书中的缺点和错误在所难免，恳请读者给予批评指正。

编　者

目　　录

绪　论

一、数控机床的基本概念

数控机床是由普通机床发展而来的，它们之间最明显的区别是数控机床可以按事先编制的加工程序自动地对工件进行加工，而普通机床的整个加工过程必须通过技术工人的手工操作来完成。如图0-1所示，说明了这两者之间的主要区别。

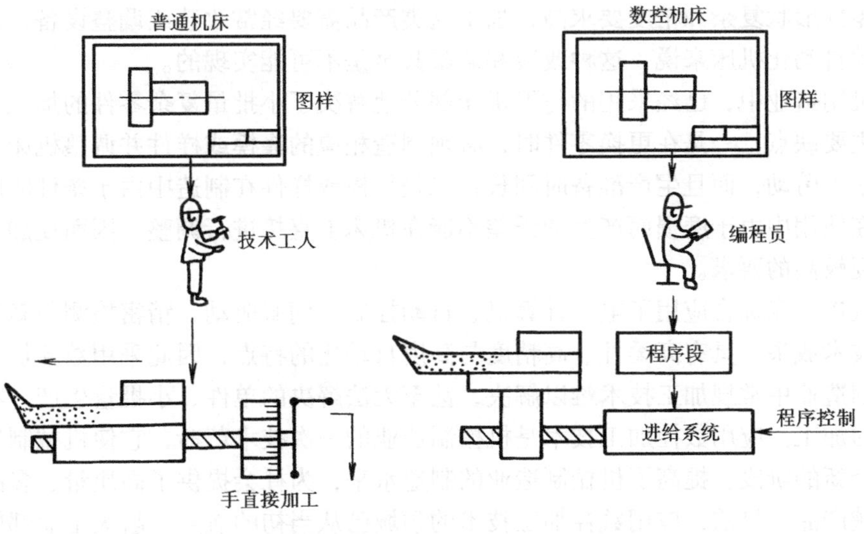

图0-1　普通机床加工与数控机床加工的区别

数控机床又称数字控制（Numerical Control，简称NC）机床，是相对于模拟控制而言的。在数字控制系统中所处理的信息量主要是离散的数字量，而不像模拟控制系统那样主要处理一些连续的模拟量。早期的数字控制系统是采用数字逻辑电路连接成的，而目前则是采用了计算机数控系统（Computer Numerical Control），即CNC。机床数控技术就是以数字化的信息实现机床的自动控制的一门技术。其中，刀具与工件的运动轨迹的自动控制，刀具与工件相对运动的速度自动控制是机床数字控制的最主要的控制内容。

数控机床工作前，要预先根据工件的要求，确定工件加工工艺过程、工艺参数，并按一定的规则形成数控系统能理解的数控加工程序，即将工件的几何信息和工艺信息数字化，按规定的代码和格式编制成数控加工程序。然后用适当的方式将数控加工程序输入到数控机床的数控装置中，这样便可起动机床运行数控加工程序。在运行数控加工程序的过程中，数控装置会根据数控加工程序的内容发出各种控制命令，如起动主轴电动机、开切削液、进行刀具轨迹计算，同时向特殊的执行单元发出数字位移脉冲并进行进给速度控制，正常情况下可直到程序运行结束，工件加工完毕为止。

二、数控加工在机械制造业中的地位和作用

随着科学技术的发展，机械产品的结构越来越合理，其性能、精度和效率日趋提高，更新换代频繁，生产类型由大批大量生产向多品种小批量生产转化。因此，对机械产品的加工相应地提出了高精度、高柔性与高度自动化的要求。

大批大量生产的产品，如汽车、拖拉机与家用电器的零件，为了提高产品的质量和生产率，多采用专用的工艺装备、专用自动化机床、专用的自动生产线或自动车间进行生产。尽管这类设备初次投资很大，生产准备周期长，产品改型不易，因而使产品的开发周期增长。但是由于分摊在每个零件上的费用很少，所以经济效益仍很显著。

然而，在机械制造工业中，单件及中、小批生产的零件约占机械加工总量的80%以上，尤其是在造船、航天、航空、机床、重型机械以及国防部门，其生产特点是加工批量小，改型频繁，零件形状复杂和精度要求高，加工这类产品需要经常改装或调整设备，对于专用化程度很高的自动化机床来说，这种改装和调整甚至是不可能实现的。

在飞机制造业中，已经采用的仿形机床部分地解决了小批量复杂零件的加工。但这种机床有两个主要缺点：一是在更换零件时，必须制造相应的靠模或样件并调整机床，不但要耗费大量的手工劳动，而且生产准备时间长；二是靠模或样件在制造中由于条件的限制而产生的误差和在使用中由于磨损而产生的误差不能在机床上直接进行调整，因而使加工零件的精度很难达到较高的要求。

由于数控机床综合应用了电子计算机、自动控制、伺服驱动、精密检测与新型机械结构等方面的技术成果，具有高柔性、高精度与高度自动化的特点，因此采用数控加工手段，解决了机械制造业中常规加工技术难以解决，甚至无法解决的单件、小批量生产，特别是复杂型面零件的加工。应用数控加工技术是机械制造业的一次技术革命，它使机械制造业的发展进入了一个新的阶段，提高了机械制造业的制造水平，为社会提供了高质量、多品种及高可靠性的机械产品。目前，应用数控加工技术的领域已从当初的航空、航天工业部门逐步扩大到汽车、造船、机床、建筑等民用机械制造业，并已取得了巨大的经济效益。

三、数控机床的发展

1952年美国帕森斯公司（Parsons Co.）和麻省理工学院伺服机构实验室（Serve Mechanisms Laboratory of the Massachusetts's Institute of Technology）合作研制成功世界上第一台三坐标数控立式铣床，用它来加工直升机叶片轮廓检查用样板。这是一台采用专用计算机进行运算与控制的直线插补轮廓控制数控铣床，专用计算机采用电子管元件，逻辑运算与控制采用硬件连接的电路。1955年，这类机床进入实用化阶段，在复杂曲面的加工中发挥了重要作用，这就是第一代数控系统。从那时起50多年来，随着自动控制技术、微电子技术、计算机技术、精密测量技术及机械制造技术的发展，数控机床得到了迅速发展，不断地更新换代。

1959年，晶体管元件问世，数控系统中广泛采用晶体管和印制电路板，从此数控系统跨入第二代。

1965年，出现了小规模集成电路，由于其体积小、功耗低，使数控系统的可靠性得到了进一步提高，数控系统从而发展到第三代。

随着计算机技术的发展，出现了以小型计算机代替专用硬接线装置，以控制软件实现数控功能的计算机数控系统，即 CNC 系统，使数控机床进入第四代。

1970 年前后，美国英特尔（Intel）公司首先开发和使用了四位微处理器，1974 年美、日等国首先研制出以微处理器为核心的数控系统。由于中、大规模集成电路的集成度和可靠性高、价格低廉，所以微处理器数控系统得到了广泛的应用。这就是微机数控（Micro Computer Numerical Control）系统，即 MNC 系统，从而使数控机床进入第五代。

20 世纪 90 年代后，基于 PC-CNC 的智能数控系统的发展和应用，充分利用现有 PC 机的软硬件资源，规范设计了新一代数控系统，因而使数控机床的发展进入到第六代。

我国是从 1958 年开始研制数控机床的，到 20 世纪 60 年代末 70 年代初，已经研制出一些晶体管式的数控系统，并用于生产。但由于历史的原因，一直没有取得实质性的成果。数控机床的品种和数量都很少，稳定性和可靠性也比较差，只在一些复杂的、特殊的零件加工中使用。

直到 20 世纪 80 年代初，我国先后从日本、德国、美国等国家引进一些先进的 CNC 装置及主轴、伺服系统的生产技术，并陆续投入了生产。这些数控系统性能比较完善，稳定性和可靠性都比较好，在数控机床上采用后得到了用户的认可，结束了我国数控机床发展徘徊不前的局面，使我国的数控机床在质量、性能及水平上有了一个飞跃。到 1985 年，我国数控机床的品种累计达 80 多种，数控机床进入了实用阶段。

1986 年至 1990 年期间，是我国数控机床大发展的时期。在此期间，通过实施国家重点科技攻关项目“柔性制造系统技术及设备开发研究”，以及重点科技开发项目“数控机床引进技术消化吸收”等，推动了我国数控机床的发展。

1991 年以来，一方面从日本、德国、美国等国家购进数控系统，另一方面积极开发、设计、制造具有自主版权的中、高档数控系统，并且取得了可喜的成果。我国的数控产品已覆盖了车、铣、镗、钻、磨、加工中心及齿轮机床、折弯机、火焰切割机、柔性制造单元等，品种达 500 多种。中、低档数控系统已达到小批量生产能力。

四、数控机床的适用范围

数控机床与普通机床相比具有许多优点，应用范围还在不断扩大。但是数控设备的初始投资费用比较高，技术复杂，对编程和维修人员的素质要求也比较高。在实际选用中，一定要充分考虑其技术经济效益。一般来说，数控机床特别适用于加工零件较复杂、精度要求高和产品更新频繁、生产周期要求短的场合。根据国外数控机床应用实践的情况，通常数控机床的适用范围可用图 0-2 来概括地表示。

图 0-2a 所示为随零件复杂程度和生产批量的不同，三种机床应用范围的变化。当零件不太复杂，生产批量又较小时，适宜采用通用机床；当生产批量很大时，适宜采用专用机床。而随着零件复杂程度的提高，数控机床更加显得适用。目前，随着数控机床的普及，应用范围正由 *BCD* 线向 *EFG* 线复杂性较低的范围扩大。

图 0-2b 所示为通用机床、专用机床和数控机床零件加工批量与生产成本的关系。从图中看出，在多品种、中小批量生产情况下，采用数控机床加工总费用更为合理。

五、数控机床机械结构的演变

数控机床是机械和电子技术相结合的产物，它的机械结构随着电子控制技术在机床上的

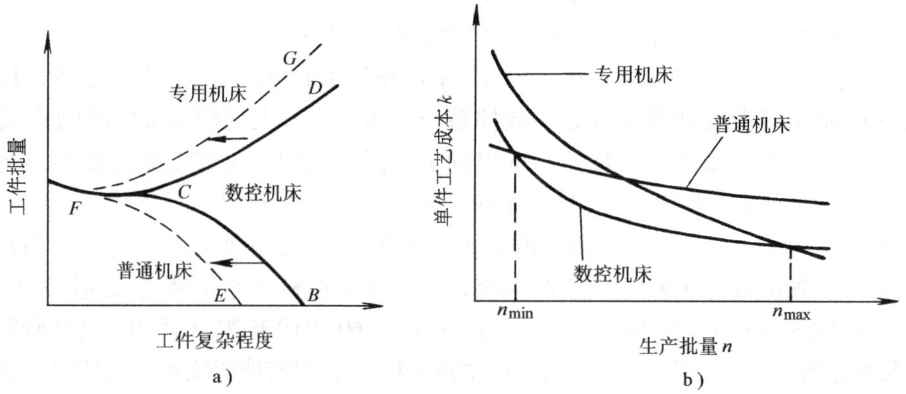

图 0-2　数控机床的适用范围示意图

普及应用，以及为适应对机床性能和功能不断提出的技术要求，而逐步发展变化。从数控机床的发展历史来看，早期的数控机床是对普通机床的进给系统进行革新、改造开始，而逐步演变发展的。1952 年，美国研制出的世界上第一台三坐标数控铣床，在结构上主要是用三个直流伺服系统替代了传统的机械进给系统。

30 多年来，由于进给驱动、主轴驱动和 CNC 的发展，以及为适应高生产率的需要，数控机床的机械结构已从初始阶段沿用普通机床的结构，只是在自动变速、刀架或工作台自动转位和手柄等局部结构的改进，而逐步发展到形成数控机床的独特机械结构。数控机床的外部造型、整体布局，机械传动系统与刀具系统的部件结构以及操作结构等机床的技术性能要求更高了。与传统的普通机床相比，数控机床采用了高性能主轴部件及传动系统，机械传动结构简化，传动链较短；机械结构具有较高刚度和耐磨性，热变形小；更多地采用高效传动部件，如滚珠丝杠螺母副、静压导轨副、滚动导轨副等。尽管如此，普通机床的构成模式仍适用于现代数控机床，其零、部件的设计方法仍基于普通机床设计的理论和计算方法。

数控机床的机械结构，除机床基础件外，主要有主传动系统、进给系统、实现工件回转和定位的装置及附件、实现某些部件动作和辅助功能的系统和装置（如液压、气动、润滑、冷却等系统和排屑、防护等装置）、刀架或自动换刀装置（ATC）、自动托盘交换装置（APC）、特殊功能装置（如刀具破损监控、精度检测和监控装置等）、为完成自动化控制功能的各种反馈信号装置及元件。

六、数控机床的基本功能和性能对机械结构的影响

数控机床与普通机床相比，它增加了功能，提高了性能，并简化了某些传统的机械结构。但是，正由于功能和性能的增加和提高，数控机床的机械结构在不断发展中发生了重大变革。而影响数控机床对传统的机械结构变革的最基本功能和性能有下列几个方面。

（1）自动化　数控机床能按照数控系统的指令自动地对进给速度、背吃刀量、主轴回转速度以及其他辅助功能进行控制。在工作过程中，不必像使用普通机床那样，由操作者进行中间测量、手动调整精度和改变转速等。

（2）大功率和高精度　数控机床能同时进行粗、精加工。既要能保证高效率而进行大切削量的粗加工，并且能进行半精加工和精加工，并要求把成批生产的工件的质量分散度控制

在一定范围内。这样，数控机床的主传动电动机功率较同类型普通机床高50%～100%，而主要部件和基础件的精度也较相同规格的普通机床高，有些项目要达到同类精密级普通机床的要求。

(3) 高速度　刀具材料技术的发展为数控机床向高速度发展创造了条件。高速度化的趋势在中、小型数控机床上尤为明显。现在加工中心和数控车床的主轴转速和进给速度已远高于同规格的普通铣床、镗床和普通车床。数控机床主轴最高转速比同类、同规格的普通机床高一倍以上，进给速度也比普通机床高。特别是快速移动速度，普通机床一般为2～4m/min，而在数控机床上10～15m/min已是很普遍的了。为满足轻金属小型零件加工的要求，中、小型数控机床的主轴转速和进给速度还在向更高的速度发展。

(4) 工艺复合化和功能集成化　所谓"工艺复合化"，简单地说，就是"一次装夹，多工序加工"。在这方面，最典型的机床是加工中心和车削中心（Turning Center）。在加工中心上，工件一次装夹后，能完成铣、镗、钻、攻螺纹等多道工序的加工，而且能加工在工件的一面、两面或四面上的所有工序。五面加工中心还可加工除安装基面的底平面外的其他各面。车削中心除能加工以主轴中心为基准的外圆、内孔和端面外，还能在外圆和端面上进行铣削、钻孔、攻螺纹和曲面加工等。

"功能集成化"是数控机床发展的另一重要趋向，加工中心上的ATC和APC是这类机床最基本的或常见装置。随着数控机床向柔性化和无人化的方向发展，功能集成化的水平更突出地体现在工件自动定位、机内对刀、刀具破损监控、机床与工件精度检测和补偿等功能上。

(5) 可靠性　由于数控机床应能在高负荷下长时间无故障地连续工作，因而对机床零、部件和控制系统的可靠性提出了很高的要求。可靠性对于用数控机床组成的FMC和FMS尤其显得重要。

七、数控机床机械结构的主要特点和要求

由于生产率发展的需要，数控机床的机械结构随着数控技术的发展，两者相互促进，相互推动，发展了不少不同于普通机床的、完全新颖的机械结构和部件。

(1) 高刚度和高抗振性　为满足数控机床高速度、高精度、高生产率、高可靠性和高自动化程度的要求，与普通机床比较，数控机床具有更高的静、动刚度和更好的抗振性。例如，有的国家规定数控机床的刚度系数比普通机床至少高50%以上。

(2) 减少机床热变形的影响　机床的热学特性是影响加工精度的重要因素之一。由于数控机床主轴转速、进给速度远高于普通机床，而大切削用量产生的炽热切屑对工件和机床部件的热传导影响远较普通机床严重，而热变形对加工精度的影响往往难以由操作者修正。因此，数控机床常采用如下措施减少热变形的影响。

1) 改进机床布局和结构设计，采用热对称结构；采用倾斜床身、平床身和斜滑板结构及采用热平衡措施。

2) 对机床发热部位采取散热、风冷和液冷等控制温升的办法来吸收热源发出的热量。

3) 在大切削量切削时，掉在工作台、床身等部件上的炽热切屑是一个重要热源。现代数控机床，特别是加工中心和数控车床普遍采用多喷嘴、大流量切削液来冷却并排除这些炽热的切屑，并对切削液用大容量循环散热或用冷却装置致冷以控制温升。

4）预测热变形规律，建立数学模型存入计算机中进行实时热位移补偿。

（3）传动系统的机械结构大为简化　数控机床的主轴伺服驱动系统和进给伺服驱动系统分别采用交、直流主轴电动机和伺服电动机驱动，这两类电动机调速范围大，并可无级调速，因此使主轴箱、进给变速箱及其传动系统大为简化。箱体结构简单，齿轮、轴承和轴类零件的数量大为减少，甚至不用齿轮，由电动机直接连接主轴或进给滚珠丝杠。

（4）高传动效率和无间隙的传动装置　数控机床在很高的进给速度下，工作要平稳，并有高的定位精度。因此，对进给系统中的机械传动装置要求具有高寿命、高刚度、无间隙、高灵敏度和低摩擦阻力的特点。目前，数控机床进给伺服驱动系统中常用的机械传动装置主要有滚珠丝杠副、静压蜗杆蜗母条和预加载荷双齿轮齿条三种。

（5）低摩擦系数的导轨　机床导轨是机床基本结构的要素之一。从机械结构的角度来说，机床的加工精度和使用寿命很大程度上决定于机床导轨的质量，而对数控机床的导轨则有更高的要求。例如，高速进给时不振动，低速进给时不爬行，有高的灵敏度，能在重负载下长期连续工作，耐磨性要高，精度保持性要好等。现代数控机床使用的导轨，从类型来说虽仍是滑动导轨、滚动导轨和静压导轨三种，但在材料和结构上已起了“质”的变化，已不同于普通机床的导轨。

（6）实现工艺复合化和功能集成化的新结构　现代数控机床的机械结构除应有高的动静刚度、小的热变形、高精度、低摩擦阻力、高传动效率等共同特点和要求外，传动系统的机械结构大为简化，但同时开发和采用了不少新结构和新装置，以实现工艺复合化和功能集成化的要求。

加工中心是在普通铣镗类数控机床基础上最先发展起来的复合加工机床，可以进行铣、镗、钻、攻螺纹等工序的复合加工。加工中心具有自动换刀功能，刀具的更换一般通过刀库、换刀机械手和主轴内的工具夹紧装置等的协调动作来实现。有的数控机床不仅能自动换刀，还能自动交换主轴箱。如图0-3所示，是多轴组合式FMC。它除了有一个容量为60把刀的刀库外，还有一个有12个可交换主轴箱的箱库。

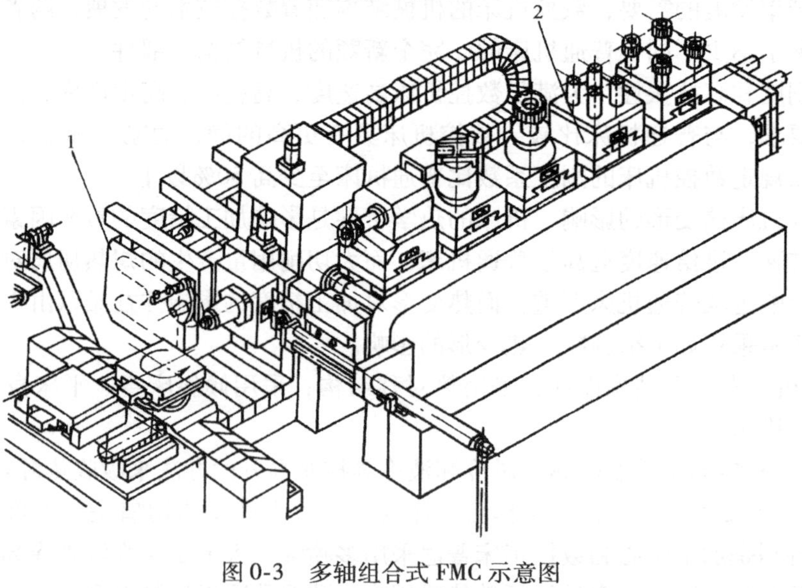

图0-3　多轴组合式FMC示意图

1—刀库　2—主轴箱库

车削中心是继加工中心后，在数控车床的基础上发展起来的另一种常见的复合加工机床。它除了具有一般两轴联动数控车床的各种车削功能外，为进行端面和圆周面上任意部位的钻削、铣削和攻螺纹加工，以及实现各种曲面的铣削加工，其主轴箱内装有C轴控制机构，由C轴伺服电动机驱动进行主轴分度或回转进给；其转塔刀架内的电动机，可以经传动机构传动动力刀具；而有的车削中心则装有更多工位的链式回转刀库。

现代数控机床为实现更多功能集成化的要求，有的还带有自动刀具测量装置、刀具破损及寿命监控装置、工件检测装置和精度监控装置等。

思考题与习题

0-1 简述数控机床与普通机床的根本区别。

0-2 什么是数控？什么是计算机数控？什么是数控机床？

0-3 简述数控加工在机械制造业中的地位和作用。

0-4 机床数控系统的发展已经历了哪几代？

0-5 数控机床加工适合于哪些场合？

0-6 简述数控机床机械结构的演变过程。

0-7 数控机床的基本功能和性能对机械结构的影响有哪些？

0-8 数控机床机械结构的主要特点和要求有哪些？

第一章　数控机床的基础知识

第一节　数控机床的组成、工作原理及主要性能指标

一、数控加工的过程

数控机床完成零件数控加工的过程，如图 1-1 所示。首先根据零件图样进行工艺分析、制订工艺方案、确定工艺参数和位移数据。然后采用规定的程序代码和格式编写零件加工程序单；或用自动编程软件进行 CAD/CAM 工作，直接生成零件的加工程序文件。采用手工编写的程序，可以通过数控机床的操作面板输入程序；由编程软件生成的程序，通过计算机的串行通信接口直接传输到数控机床的数控单元（MCU）。将输入/传输到数控单元的加工程序，进行试运行、刀具路径模拟等。最后，通过对数控机床的正确操作，运行程序，完成零件的加工。

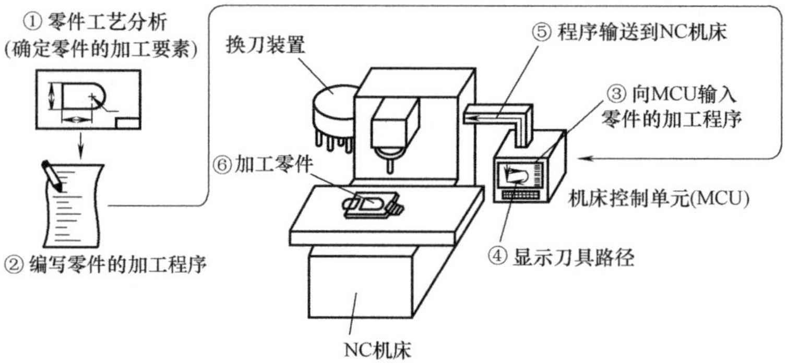

图 1-1　数控加工过程示意图

二、数控机床的组成及工作原理

数控机床是一种利用信息处理技术进行自动加工控制的金属切削机床，主要由信息载体、人机交互设备、计算机数控装置、进给伺服驱动系统、主轴伺服驱动系统、辅助控制装置、可编程序控制器（PLC，Programmable Logic Controller）、反馈装置、适应控制装置和机床本体等部分组成，如图 1-2 所示。

1. 信息载体

要对数控机床进行控制，就必须在人与数控机床之间建立某种联系，这种联系的中间媒介物就是信息载体（又称控制介质）。信息载体的功能是用于记载以数控加工程序表示的各种加工信息，如零件加工的工艺过程、工艺参数等，以控制数控机床的运动和各种动作，实现零件的机械加工。常用的信息载体有穿孔纸带、磁带和磁盘。信息载体上的各种加工信息

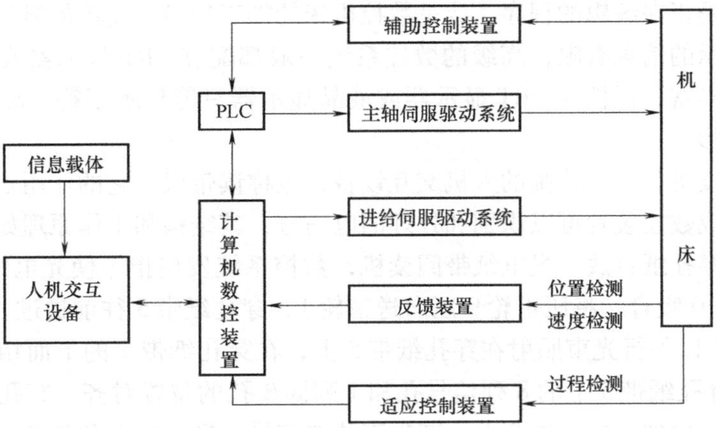

图 1-2　数控机床的组成框图

要经输入装置（光电纸带输入机、磁带录音机和磁盘驱动器）输送给数控装置。对于用微型计算机控制的数控机床，还可以通过通信接口从其他计算机获取加工信息；也可用操作面板上的按钮和键盘将加工信息直接以手动键盘输入，并将数控加工程序存入数控装置的存储器中。图 1-3 所示是数控机床常用的信息载体。

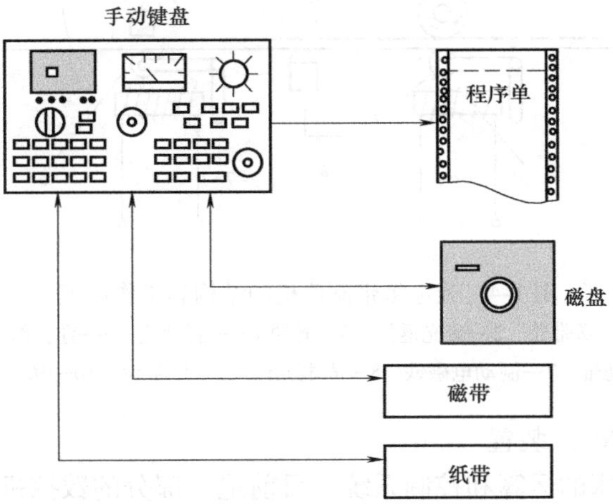

图 1-3　数控机床常用的信息载体

2. 人机交互设备

数控机床在加工运行时，通常都需要操作人员对数控系统进行状态干预和输入信息载体存放的加工程序，对输入的加工程序进行编辑、修改和调试；同时数控系统要显示数控机床运行的状态等，也就是数控机床要具有人机联系的功能。

具有人机联系功能的设备统称人机交互设备，键盘和显示器是数控系统不可缺少的人机交互设备。操作人员可通过键盘和显示器输入简单的加工程序、编辑修改程序和发送操作命令，即进行手工数据输入（MDI，Manual Data Input），因而键盘是交互设备中最重要的输入设备。数控系统通过显示器提供必要的信息，根据数控系统所处的状态和操作命令的不同，显示的信息可以是正在编辑的程序，或是数控机床的加工信息。简单的显示器是由若干个数码管构成的，显示的信息有限；高级的数控系统一般都配有 CRT 显示器或点阵式液晶显示器，显示的信息丰富；低档的 CRT 显示器或液晶显示器只能显示字符，高档的显示器还能显示加工轨迹图形。

光电纸带阅读机是一种传统的人机交互设备，也称读带机，它的作用是将穿孔纸带上的代码逐行地转换成数控装置可以识别和处理的电信号，其结构和工作原理如图 1-4 所示。数控机床加工前将穿孔纸带放入光电纸带阅读机，数控系统发出指令使光电纸带阅读机起动。首先送带电磁铁 10 吸合，将压带轮 9 压向送带轮 1，穿孔纸带 5 往前送进。光源（电灯泡）3 通过聚光透镜 2 以平行光束照射在穿孔纸带 5 上，在穿孔纸带 5 的下面相应放置 9 个光电元件 8，分别与穿孔纸带 5 上的 8 列信号孔和 1 列同步孔的位置对齐。穿孔纸带 5 上有孔的地方有光透过，照射到光电元件 8 上，产生正弦波信号，经过放大和整形之后转换为脉冲信号，再送到数控系统译码和寄存。当读到程序结束的代码时，制动电磁铁 7 通电，而送带电磁铁 10 断电，制动辊 6 压向制动块 4，压带轮 9 松开，穿孔纸带 5 停止送进。

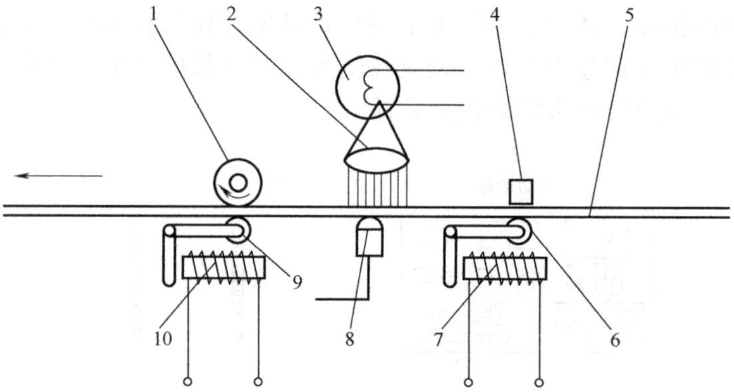

图 1-4　光电纸带阅读机的结构和工作原理

1—送带轮　2—聚光透镜　3—光源　4—制动块　5—穿孔纸带
6—制动辊　7—制动电磁铁　8—光电元件　9—压带轮　10—送带电磁铁

3. 计算机数控（CNC）装置

数控装置是数控机床的运算和控制系统，目前绝大部分的数控机床都采用微型计算机控制。数控装置由硬件和软件组成，没有软件，计算机数控装置就无法工作；没有硬件，软件也无法运行。在数控机床中一般由输入接口、控制器、运算器和输出接口组成，它接收信息载体的信息，并将其代码加以识别、储存、运算，输出相应的指令脉冲以驱动伺服系统，进而控制数控机床的动作。

图 1-5 所示为数控机床数控装置的原理图。输入接口和光电纸带阅读机相连，把光电纸带阅读机送来的信息代码加以识别，并转换成适当的信号送到各有关寄存器寄存，作为控制和运算的依据。控制器主要是按信息载体的信息去控制运算器、输出接口和光电纸带阅读机，使数控机床按规定的轨迹运动，协调地进行工作。运算器接受控制器的指令并及时地对输入的数据进行运算，并按控制器的控制信号向输出接口发出进给脉冲。输出接口根据控制

器的指令接受运算器的输出脉冲，经过功率放大驱动伺服系统，使数控机床按规定的要求运动。数控机床的加工过程可概括为数据处理、插补运算、位置控制三个基本部分，整个过程在数控系统管理程序的控制下有条不紊地进行工作。

4. 进给伺服驱动系统

进给伺服驱动系统是控制数控机床工作台或移动刀架的位置控制系统，由伺服控制电路、功率放大电路和伺服电动机组成，其作用是把来自数控装置的位置控制移动指令转变成机床工作部件的运动，使工作台按规定的轨迹移动或精确定位，加工出符合图样要求的零件。因为进给伺服驱动系统是数控装置和机床本体之间的联系环节，所以必须把数控装置送来的微弱指令信号，放大成能驱动伺服电动机的大功率信号。进给伺服驱动系统的性能，是决定数控机床加工精度和生产率的主要因素之一。

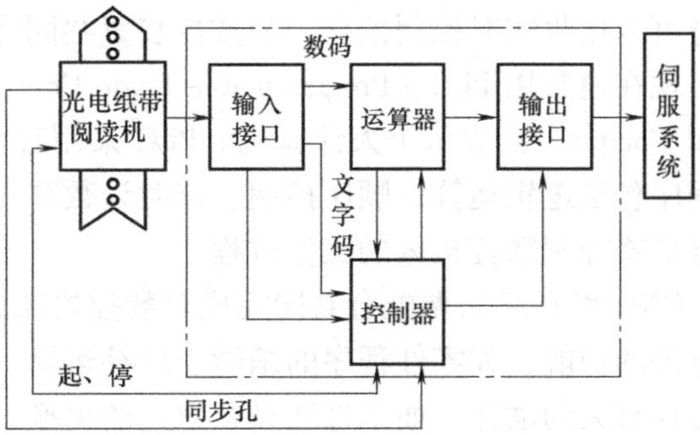

图 1-5　数控装置的原理图

常用的伺服电动机有步进电动机、直流伺服电动机和交流伺服电动机。根据接受指令的不同，伺服驱动的方式有脉冲式和模拟式两种，而模拟式伺服驱动方式按驱动电动机的电源种类，可分为直流伺服驱动和交流伺服驱动两类。步进电动机采用脉冲驱动方式，交、直流伺服电动机采用模拟驱动方式。

5. 主轴伺服驱动系统

数控机床的主轴伺服驱动系统和进给伺服驱动系统的差别很大，数控机床主轴的运动是旋转运动，而数控机床的进给运动主要是直线运动。早期的数控机床，一般采用三相感应同步电动机配上多级变速箱作为主轴驱动的主要方式。现代数控机床对主轴驱动提出了更高的要求，要求主轴具有很高的转速（液压冷却静压主轴可以在20000r/min的高速下连续运行）和很宽的无级调整范围（能在1∶100~1∶1000内进行恒转矩调整和在1∶10~1∶30内进行恒功率调整）。主传动电动机应具有2.2~250kW的功率，既要能输出大的功率，又要求主轴结构简单，同时数控机床的主轴伺服驱动系统能在主轴的正、反方向都可以实现转动、加速或减速。

为了使数控车床进行螺纹车削加工，要求主轴和进给驱动实现同步控制。在加工中心上为了能自动换刀，要求主轴能实现正、反方向和加速、减速控制；为了保证每次自动换刀时，刀柄上的键槽对准主轴上的端面键，以及精镗孔后退刀时不会划伤已加工表面，要求主轴能进行高精度的准停控制；为了保证端面的加工质量，要求主轴具有恒线速度切削功能；有的加工中心上，还要求具有角度分度控制功能。现代数控机床绝大部分采用交流主轴伺服驱动系统，由可编程序控制器进行控制。

6. 辅助控制装置

辅助控制装置包括刀库的转位换刀，液压泵、冷却泵等控制接口电路，电路中包括有换向阀电磁铁、接触器等强电电气元件。因为现代数控机床采用可编程序控制器进行控制，所以辅助装置的控制电路变得十分简单。

7. 可编程序控制器

可编程序控制器的作用是对数控机床进行辅助控制，把计算机送来的辅助控制指令进行处理，经辅助接口电路转换成强电信号，控制数控机床的顺序动作、定时计数、主轴电动机的起动、停止，主轴转速调整，冷却泵的起动、停止以及转位换刀等动作。可编程序控制器本身可以接收实时控制信息，和数控装置共同完成对数控机床的控制。

现在通常用PLC（Programmable Logic Controller）表示可编程序控制器，而用PC（Personal Computer）表示个人计算机。PLC采用存放在程序存储器中的编程程序进行工作，编程程序包括逻辑运算、顺序控制、定时计数和算术运算等操作指令，并通过输出数字量或模拟量形式控制数控机床的工作过程。

CNC和PLC协调配合共同完成对数控机床的控制，其中CNC主要完成与数字运算和管理有关的功能，如零件程序的编辑、插补运算、译码、位置伺服控制等；PLC主要完成与逻辑运算有关的动作，如工件装夹、刀具的更换、切削液的开停等辅助动作。PLC还接收数控机床操作面板上的控制信息，一方面直接控制数控机床的动作，另一方面将一部分指令送往CNC用于加工过程的控制。

8. 反馈装置

反馈装置的作用是通过测量装置把数控机床移动的实际位置、速度参数检测出来，转换成电信号，并反馈到CNC装置中，使CNC能随时判断数控机床移动部件的实际位置、速度是否与指令一致，并发出相应的指令，纠正所产生的误差。

测量装置安装在数控机床的工作台或丝杠上，相当于普通机床的刻度盘和人的眼睛。检测装置是高性能数控机床的重要组成部分。按有无检测装置，CNC系统可分为开环与闭环数控系统；而按测量装置安装的位置不同，又可分为闭环与半闭环数控系统。开环数控系统的控制精度取决于步进电动机和丝杠的精度，闭环数控系统的精度取决于测量装置的精度。

9. 适应控制装置

数控机床工作台的位移量和速度等过程参数可以在编写程序时用指令确定，但是有一些因素在编写程序时是无法预测的，如加工材料机械特性的变化而引起切削力的变化，加工现场的温度变化等，这些随机变化的因素也会影响数控机床的加工精度和生产率。适应控制（AC，Adaptive Control）的目的，就是试图把加工时出现的随机因素对加工质量的影响减少到最小。

适应控制是采用各种传感器测量出加工过程中的温度、转矩、振动、摩擦、切削力等因素的变化，与最佳参数作比较，若有误差及时补偿，以期提高加工精度或生产率。目前，适应控制仅用于高效率和加工精度高的数控机床，一般数控机床很少采用。

10. 机床本体

数控机床是高精度和高生产率的自动化加工机床，与普通机床相比，应具有更好的抗振性和刚度，要求相对运动面的摩擦系数要小，进给传动部分之间的间隙要小。因此其设计要求比普通机床更严格，加工制造要求更精密，并采用加强刚性、减小热变形、提高精度的设计措施。

数控机床中的机床本体，在开始阶段沿用普通机床，只是在自动变速、刀架或工作台自动转位和手柄等方面作些改变。随着数控技术的发展，数控机床的外部造型、整体布局，机械传动系统与刀具系统的部件结构以及操作结构等机床结构的技术性能要求更高了。与传统的普通机床相比，数控机床采用了高性能主轴部件及传动系统，机械传动结构简化，传动链较短；机械结构具有较高的刚度和耐磨性，热变形小；更多地采用高效传动部件，如滚珠丝杠、静压导轨、滚动导轨等。

三、数控机床的主要性能指标

1. 数控机床的可控轴数与联动轴数

数控机床的可控轴数是指机床数控装置能够控制的坐标数目，即数控机床有几个运动方向采用了数字控制。数控机床的可控轴数与数控装置的运算处理能力、运算速度及内存容量等有关。国外最高级数控装置的可控轴数已达到24轴，我国目前最高级数控装置的可控轴数为6轴。图1-6所示为可控六轴加工中心的示意图。

数控机床的联动轴数，是指机床数控装置控制的坐标轴同时达到空间某一点的坐标数目。目前有两轴联动、三轴联动、四轴联动、五轴联动等。三轴联动的数控机床可以加工空间复杂曲面，实现三坐标联动加工。四轴联动、五轴联动的数控机床可以加工飞行器叶轮、螺旋桨等零件。

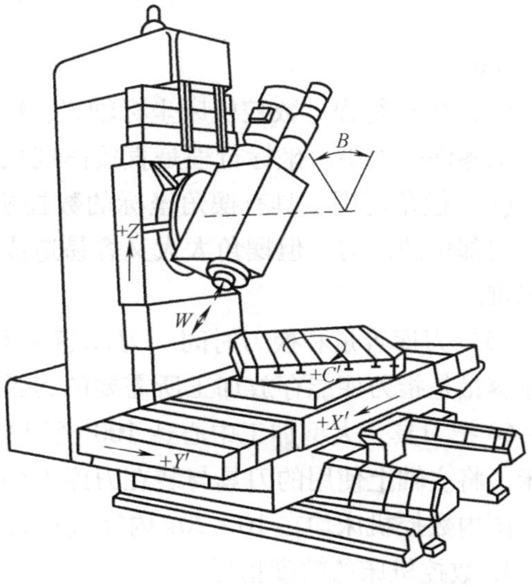

图1-6　可控六轴加工中心的示意图

图1-7所示是螺旋桨叶片形状的五坐标联动加工原理示意图。半径为R_i的圆柱面上与叶面的交线AB是螺旋线的一部分，螺旋角为ψ_i，叶片的径向叶形线（轴向剖面）DE的倾角α为后倾角。螺旋线AB用极坐标方法加工并以折线段逼近。逼近线段mn是由C坐标旋转$\Delta\theta$与Z坐标位移ΔZ合成的。当AB加工完后，刀具应径向移动一个微小值（改变R_i），再加工相邻的另一条叶形线，依次逐一加工，即可形成整个叶面。由于叶面的曲率半径较大，所以常用面铣刀加工，以提高生产率并简化程序。为保证铣刀端面始终与曲面贴合，铣刀还应绕坐标轴X和Y作摆角运动；在摆角的同时，还应作直角坐标的附加运动，以保证铣刀端面中心始终位于编程值所规定的位置上。

2. 数控机床的运动性能指标

数控机床的运动性能指标主要包括如下方面。

（1）主轴转速　数控机床的主轴一般均采用直流或交流调速主轴电动机驱动，选用高速精密轴承支承，保证主轴具有较宽的调速范围和足够高的回转精度、刚度及抗振性。目前，数控机床的主轴转速已普遍达到5000～10000r/min，甚至更高，这样对各种小孔加工以及提高零件加工质量和表面质量都极为有利。

（2）进给速度　数控机床的进给速度是影响零件加工质量、生产率以及刀具寿命的主要因素，它受数控装置的运算速度、数控机床动态特性及工艺系统刚度等因素的限制。目前，国内数控机床的进给速度可达10～15m/min，国外数控机床的进给速度一般可达15～

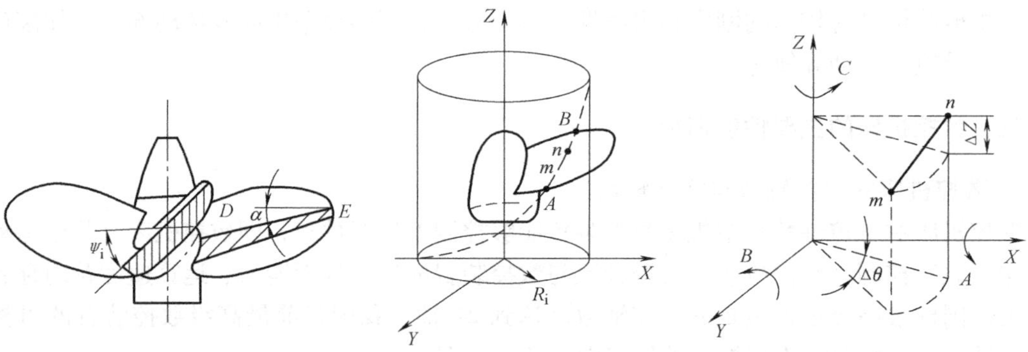

图 1-7　五坐标联动加工原理示意图

30m/min。

(3) 坐标行程　数控机床坐标轴 X、Y、Z 的行程大小，构成数控机床的空间加工范围，即加工零件的大小。坐标行程是直接体现数控机床加工能力的指标参数。

(4) 摆角范围　具有摆角坐标的数控机床，其摆角大小也直接影响到数控机床加工零件空间部位的能力。但摆角太大又容易造成数控机床的刚度下降，给数控机床设计带来许多的困难。

(5) 刀库容量和换刀时间　刀库容量和换刀时间对数控机床的生产率有直接的影响。刀库容量是指刀库能存放加工所需要的刀具数量，目前常见的中小型加工中心刀库容量多为 16～60 把刀具，大型加工中心达 100 把刀具。换刀时间是指带有自动交换刀具系统的数控机床，将主轴上使用的刀具与装在刀库上的下一工序需用的刀具进行交换所需要的时间。目前，国内数控机床均在 10～20s 内完成换刀，国外不少数控机床的换刀时间仅为 4～5s。

3. 数控机床的精度指标

(1) 定位精度　定位精度是指数控机床工作台等移动部件在确定的终点所达到的实际位置的精度，即实际位置与指令位置的一致程度，不一致量表现为误差，因此移动部件实际位置与指令位置之间的误差称为定位误差。被控制的数控机床坐标的误差（即定位误差），包括驱动该坐标的控制系统（伺服系统、检测系统、进给系统等）的误差在内，也包括移动部件（导轨）的几何误差等。定位误差将直接影响零件加工的位置精度。

(2) 重复定位精度　重复定位精度是指在同一条件下，用相同的方法重复进行同一动作时，控制对象位置的一致程度。即在同一台数控机床上，应用相同程序、相同代码加工一批零件，所得到的连续结果的一致程度，也称为精密度。重复定位精度受伺服系统特性、进给系统的间隙与刚性以及摩擦特性等因素的影响。一般情况下，重复定位精度是成正态分布的偶然性误差，它影响一批零件加工的一致性，是一项非常重要的性能指标。

(3) 分度精度　分度精度是指分度工作台在分度时，理论要求回转的角度值和实际回转的角度值的差值。分度精度既影响零件加工部位在空间的角度位置，也影响孔系加工的同轴度精度等。

(4) 分辨度与脉冲当量　分辨度是指两个相邻的分散细节之间可以分辨的最小间隔。对测量系统而言，分辨度是可以测量的最小增量；对控制系统而言，分辨度是可以控制的最小位移增量。数控装置发出的每个脉冲信号内，数控机床移动部件的位移量称为脉冲当量。坐标计算单位是一个脉冲当量，它标志着数控机床的精度分辨度。脉冲当量是设计数控机床的原始数据之一，其数值的大小决定数控机床的加工精度和表面质量。目前，普通精度级的数控机床的脉冲当量一般采用0.001mm，简易数控机床的脉冲当量一般采用0.01mm和0.05mm，精密或超精密数控机床的脉冲当量采用0.0001mm。脉冲当量越小，数控机床的加工精度和加工表面质量越高。

第二节 数控机床的分类

目前，数控机床的品种已经基本齐全，规格繁多，据不完全统计已有500多个品种规格，可以按照多种原则来进行分类。但归纳起来，数控机床有以下三种常见分类方法。

一、按工艺用途分类

1. 一般数控机床

这类数控机床和传统的普通机床品种一样，有数控的车床、铣床、镗床、钻床、磨床等，而且每一种数控机床又有很多品种，例如数控铣床中就有数控立铣床、数控卧铣床、数控工具铣床、数控龙门铣床等。这类数控机床的工艺范围和普通机床相似，所不同的是它能加工复杂形状的零件。

2. 加工中心

这类数控机床是在一般数控机床的基础上发展起来的，它是在一般数控机床上加装一个刀库（可容纳16～100把刀具）和自动换刀装置，使数控机床更进一步地向自动化和高效化方向发展。它和一般数控机床的不同点是：工件经一次装夹后，数控装置就能控制机床自动地更换刀具，对工件各加工面连续、自动地完成铣削（车削）、镗削、钻削、铰削及攻螺纹等多工序加工。这类数控机床大多是以镗铣床为主的，主要用来加工箱体零件。它和一般的数控机床相比具有如下优点。

1）减少数控机床台数，便于管理，对于多工序的工件只要一台加工中心就能完成全部加工，并可以减少半成品的库存量。

2）由于工件只要一次装夹，因此减少了由于多次安装造成的定位误差，可以依靠加工中心的精度来保证加工质量。

3）工序集中，减少了辅助时间，提高了生产率。

4）由于工件在一台加工中心上一次装夹就能完成多道工序加工，所以大大减少了专用夹具的数量，进一步缩短了生产准备时间。

3. 多坐标数控机床

有些形状复杂的零件，用一般的数控机床还是无法加工，如螺旋桨、飞行器曲面零件等，需要三个以上坐标的合成运动才能加工出所需要的形状，于是就出现了多坐标的数控机床，其特点是数控装置控制的轴数较多，机床结构也比较复杂，其坐标轴数通常取决于加工零件的工艺要求，现在常用的是4～6坐标的数控机床。

4. 计算机“群控”（DNC）

计算机“群控”可以简单地理解为用一台大型通用计算机直接控制一群机床，简称

DNC 系统。根据机床群与计算机连接的方式不同，可以分为间接型、直接型和计算机网络三种不同方式的 DNC 系统。

在间接型“群控”系统中，使用通用计算机控制每台数控机床，加工程序全部存放在通用计算机内。加工工件时，把来自通用计算机存储的程序，通过接口装置分别送到机床群中每台机床的普通数控装置中，不需再经过光电纸带阅读机，而每台数控机床仍保留插补运算等控制功能，其框图如图 1-8 所示。

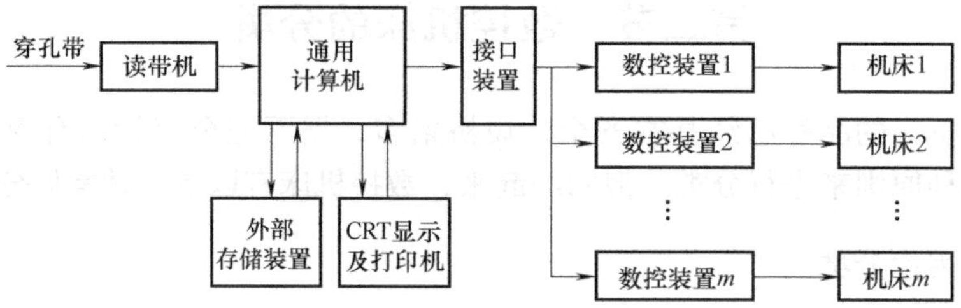

图 1-8　间接型 DNC 系统框图

图 1-9 所示是直接型“群控”系统框图。在直接型“群控”系统中，机床群中的每台机床不再安装数控装置，只有一个由伺服驱动电路和操作面板组成的机床控制器。加工过程中所需要的插补运算等功能全都集中由通用计算机完成，“群控”系统内的任何一台数控机床都不能脱离通用计算机单独工作。

计算机网络“群控”系统是使用计算机网络协调各台数控机床工作。最终可以将这个“群控”系统与整个工厂的计算机连接成网络，形成一个较大、完整的制造系统，如图 1-10 所示。

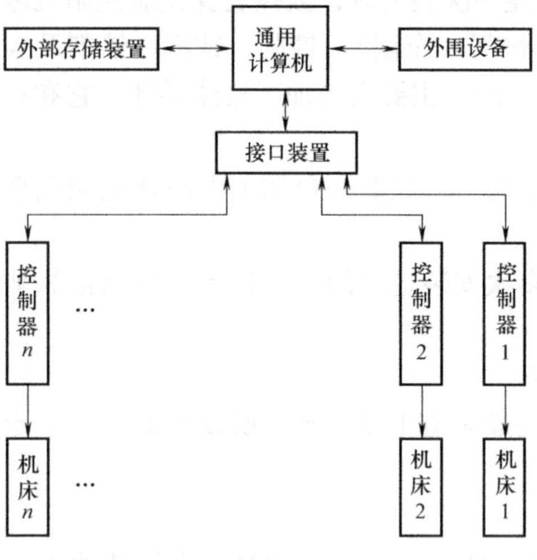

图 1-9　直接型 DNC 系统框图

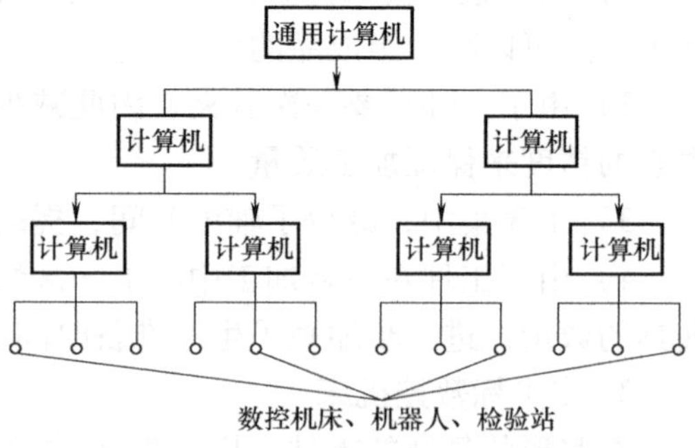

图 1-10　计算机网络 DNC 系统框图

二、按加工路线分类

1. 点位控制数控机床

这类数控机床的数控装置只能控制机床移动部件从一个位置（点）精确地移动到另一

个位置（点），在移动过程中不进行任何加工，两相关位置（点）之间的移动速度及路线决定了生产率。为了在精确定位的基础上有尽可能高的生产率，两相关位置（点）之间的移动先是以快速移动到接近新的位置，然后降速 1~3 级，使之慢速趋近定位点，以保证其定位精度。这类数控机床主要有数控坐标镗床、数控钻床和数控冲床，其相应的数控装置称为点位控制装置。图 1-11 所示是数控钻床的钻孔加工示意图。若 *A* 孔加工后，钻头从 *A* 孔向 *B* 孔移动，可以沿一个坐标轴方向移动完毕后，再沿另一个坐标轴方向移动（见图 1-11 中轨迹①）；也可以沿两坐标轴方向同时移动（见图 1-11 中轨迹②）。

2. 点位直线控制数控机床

这类数控机床工作时，不仅要控制两相关点之间的位置，还要控制两相关点之间的移动速度和路线（即轨迹），其路线一般由与各轴线平行的直线段组成。它和点位控制数控机床的区别在于：当数控机床移动部件移动时，可以沿一个坐标轴的方向进行切削加工，而且其辅助功能比点位控制的数控机床多。这类数控机床主要有简易数控车床、数控镗铣床和加工中心等，相应的数控装置称为点位直线控制装置。图 1-12 所示是在数控车床上车削阶梯轴的示意图。

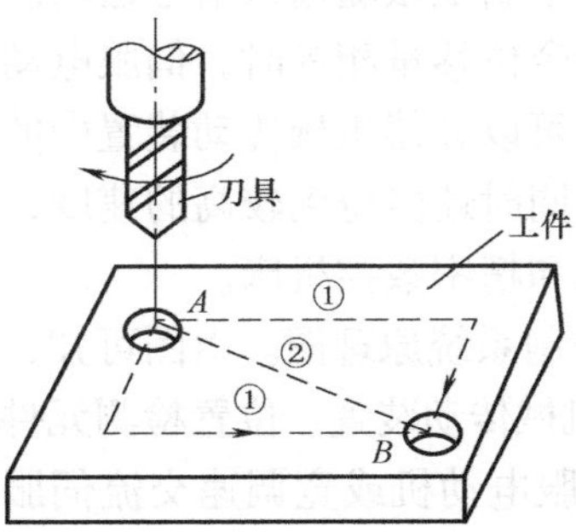

图 1-11　数控钻床的钻孔加工示意图

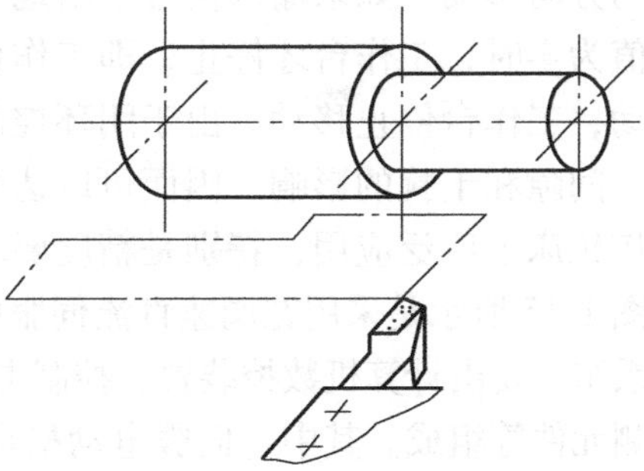

图 1-12　数控车床车削阶梯轴的示意图

3. 轮廓控制数控机床

这类数控机床的控制装置能够同时对两个或两个以上的坐标轴进行连续控制。加工时不仅要控制起点和终点，还要控制整个加工过程中每点的速度和位置，使数控机床加工出符合图样要求的复杂形状零件。这类数控机床的辅助功能也比较齐全，主要有数控车床、数控铣床和数控磨床，其相应的数控装置称为轮廓控制装置。图 1-13 所示是轮廓控制数控铣床加工凸轮的示意图。

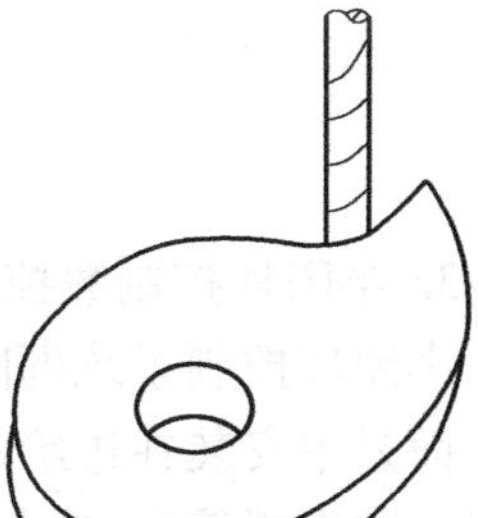

图 1-13　数控铣床加工凸轮的示意图

三、按伺服系统的控制方式分类

1. 开环控制数控机床

开环控制系统框图如图 1-14 所示，这种数控机床既没有工作台位移检测装置，也没有位置反馈和校正控制装置，计算机数控装置发出信号的流程是单向的，所以不存在系统稳定性问题。也正是由于信号的单向流程，它对数控机床移动部件的实际位置不作检测，所以数控机床的加工精度不高，其精度主要取决于伺服系统的性能。工作过程是：输入的数据经过计算机数控装置运算分配出指令脉冲，通过伺服机构（主要伺服元件常为步进电动机）使被控制的工作台移动。这种数控机床的工作比较稳定、反应迅速、调试方便、维修简单，但其控制精度受到限制。开环控制系统只适用于一般要求的中、小型数控机床。

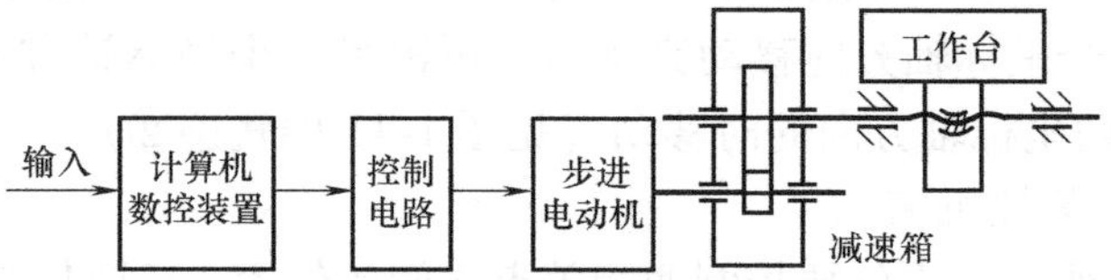

图 1-14　开环控制系统框图

2. 闭环控制数控机床

闭环控制数控机床的工作原理是：当计算机数控装置发出位移指令脉冲时，由伺服电动机和机械传动装置使工作台移动。这时，安装在工作台上的位移检测装置把机械位移变成电量，反馈到输入端与输入信号相比较，得到的差值经过放大和转换，最后驱动工作台向减少误差的方向移动。如果输入信号不断地产生，那么工作台就不断地跟随输入信号运动。只有在差值为零时，工作台才停止，即工作台的实际位移量与指令位移量相等时，伺服电动机停止转动，工作台停止移动。由于闭环控制系统有位置反馈，可以补偿机械传动装置中的各种误差、间隙和干扰的影响，因而可以达到很高的定位精度，同时还能得到较高的速度，因此在数控机床上广泛应用，特别是精度要求高的大型数控机床和精密数控机床。

图 1-15 所示是采用宽调速直流伺服电动机驱动的闭环控制系统原理图。由图可知，闭环控制系统主要由计算机数控装置、控制电路、伺服电动机、机械传动装置、位置检测元件和速度检测元件等组成。其中，伺服电动机可采用宽调速直流伺服电动机或宽调速交流伺服电动机，位置检测元件可采用感应同步器或光栅等直线测量元件，速度检测元件常用测速发电机。

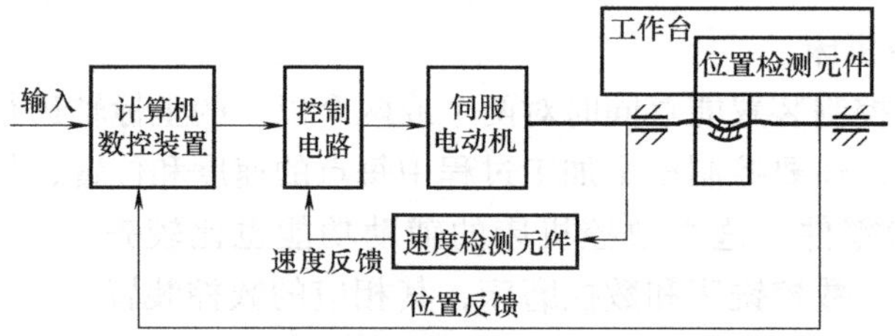

图 1-15　闭环控制系统框图

3. 半闭环控制数控机床

半闭环控制系统框图如图 1-16 所示，这种控制方式对工作台的实际位置不进行检查测量，而是用安装在进给丝杠轴端或电动机轴端的角位移测量元件（如旋转变压器、脉冲编码器、圆光栅等），来代替安装在工作台上的直线测量元件，用测量丝杠或电动机轴旋转的角位移来代替测量工作台的直线位移。因为这种系统没有将丝杠螺母副、齿轮传动副等传动装置包含在闭环反馈系统中，不能补偿该部分装置的传动误差，所以半闭环控制系统的加工精度一般低于闭环控制系统的加工精度。但半闭环控制系统将惯性质量大的工作台安排在闭环之外，使这种系统调试较容易，稳定性也较好。

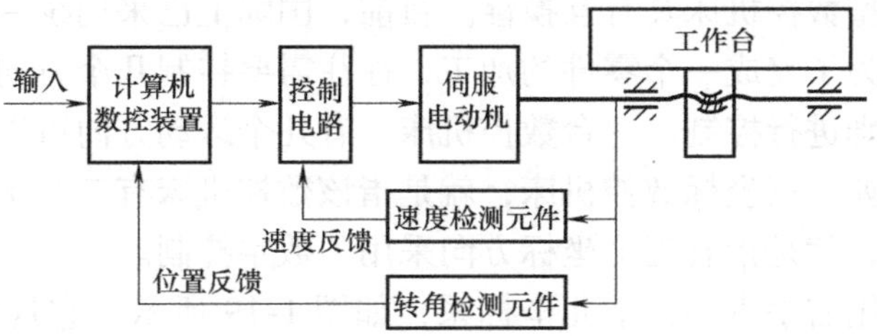

图 1-16　半闭环控制系统框图

4. 开环补偿型数控机床

图 1-17 所示为开环补偿型控制系统框图。其特点是：基本控制选用步进电动机的开环伺服机构，附加一个位置校正电路，通过安装在工作台上的直线位移测量元件的反馈信号来校正机械传动误差。

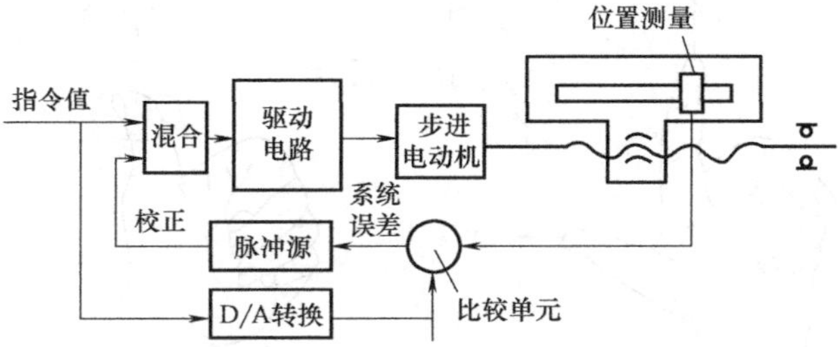

图 1-17　开环补偿型控制系统框图

5. 半闭环补偿型数控机床

图 1-18 所示为半闭环补偿型控制系统框图。其特点是：用半闭环进行基本驱动以取得稳定的高速响应特性，再用安装在工作台上的直线位移测量元件实现全闭环，然后用全闭环和半闭环的差值进行控制，以获得高精度。其中 A 是速度测量元件（测速发电机），B 是角度测量元件，C 是直线位移测量元件。

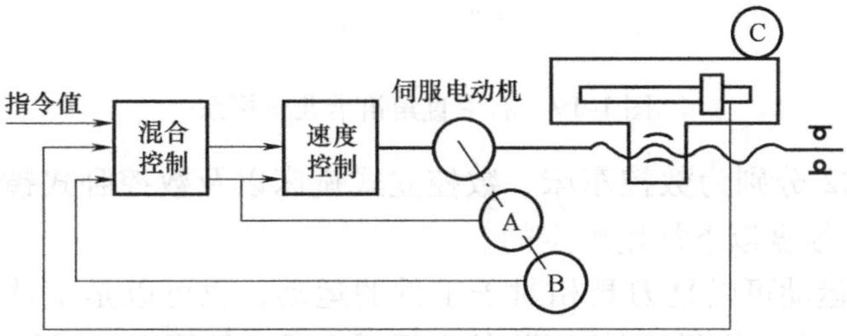

图 1-18　半闭环补偿型控制系统框图

第三节　数控机床坐标系和运动方向的规定

一、标准的坐标系和运动方向

统一规定数控机床坐标轴的名称及其运动的正、负方向，可以使编制的程序简便，并使所编制的程序对同类型数控机床具有互换性。目前，国际上已采用统一的标准坐标系。

在数控机床中，为了完成一个零件的加工，往往需要控制几个方向上的运动，这就需要建立坐标系，以便分别进行控制。一台数控机床，有几个运动方向可以进行数字控制就称为几坐标数控机床。例如，三坐标数控机床，就是指该数控机床有三个坐标方向采用了数字控制；五坐标数控机床，就是指有五个坐标方向采用了数字控制。

标准的坐标系采用右手直角笛卡儿坐标系，如图 1-19 所示。它规定直角坐标 X、Y、Z 三者的关系及其正方向用右手定则判定，围绕 X、Y、Z 各轴的回转运动及其正方向 $+A$、$+B$、$+C$ 分别用右螺旋法则判定。与 $+X$、$+Y$、…、$+C$ 相反的方向应用带“′”的 $+X'$、$+Y'$、…、$+C'$表示。

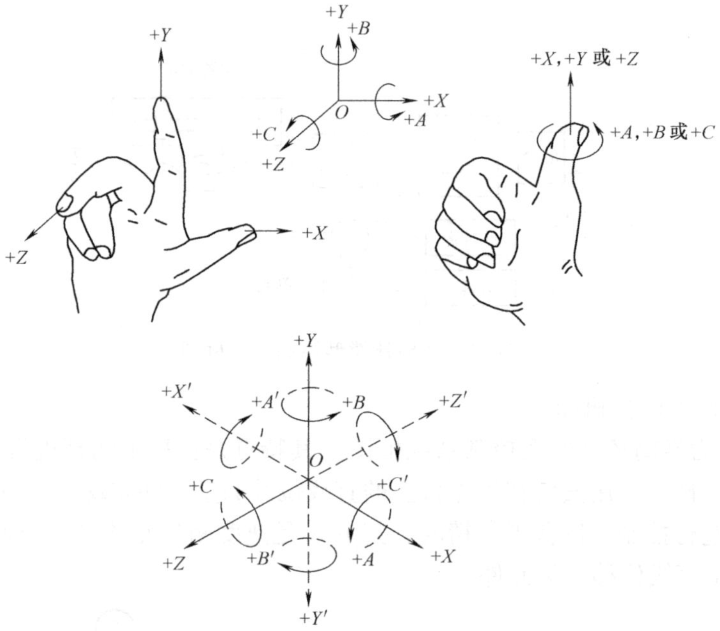

图 1-19　右手直角笛卡儿坐标系

图 1-20 ~ 图 1-22 分别为数控车床、数控立式铣床以及数控卧式镗铣床的标准坐标系。其坐标和运动方向是根据以下规则确定的。

1）数控机床的运动可以是刀具相对于工件的运动，也可以是工件相对于刀具的运动，因而统一规定在图 1-19 中字母不带“′”的坐标系表示工件固定、刀具运动的坐标系，即图 1-20 ~ 图 1-22 旁边所示的坐标系；带“′”的坐标系则表示刀具固定、工件运动的坐标系。规定增大工件与刀具之间的距离（即增大工件尺寸）的方向为正方向。

2）数控机床 X、Y、Z 坐标的确定。规定平行于数控机床主轴（传递切削动力）的刀具运动坐标为 Z 轴，取刀具远离工件的方向为正方向（$+Z$）。当数控机床有几个主轴时，则选一个垂直于工件装夹面的主轴为 Z 轴（如数控龙门铣床）。

X 轴为水平方向，且垂直于 Z 轴并平行于工件的装夹面。对于工件旋转运动的数控机床（数控车床、数控磨床），取平行于横向滑座的方向（工件径向）为刀具运动的 X 坐标，同

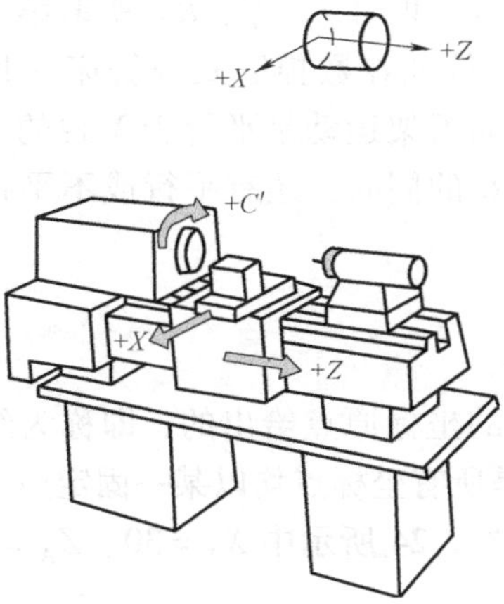

图 1-20　数控车床

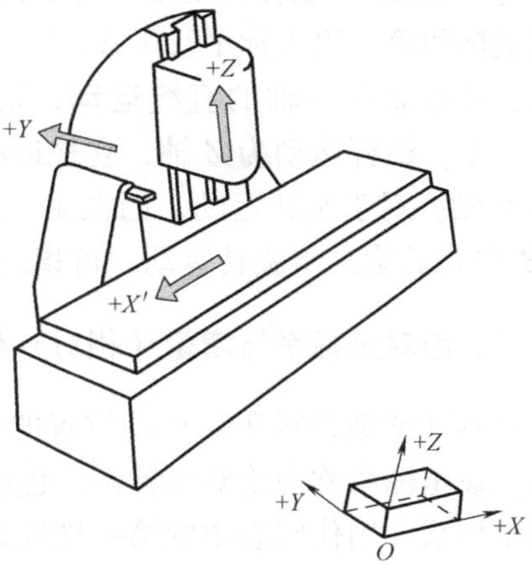

图 1-21　数控立式铣床

样取刀具远离工件的方向为 X 的正方向；对于刀具旋转运动的数控机床（如数控铣床、数控镗床），当 Z 轴为水平主轴时，沿安装刀具的主轴后端向工件方向看，向右方向为 X 的正方向，如图 1-23 所示；当 Z 轴为立式主轴时，对单立柱数控机床，面对刀具主轴向立柱方向看，向右方向为 X 轴的正方向（见图 1-21）。

Y 轴垂直于 X 轴及 Z 轴。当 $+Z$、$+X$ 方向确定以后，按右手定则即可确定 $+Y$ 方向。

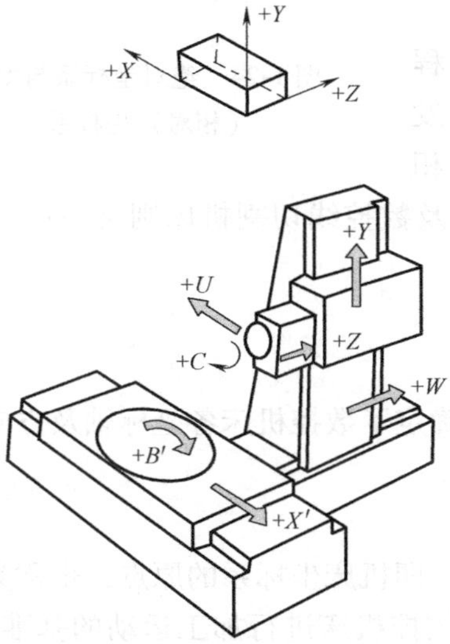

图 1-22　数控卧式镗铣床

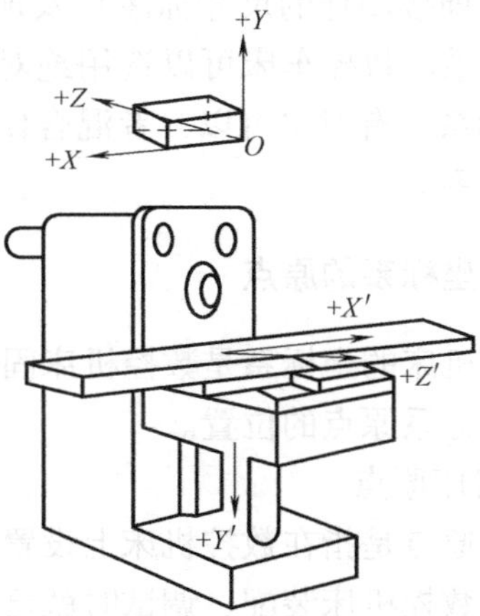

图 1-23　数控卧式升降台铣床

3）程序编制坐标的选择。正由于工件与刀具是一对相对运动，$+X'$ 与 $+X$、$+Y'$ 与 $+Y$、$+Z'$ 与 $+Z$ 是等效的，所以在数控机床的程序编制中，为使编制程序方便，一律假定工件固定不动，全部用刀具运动的坐标系编制程序，即用标准坐标系 X、Y、Z、A、B、C 在图样上进行编程。这样，即使编程人员在不知道是刀具移近工件还是工件移近刀具的情况下，也能编制出正确的程序。

4）附加运动坐标的规定。对于直线运动，X、Y、Z 为主坐标系或第一坐标系。如有第二组坐标和第三组坐标平行于 X、Y、Z，则分别指定为 U、V、W 和 P、Q、R。所谓第一坐标系，是指靠近主轴的直线运动，稍远的为第二坐标系。例如在数控卧式镗铣床（见图1-22）中，镗杆运动为 Z 轴，立柱运动为 W 轴，而镗头径向刀架运动是平行于 X 轴的，故称为 U 轴。对于旋转运动，如在第一组旋转运动 A、B 和 C 的同时，还有平行或不平行于 A、B 和 C 的第二组旋转运动，可指定为 D、E 和 F。

二、绝对坐标系与增量（相对）坐标系

刀具（或数控机床）运动位置的坐标值是相对于固定的坐标原点给出的，即称为绝对坐标，该坐标系称为绝对坐标系。也就是说，绝对坐标系是所有坐标点均以某一固定原点计量的坐标系，用代码表中的第一坐标系 X、Y、Z 表示，如图 1-24 所示中 $X_A=30$、$Z_A=35$、$X_B=12$、$Z_B=15$。

刀具（或数控机床）运动位置的坐标值是相对于前一位置的坐标点给出的，则称为增量（相对）坐标，该坐标系则称为增量（相对）坐标系。也就是说，增量（相对）坐标系是运动轨迹的终点坐标以其起点坐标计量的坐标系，常用代码表中的第二坐标系 U、V、W 表示。图 1-24 所示中，点 B 是以起点 A 为原点建立的 U、W 坐标系，终点 B 的增量（相对）坐标为 $U_B=-18$、$W_B=-20$。

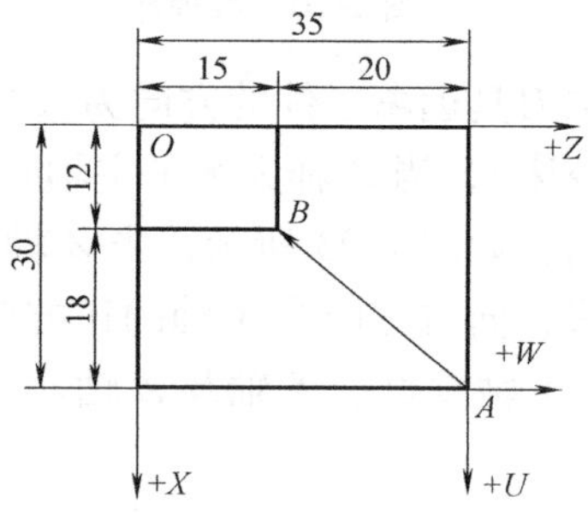

图 1-24　绝对坐标系与增量（相对）坐标系

编制程序时，根据数控装置的坐标功能，从编制程序方便（即按图样的尺寸标注）及加工精度等要求出发选用坐标系。数控车床可以选用绝对坐标系或增量（相对）坐标系，有时也可以二者混合使用；而数控铣床及数控线切割机床则常采用增量（相对）坐标系。

三、坐标系的原点

数控机床的坐标系是数控机床固有的坐标系，在确定了数控机床各坐标轴及方向后，还应确定坐标系原点的位置。

1. 机床原点

机床原点是指在数控机床上设置的一个固定的点，即机床坐标系的原点，也称为机床零位。它在数控机床装配、调试时就已确定下来了，是数控机床进行加工运动的基准参考点。在数控车床上，一般取在卡盘端面与主轴中心线的交点处，如图 1-25 所示。在数控铣床上，机床原点一般取在 X、Y、Z 三个直线坐标轴正方向的极限位置上。如图 1-26 所示，图中的 O_1 即为立式数控铣床的机床原点。

2. 机械原点（机械零点）

机械原点又称为机床固定原点或机床参考点，机械原点设置在数控机床的固定位置。例如在数控车床上，通常设置在 X 轴和 Z 轴的正向最大行程处（见图 1-25）。机械原点至机床原点在其进给轴方向上的距离在机床出厂时已经准确确定，利用数控系统所指定的自动返回

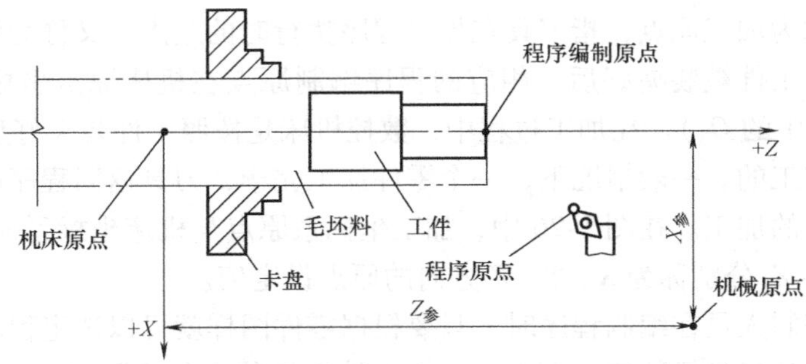

图 1-25　数控车床的机床原点

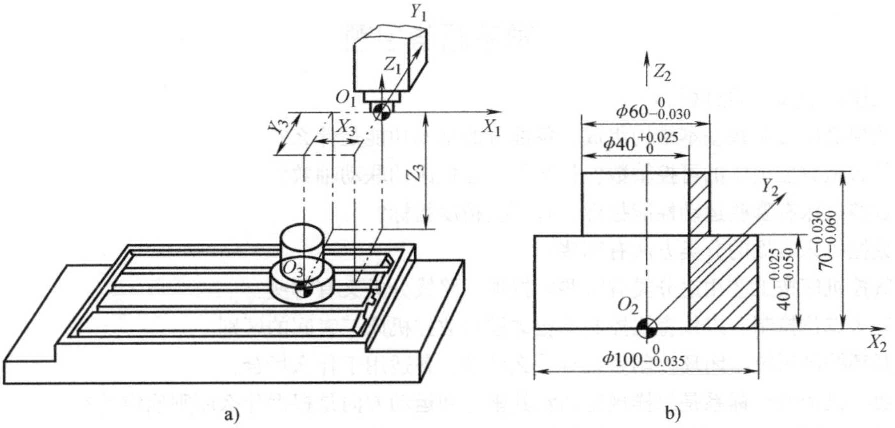

图 1-26　立式数控铣床的机床原点
a）立式数控铣床坐标系　　b）铣削加工的零件

机械原点指令（G28），可以使指令的轴自动返回机械原点。全自动或高档型的数控车床都设置有机械原点，但一般的经济型或改造的数控车床上没有设置机械原点。

数控车床上设置机械原点的目的有：需要时便于将刀具或刀架自动返回机械原点；若程序加工起点与机械原点一致，便可执行自动返回程序加工起点；若程序加工起点与机械原点不一致，可以通过快速定位指令返回程序起点方式回到程序加工起点；还可以作为进给位置反馈的测量基准点。

3. 程序编制原点

在工件坐标系中，程序编制原点是指根据加工零件图样选定的编制零件程序的原点，即程序编制坐标系的原点。它属于一个浮动坐标系，以它为原点建立一个直角坐标系来进行数值的换算。例如在数控车床上，一般将程序编制原点设置在零件的轴心线和零件两边端面的交点上（见图 1-25 和 1-26 中的 O_2）。程序编制原点的位置在给定的图样上应为已知，应尽量选择在零件的设计基准或工艺基准上，各几何要素的关系应简洁明了，便于坐标值的确定。并考虑到程序编制的方便，程序编制坐标系中各轴的方向应该与所使用的数控机床相应的坐标轴方向一致，且便于程序原点的设定。

4. 程序原点

程序原点也称为加工原点，指刀具在加工程序执行时的起点，又称为程序起点。也就是说，程序原点是指工件被装夹好后，相应的程序编制原点在机床原点坐标系中的位置（见图 1-25 和图 1-26 中的 O_3）。在加工过程中，数控机床是按照工件装夹好后的加工原点及程序要求进行自动加工的。一般情况下，一个零件加工完毕，刀具返回程序原点位置，等候指令执行下一个零件的加工。在图 1-26 中，加工坐标系原点与机床坐标系原点在 X、Y、Z 方向的距离 X_3、Y_3、Z_3分别称为 X、Y、Z 方向的原点设定值。

因此，程序编制人员在编制程序时，只要根据零件图样就可以选定程序编制原点，建立程序编制坐标系，计算坐标数值，而不必考虑工件毛坯装夹的实际位置。对加工人员来说，则应在装夹工件、调试程序时，确定加工原点（程序原点）的位置，并在数控系统中给予设定（即给出原点设定值），这样数控机床才能按照准确的加工坐标系位置开始加工。

思考题与习题

1-1　试述数控加工的过程。

1-2　数控机床由哪些基本结构组成？各部分的基本功能是什么？

1-3　什么是数控机床的可控轴数？什么是数控机床的联动轴数？

1-4　数控机床有哪些运动性能指标？有哪些精度指标？

1-5　数控机床常见的分类方法有哪些？

1-6　数控机床按工艺用途分类有哪些？按加工路线分类又有哪些？

1-7　试述点位控制、点位直线控制及轮廓控制数控机床三者间的区别。

1-8　开环控制系统与闭环控制系统有什么区别？各适用于什么场合？

1-9　数控机床的坐标系是怎样规定的？其坐标和运动方向是根据什么原则确定的？

1-10　什么是绝对坐标系？什么是增量（相对）坐标系？

1-11　数控机床坐标系的原点有哪些？

1-12　什么是工件坐标系？

第二章　数控机床的运动分析

第一节　零件表面的形成

一、零件表面的形状

任何一个机器零件的形状都是由它的功用来确定的。实现同样的功用，可以有多种多样的零件表面形状。在实际生产中常选用那些加工最方便、最经济、最准确和最迅速的零件表面形状。这往往是形状比较简单的表面，例如平面、圆柱面、圆锥面、球面、螺旋面等基本表面，如图 2-1 所示。

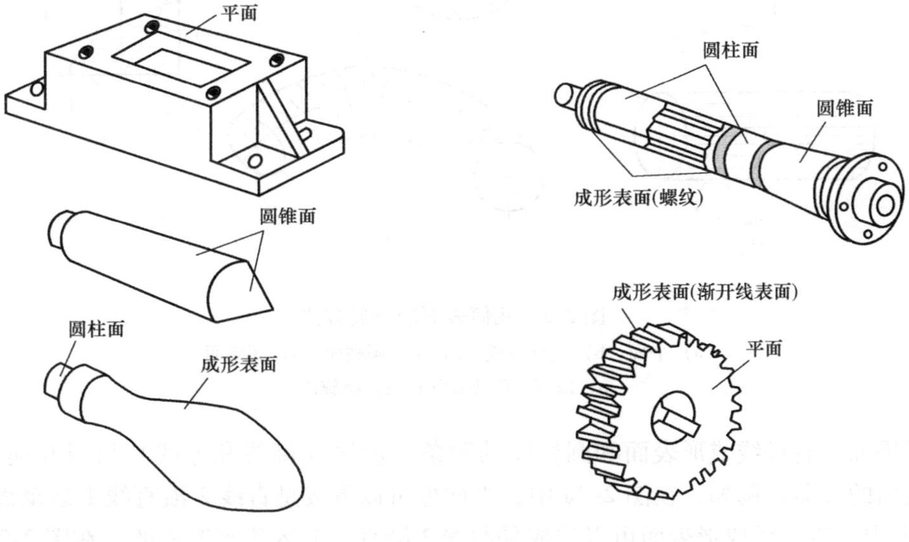

图 2-1　机械零件上常用的各种表面

金属切削机床（简称为机床）的工作原理是使金属切削刀具和工件产生一定的相对运动，以形成具有一定形状、一定尺寸精度和表面质量的零件表面。刀具的切削刃对工件毛坯进行切削，去掉毛坯上多余的金属层而形成零件表面。常见的机械零件通常由一个或几个基本表面组合而成，这些表面可以经济地在金属切削机床上获得所需要的精度。

二、零件表面的形成原理

从几何学的观点看，面是线的运动轨迹。零件上的任何一个表面，都可以看成是一条曲线（母线）沿着另一条曲线（导线）运动的轨迹。例如，平面是一条直线沿另一条直线运动的轨迹；圆柱面是一个圆沿直线运动的轨迹，或者是一条直线绕着与其平行的轴线作圆周运动的轨迹。形成表面的母线和导线统称为生成线，简称生线。在切削加工过程中，这两条生成线是通过刀具切削刃与工件的相对运动而实现，以使零件的表面成形。

图 2-2 所示是几何表面的形成方法。平面（见图 2-2a）可由直线 1（母线）沿着直线 2（导线）运动而形成，直线 1 和 2 就是形成平面的两条生成线。直母线成形表面（见图 2-2b）可由直线 1（母线）沿着曲线 2（导线）运动而形成，直线 1 和曲线 2 就是形成直母线成形表面的两条生成线。同样，圆柱面（见图 2-2c）可由直线 1（母线）沿着圆 2（导线）运动而形成，直线 1 和圆 2 就是它的两条生成线。

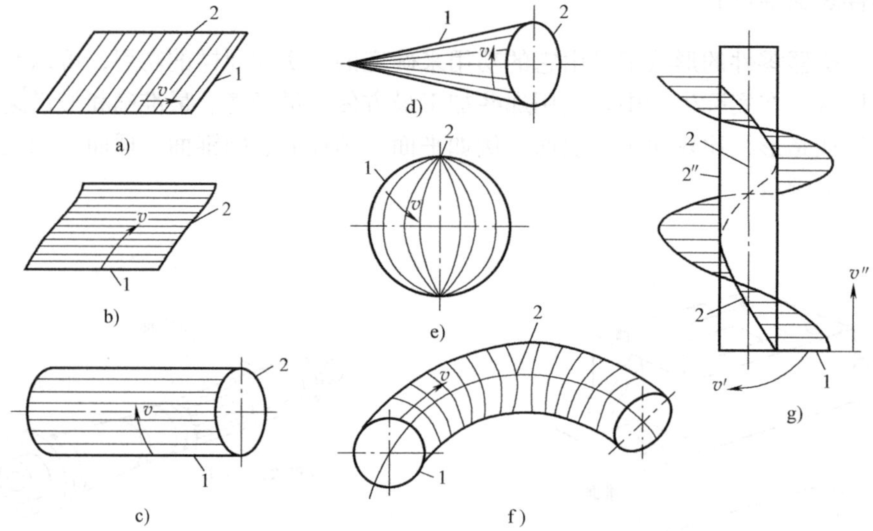

图 2-2 几何表面的形成方法
a）平面 b）直母线成形面 c）圆柱面 d）圆锥面
e）球面 f）圆环面 g）螺旋面

形成平面、直母线成形表面和圆柱面的两条生成线（母线和导线）可以互换，而不改变形成表面的性质。例如，在图 2-2a 中，平面也可以看成是直线 2 沿直线 1 运动而形成的；在图 2-2b 中，直母线成形表面可以看成是曲线 2 沿直线 1 运动而形成的；在图 2-2c 中，圆柱面也可以看成是圆 2 沿直线 1 运动而形成的。这种母线与导线可以互换的表面，称为可逆表面。除了可逆表面以外，还有不可逆表面。形成不可逆表面的母线和导线是不可以互换的。圆锥面、球面、圆环面和螺旋面等都属于不可逆表面。

三、生成线的形成方法及所需的运动

由于生成线是由刀具的切削刃和工件的相对运动得到的，所以工件表面成形与刀具切削刃的形状有着极其密切的关系。所谓刀具切削刃的形状是指刀具切削刃与工件成形表面相接触部分的形状，它可以是一个切削点，也可以是一条切削线。刀具切削刃形状和形成表面生成线之间的关系，可以划分为如图 2-3 所示的三种情况。

1）切削刃的形状为一个切削点（见图 2-3a），在切削过程中，切削刃与被形成表面接

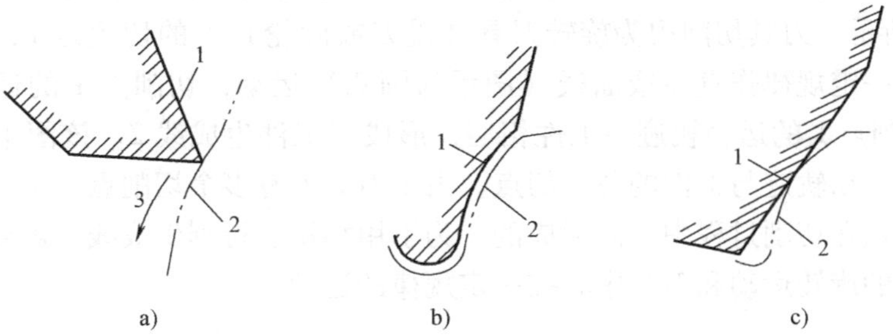

图 2-3　切削刃的形状与生成线的关系

触的长度实际上很小，可以看成为点接触。刀具切削刃 1 应作轨迹运动 3，以形成工件生成线 2。

2）切削刃的形状是一段曲线 1，其轮廓（切削线）与工件生成线 2 的形状完全吻合（见图 2-3b）。因此，在切削加工时，刀具切削刃 1 与被形成的表面作线接触，刀具不作任何运动就可以得到所需要的工件生成线 2。

3）切削刃的形状仍然是一段曲线 1，其轮廓（切削线）与需要形成的工件生成线 2 的形状不相吻合（见图 2-3c），为共轭关系。在切削加工时，刀具切削刃 1 与被形成的表面相切，为点接触。工件生成线 2 是刀具切削刃 1 运动轨迹的包络线，如图 2-4 所示。因此，刀具切削刃相对于工件滚动（即展成运动），即刀具与工件间需要有共轭的展成运动。

在切削加工中，形成工件表面的生成线也是由刀具切削刃与工件之间的相对运动所产生的。按照刀具切削刃形状和切削加工方法的不同，一般形成生成线的方法可以归纳为 4 种，如图 2-5 所示（图中的工件生成线 2 为一段圆弧）。

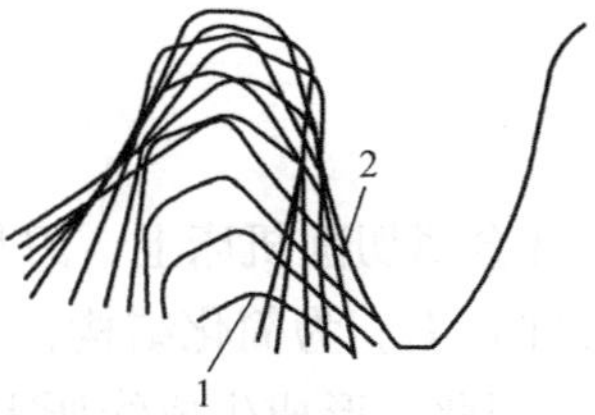

图 2-4　由切削刃包络成形的渐开线齿形

1）成形法（Forming Method）。它是利用成形刀具对工件进行加工的方法，如图 2-5a 所示。刀具切削刃为切削线 1，它的形状和长短与需要形成的工件生成线 2 完全吻合。因此，工件生成线 2 由刀具切削刃的切削线 1 实现。这时，形成工件生成线 2 不需要专门的成形运动。

2）展成法（Generating Method）。它是利用工件和刀具作展成切削运动而进行加工的方法，如图 2-5b 所示。刀具切削刃形状为切削线 1（图示形状为圆，也可以是直线或曲线），它与需要形成的工件生成线 2 的形状不相吻合。切削线 1 与工件生成线 2 彼此作无滑动的纯滚动，工件生成线 2 就是切削线 1 在切削过程中连续位置的包络线。曲线 3 是切削刃上某点 A 的运动轨迹。在形成工件生成线 2 的过程中，或者仅由切削刃 1 沿着由它生成的工件生成线 2 滚动；或者切削刃 1（刀具）和生成线 2（工件）共同完成复合的纯滚动，这种运动称为展成运动。因此，用展成法形成生成线需要一个成形运动（展成运动）。

3）轨迹法（Tracing Method）。它是利用刀具作一定规律的轨迹运动对工件进行加工的方法，如图 2-5c 所示。刀具切削刃为切削点 1，它按一定规律作直线或曲线（图示为圆弧）运动，从而形成所需要的工件生成线 2。因此，采用轨迹法形成生成线需要一个独立的成形运动。

4）相切法（Tangent Method）。它是利用刀具边旋转边作轨迹运动对工件进行加工的方法，如图 2-5d 所示。刀具切削刃为旋转刀具（铣刀或砂轮）上的切削点 1，刀具做旋转运动，刀具中心按一定规律作直线或曲线（图示为圆弧）运动，切削点 1 的运动轨迹如该图中的曲线 3。切削点 1 的运动轨迹与工件相切，形成了工件生成线 2。该图中点 4 就是刀具上的切削点 1 的运动轨迹与工件的各个切点。由于刀具上有多个切削点，工件生成线 2 是刀具上所有的切削点在切削过程中共同形成的。为了用相切法得到生成线，需要两个独立的成形运动，即刀具的旋转运动和刀具中心按一定规律的运动。

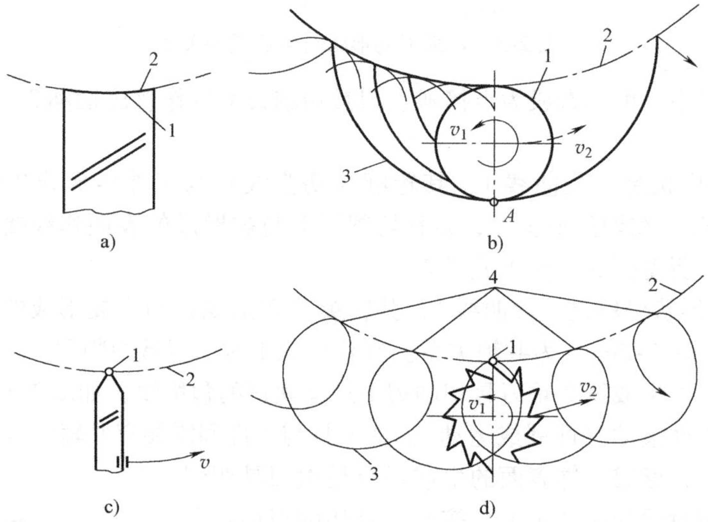

图 2-5　形成生成线的方法

在金属切削机床上，刀具和工件分别安装在主轴、刀架或工作台等执行部件（简称为执行件）上。为简化结构，执行件的运动形式一般为旋转运动或直线运动（称为单元运动）。因此，形成生成线所需要的独立成形运动可以只是这两种单元运动中的一种，也可以是两种运动形式的不同组合。若成形运动仅为执行件的旋转运动或直线运动，则称为简单成形运动；而一个成形运动是由旋转运动和直线运动按一定的运动关系组合而成的，则称为复合成形运动。组成复合成形运动的两个或两个以上的单元运动，在形成表面的过程中是相互依存的，它们之间应保持准确的运动关系。图 2-5b 所示的展成运动是一个复合成形运动，由刀具的旋转运动和工件的旋转运动组合而成，刀具和工件之间必须保持准确的运动关系。因此，复合成形运动是一个独立的成形运动。

必须注意，成形表面的形状不仅取决于切削刃的形状和表面成形的方法，还取决于生成线的原始位置。如图 2-6 所示，三种表面的生成线均相同，母线是直线 1，导线是绕轴线 $O-O$旋转的圆 2，但由于母线 1 相对于轴线 $O-O$ 的原始位置不同，则所形成的表面也就不相同。

四、零件表面成形所需的成形运动

零件表面是两条生成线（母线和导线）运动的轨迹，形成零件表面的成形运动就是形

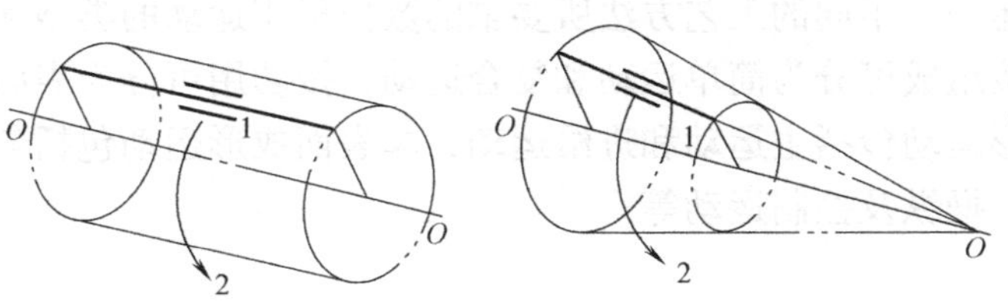

图 2-6　生成线原始位置与成形表面的关系

成母线和导线所需运动的总和。为了在金属切削机床上加工出所需的各种零件表面，金属切削机床必须具有全部所需的表面成形运动。如图 2-7 所示，用成形车刀车削成形回转表面。母线为曲线，由成形法形成，不需要成形运动。导线为圆，由轨迹法形成，需要一个成形运动 B_1。因此，形成表面的成形运动总数为一个（B_1），是一个简单的成形运动。

用螺纹车刀车削螺纹，如图 2-8 所示。母线与车刀的切削刃形状和螺纹轴向剖面轮廓的形状一致，故母线由成形法形成，不需要成形运动。导线为螺旋线，由轨迹法形成，需要一个成形运动。这是一个复合的成形运动，可以把它分解为工件的旋转运动 B_{11} 和刀具的直线移动 A_{12}。但是，B_{11} 和 A_{12} 之间必须保持严格的相对运动关系。

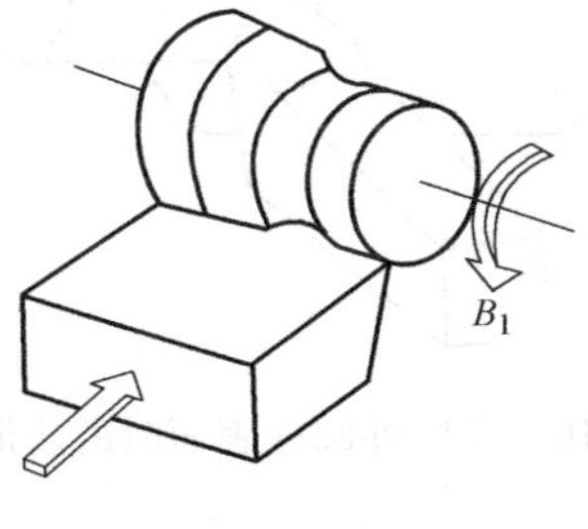

图 2-7　车削成形回转表面所需的表面成形运动

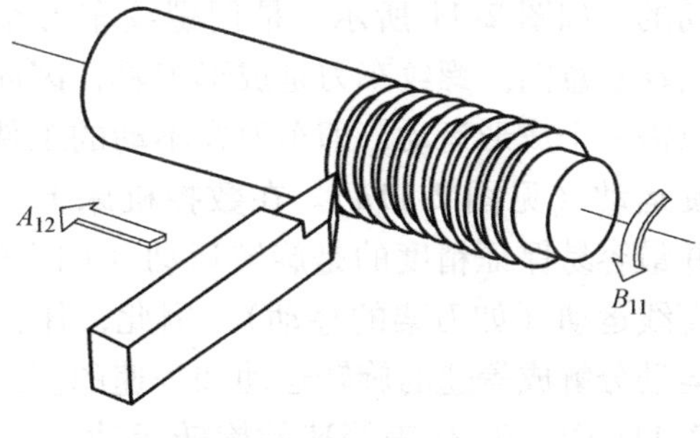

图 2-8　车削螺纹所需的表面成形运动

必须指出，那些既在形成母线中起作用又在形成导线中起作用的运动，实质上只是金属切削机床的一个运动。如图 2-9 所示，为滚切直齿圆柱齿轮时所需的成形运动。母线（轮齿的渐开线）是滚刀切削刃的包络线，由展成运动（B_1+B_2）形成。导线是沿齿长方向的直线，由相切法形成，即需滚刀旋转并作向下的直线运动（$B+A$）。实质上，形成导线的滚刀旋转运动 B 与形成母线中的滚刀旋转运动 B_1 是同一个运动。因此，滚切直齿圆柱齿轮时共需两个运动，即展成运动（B_1+B_2）和滚刀沿工件轴向移动的直线运动 A。

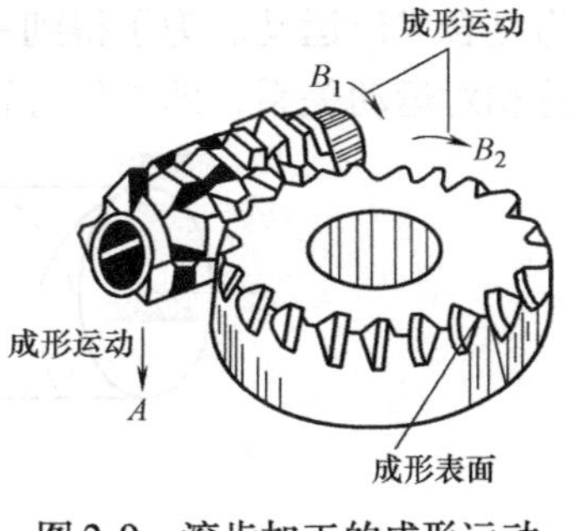

图 2-9　滚齿加工的成形运动

第二节　数控机床的运动

数控机床是实现切削加工的机器，其运动就一定要能完成切削运动，即使刀具和工件之间按一定的规律完成一系列的运动。不同的工艺方法所要求的数控机床运动的类型和数量是不相同的。数控机床上的运动按组成可分为简单运动和复合运动，按功用可分为表面成形运动和非表面成形运动。表面成形运动包括主运动和进给运动，非表面成形运动包括各种空行程运动、切入运动、分度运动、操纵及控制运动等。

一、表面成形运动

表面成形运动（Surface Formative Motion，简称成形运动）是保证得到零件要求的表面形状的运动。在数控机床上，以主轴的旋转、刀架或工作台的直线运动的形式出现。通常用符号 A 表示直线运动，用符号 B 表示旋转运动。如图 2-10 所示，用车刀车削外圆柱面，属于轨迹法成形。工件的旋转运动 B_1 产生母线（圆），刀具的纵向直线运动 A_2 产生导线（直线）。运动 B_1 和 A_2 就是两个表面成形运动，下角标“1”和“2”表示成形运动的序号。B_1 和 A_2 是相互独立的，刀具的直线运动速度（即进给量）发生变化时，不影响加工表面的形状，只影响生产率的高低和表面粗糙度轮廓幅度参数值的大小。

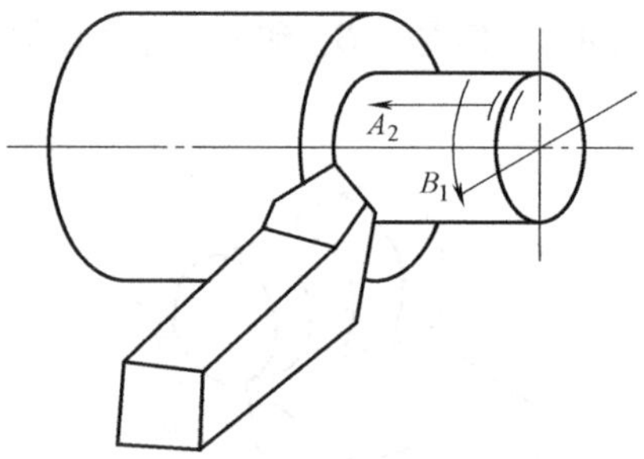

图 2-10　车削外圆柱表面时的成形运动

旋转运动或直线运动最简单，也最容易得到，因而称为简单成形运动。但是，成形运动也有不是简单运动的。如图 2-11 所示，是用螺纹车刀车削螺纹时的运动示意图。螺纹车刀是成形刀具，因此形成螺旋面只需一个成形运动，即车刀在不动的工件上作空间螺旋运动（见图 2-11a）。在数控机床上，最容易得到并最容易保证精度的是旋转运动（如主轴的旋转）和直线运动（如刀架的移动）。因此，往往把这个螺旋运动分解成等速的旋转运动和等速的直线运动。在图 2-11b 中，B_{11} 代表等速的旋转运动，A_{12} 代表等速的直线运动。下角标的第一位数字表示第一个运动（该例中也只有一个运动），第二位数字表示这个运动中的第 1、第 2 两个组成部分。这样的运动就称为复合的表面成形运动，或简称为复合成形运动。为了得到一定导程的螺旋线，运动的两个组成部分 B_{11} 和 A_{12} 必须严格保持相对运动关系，即工件每转一转，刀具应准确地移动一个螺旋线导程。

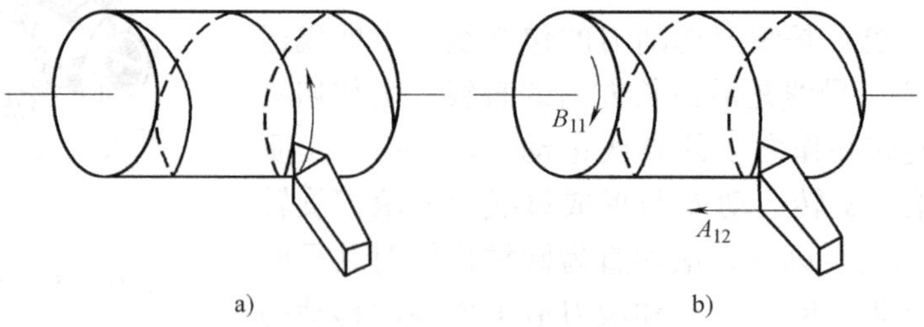

图 2-11　车削螺纹时的运动

复合成形运动也可以分解为三个甚至更多个组成部分，图 2-12 所示是车削圆锥螺纹时的情况。刀具相对于工件的运动轨迹为圆锥螺旋线，其成形运动可分解为三个组成部分，即工件的旋转运动 B_{11}、刀具的纵向直线移动 A_{12} 和刀具的横向直线移动 A_{13}。为了保证一定的螺距，B_{11} 和 A_{12} 之间必须保持严格的相对运动关系；为了保证一定的锥度，A_{12} 和 A_{13} 之间也必须保持严格的相对运动关系。

随着现代数控技术的发展和多轴联动数控机床的出现，可分解为更多个组成部分的复合成形运动已在数控机床上实现，每个组成部分就是数控机床的一个坐标轴。

复合成形运动虽然可以分解成几个组成部分，而每一个组成部分就是一个旋转运动或直线运动，与简单成形运动相同。但复合成形运动的组成部分之间保持着严格的相对运动关系，是相互依存而不是独立的。所以，复合成形运动是一个运动，而不是两个或两个以上的简单运动。

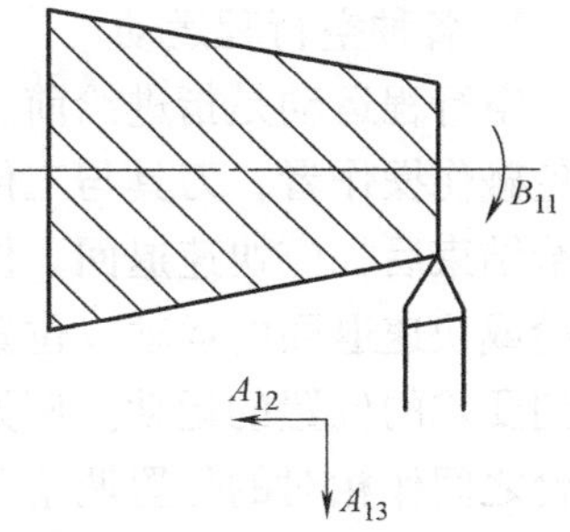

图 2-12　车削圆锥螺纹时的表面成形运动

二、主运动和进给运动

表面成形运动按其在切削加工中所起的作用，又可分为主运动和进给运动两类。

1. 主运动（Primary Motion）

主运动是由数控机床或人力提供的主要运动，它促使刀具和工件之间产生相对运动，而使刀具前面接近工件，直接切除工件上的切削层，使之转变为切屑，从而形成工件新表面。通常主运动消耗的功率占总切削功率的大部分，例如数控卧式车床主轴带动工件的旋转，数控钻、镗、铣、磨床主轴带动刀具或砂轮的旋转，数控牛头刨床和数控插床的滑枕带动刨刀、数控龙门刨床工作台带动工件的往复直线运动等都是主运动。

主运动可以是简单成形运动，也可以是复合成形运动。例如，图 2-10 中用车刀车削外圆柱面，数控车床主轴带动工件旋转的主运动 B_1 就是简单成形运动；而图 2-11b 中所示的车削螺纹，主运动（$B_{11}+A_{12}$）就是复合成形运动，它在切除切屑的同时形成了所需要的螺旋表面。

2. 进给运动（Feed Motion）

进给运动是由数控机床或人力提供的运动，它使刀具与工件之间产生附加的相对运动，是使主运动能够依次地或连续不断地切除切屑的运动，以便形成所要求的几何形状的已加工表面。在数控机床上，进给运动可由刀具或工件完成，它可以是间歇（步进）或连续进行的。不论哪一种情况，进给运动通常只消耗总切削功率的小部分。

进给运动可能是简单成形运动，也可能是复合成形运动。例如，在数控车床上车削外圆柱表面时，床鞍带动车刀的连续纵向移动，以及在数控牛头刨床上加工平面时，刨刀每往复一次，数控刨床工作台带动工件横向移动一个进给量等都是进给运动，且都是简单的成形运动。如图 2-13 所示，用成形铣刀铣削螺纹时，进给运动是铣刀相对于工件的螺旋运动，是一个复合成形运动（$B_{21}+A_{22}$）。主运动是铣刀的旋转运动（B_1），是一个简单的成形运动。

三、辅助运动

数控机床上除表面成形运动外，还需要辅助运动（Auxiliary Motion，非表面成形运动），以实现数控机床的各种辅助动作。辅助运动的种类很多，主要包括以下一些运动。

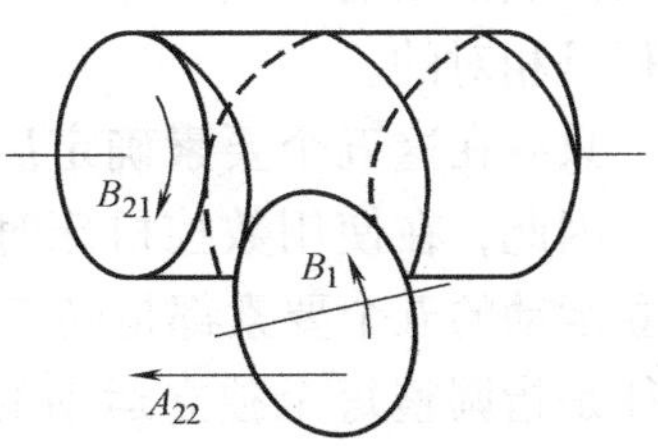

图 2-13　铣削螺纹时的运动

1. 各种空行程运动

空行程运动是指进给前、后的快速运动和各种位置的调整运动。例如，装卸工件时，为避免碰伤操作者，刀具与工件应离得较远。在进给开始之前快速引进，使刀具与工件接近；进给结束后，应快速退回。例如，数控车床的刀架或数控铣床的工作台在进给前、后作快速进给或快速退回的运动。位置调整运动是调整数控机床的过程中，把数控机床的有关部件移动到要求的位置的运动。例如，数控摇臂钻床上为使钻头对准被加工孔的中心，主轴箱与工作台之间作相对的位置调整运动；数控龙门刨床、数控龙门铣床的横梁，为适应工件不同的高度而作的升降运动等。

2. 切入运动

切入运动是用于保证被加工表面获得所需要的尺寸的运动。

3. 分度运动

当加工若干个形状完全相同、但位置分布不同的表面时，为使表面成形运动得以周期地连续进行的运动称为分度运动。如车削多线螺纹，在车削完一条螺纹后，工件相对于刀具要回转 $1/k$ 转（k 为螺纹的线数）才能车削另一条螺纹表面，这个工件相对于刀具的回转运动就是分度运动。多工位数控机床的多工位工作台或多工位刀架也需要分度运动，这时的分度运动是由工作台或刀架完成的。

4. 操纵及控制运动

操纵及控制运动包括起动、停止、变速、换向、部件与工件的夹紧和松开、转位以及自动换刀、自动测量、自动补偿等。

四、运动的主要要素

一般情况下，每一个独立的运动都有五个要素，即轨迹、速度、方向、行程和位置，在分析运动时，必须逐一加以研究。所有切削运动的速度、方向及行程都是相对于工件定义的，由于切削刃上各点的运动情况不一定相同，所以在研究问题时，应选取切削刃上某一个合适的点作为研究对象，该点称为切削刃上的选定点。图 2-14 所示是数控牛头刨床刨削平面的情况。

1）运动的轨迹。刨刀的运动轨迹为直线。

2）运动的速度。刨刀的切削速度为 v。

3）运动的方向。刨刀的向前运动为切削。

4）运动的行程。刨刀的行程大小为 L。

5）运动的位置。刨刀运动的起点为 a，终点为 b。如果刨刀运动的起点为 a'，终点为 b'，虽然行程 $L'=L$，但工件表面没有切削完毕，即运动位置是绝对的，运动行程是相对的。

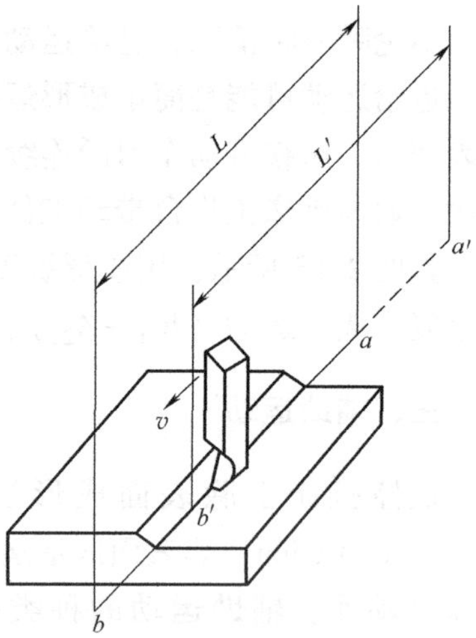

图 2-14　运动的五要素

只有在这五个要素确定后，一个独立的运动才能确定。因此，在使用数控机床时，必须使数控机床上所有独立运动的五个要素都是确定的。所谓数控机床的调整，往往是指调整每个独立运动的五个要素，其中包括换置交换齿轮、调整某些挡块和控制程序等。但是有些要素是由数控机床本身的机构或结构来保证的，如轨迹为圆或直线，是由轴承或者导轨来确定的。

例如，在卧式数控车床上车削螺纹时，只有一个成形运动，即工件回转运动和车刀纵向移动必须保持严格的相对运动关系，形成一个复合成形运动，要确定这个运动就必须确定它的五个要素。轨迹的调整是通过确定螺旋线的旋向和导程来达到的，左旋或右旋仍属于该运动的轨迹问题，而不是它的“方向”要素。因此，在卧式数控车床主轴至刀架的传动链中，不仅要有可以变换传动比的换置机构用来确定导程的大小，而且还要有换向机构来确定螺纹的旋向。这个复合成形运动的速度是由主运动传动路线中的换置机构的传动比来确定的；这个复合成形运动的方向是由主运动传动路线中的换向机构来确定的，即对同一条螺旋线，确定它在成形时是由左到右，还是由右到左；这个复合成形运动的位置和行程要素，则是由操作工人手动或使用调整挡块来确定的。

应当指出，这五个要素对各种运动并不都是同样重要的。例如，对于分度运动来说，最重要的要素是行程；而对于不封闭的生成线来说，它的成形运动最重要的要素是轨迹和位置。

第三节 数控机床的传动

一、传动联系

在数控机床上，为了得到所需要的运动，需要通过一系列的传动件把执行件和动力源，或者把执行件和执行件连接起来，这种连接称为传动联系。

1. 传动联系的组成

（1）执行件 执行件是执行数控机床运动的部件，如主轴、刀架、工作台等，其任务是安装刀具或工件，并直接带动其完成一定形式的运动和保持准确的运动轨迹。

（2）动力源 动力源是提供运动和动力的装置，是执行件的运动来源，常用的有三相异步电动机、步进电动机、直流伺服电动机和交流伺服电动机。可以几个运动共用一个动力源，也可以每个运动单独使用一个动力源。

（3）传动装置 传动装置是传递运动和动力的装置，通过它把动力源的运动和动力传递给执行件或把一个执行件的运动传递给另一个执行件，并使有关执行件之间保持某种确定的运动关系。传动装置还可以完成变速、变向和改变运动形式等任务，使执行件获得所需要的运动速度、运动方向和运动形式，以满足加工要求。

2. 传动方式

传动方式有机械传动、液压传动、气压传动和电气传动等多种形式。

（1）机械传动 应用齿轮、带、离合器、齿条和丝杠螺母等机械元件传递运动和动力。这种传动形式工作可靠，维修方便，容易获得准确的传动比，仍然是最基本的传动方式。

（2）液压传动 应用液压油作为工作介质，通过液压元件来传递运动和动力。这种传动形式结构紧凑，可以输出大的推力或转矩，能方便地实现无级调速，调速范围大，传动平稳，容易实现自动化，在数控机床上的应用日益广泛。

（3）气压传动 应用空气作介质，通过气动元件来传递运动和动力。这种传动形式的主要特点是结构简单、动作迅速、易于实现自动化，但运动不易稳定、驱动力小，主要用于数控机床的某些辅助运动（如夹紧工件、自动换刀等）或小型数控机床的进给运动传动中。

（4）电气传动　容易实现无级变速和自动控制，但电气系统比较复杂，成本较高。

根据数控机床的工作特点不同，往往采用以上几种传动形式的组合。

二、传动链

构成一个传动联系的一系列传动件，称为传动链。

1. 传动机构

为了使执行件获得所需要的运动，或者使有关执行件之间保持某种确定的运动关系，传动链中通常需要有两类传动机构，即定比传动机构和换置机构。

1）定比传动机构。定比传动机构是指传动比和传动方向固定不变的传动机构，如带传动、定比齿轮副、丝杠螺母副、蜗杆副等。

2）换置机构。换置机构是指根据加工要求可以变化传动比和传动方向的传动机构，如滑移齿轮变速机构、交换齿轮变速机构、离合器变速机构、滑移齿轮变向机构和数控系统等。

2. 传动链的分类

根据执行件运动的用途和性质不同分类，传动链可分为主运动传动链、进给运动传动链、快速运动传动链、分度运动传动链等。根据传动联系的性质不同分类，传动链可分为内联系传动链和外联系传动链。

1）内联系传动链。为了将两个或两个以上的单元运动组成复合成形运动，执行件与执行件之间的传动联系称为内联系。构成内联系的一系列传动件，称为内联系传动链。内联系传动链必须保证其两端执行件获得十分准确的相对运动关系，以便得到所需要的加工表面形状。由此可知，在内联系传动链中各传动副的传动比必须十分准确，不应有摩擦传动和瞬时传动比变化的传动件，例如链传动等。在卧式数控车床上用螺纹车刀车削螺纹时，联系主轴和刀架之间的车削螺纹传动链，就是一条传动比有严格要求的内联系传动链，它能保证得到螺纹所需的导程。

2）外联系传动链。外联系传动链是联系动力源和数控机床执行件之间的传动链。它将运动和动力从动力源传至执行件，其传动比只决定切削速度或进给量的大小，并不影响加工表面的几何形状精度，故不要求调整得非常准确。

三、传动原理图

数控机床所有传动链和它们之间的相互联系，组成了数控机床的传动系统。为了简明地表示数控机床加工过程中各个运动的传动联系，常采用简单的传动原理图。在传动原理图中，仅表示与形成某一表面直接有关的运动和传动联系，并规定用一些简明的符号来表示传动链的各传动件和执行件等。图 2-15 所示是传动原理图中常用的一些示意符号。其中，表示执行件的符号还没有统一的规定，一般采用较直观的图形表示。

图 2-16 所示是卧式车床的传动原理图。卧式车床在形成螺旋表面时需要一个运动，即刀具与工件间相对的螺旋运动。这个运动是复合运动，可分解为两部分，即主轴的旋转运动 B 和车刀的纵向移动 A。联系这两个运动的传动链（主轴—4—5—u_f—6—7—丝杠）是复合

运动内部的传动链，所以是内联系传动链。这个传动链应该保证主轴旋转运动 B 与刀具移动 A 之间严格的运动关系，即主轴每转一转，刀具应移动一个导程。此外，这个复合运动还应有一个外联系传动链与动力源相联系，即传动链为电动机—1—2—u_v—3—4—主轴。

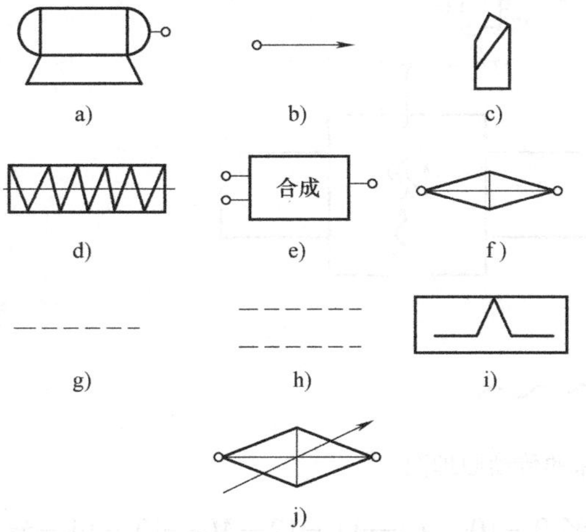

图 2-15　传动原理图中常用的一些示意符号

a）电动机　b）主轴　c）车刀　d）滚刀　e）合成机构
f）传动比可变换的换置机构　g）传动比不变的机械联系
h）电的联系　i）脉冲发生器　j）数控系统

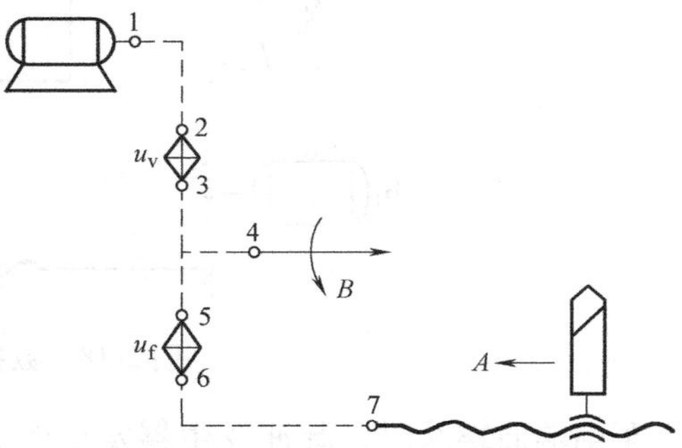

图 2-16　卧式车床的传动原理图

卧式车床在车削圆柱面或端面时，主轴的旋转运动 B 和刀具的移动 A（车削端面时为横向移动）是两个互相独立的简单运动，不需要保持严格的运动关系，运动传动比的变化不影响表面的性质，只是影响生产率或表面粗糙度轮廓幅度参数值。两个简单运动各有自己的外联系传动链与动力源相联系。一条是电动机—1—2—u_v—3—4—主轴，另一条是电动机—1—2—u_v—3—5—u_f—6—7—8—丝杠，其中电动机—1—2—u_v—3 是公共段。这样的传动原理图的优点是既可以用于车削螺纹，也可以用于车削圆柱面等。如果卧式车床仅用于车削圆柱面和端面，不用来车削螺纹，则传动原理图也可如图 2-17 所示。

图 2-18 所示是数控车床的传动原理图（图中未表示主运动传动链）。数控车床的传动原理图与卧式车床原则上相同，但许多地方用电的联系来代替机械联系。车削螺纹时，脉冲发生器通过机械传动（通常是一对传动比为 1 的齿轮传动）与主轴相联系，主轴每一转发出 N 个脉冲。经 3—4（常为电线）传至数控系统的 Z 轴（纵向）控制装置 u_{c1}，u_{c1} 可理解为一个快速调整的可变换置机构（数控系统）。根据程序的指令，使 u_{c1} 的输出脉冲为 F_1。经伺服系统 5—6 后，由伺服电动机 M_1 经机械传动件 7—8 将运动传递给滚珠丝杠（也可以由伺服电动机直接与滚珠丝杠相

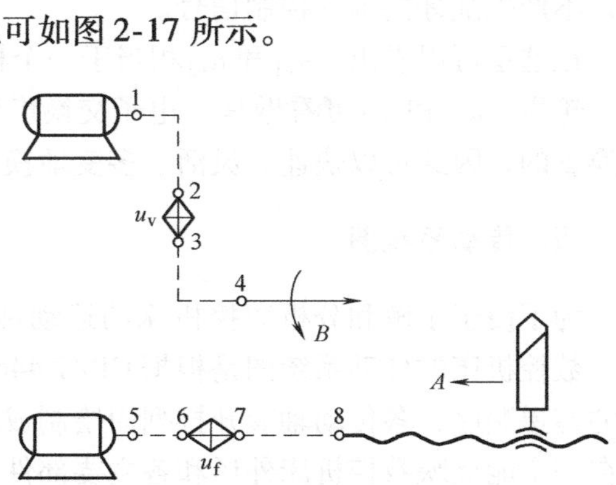

图 2-17　车削圆柱面时的传动原理图

连），滚珠丝杠副使刀架作纵向直线运动 A_2。主轴每转一转，刀架纵向移动一个导程。

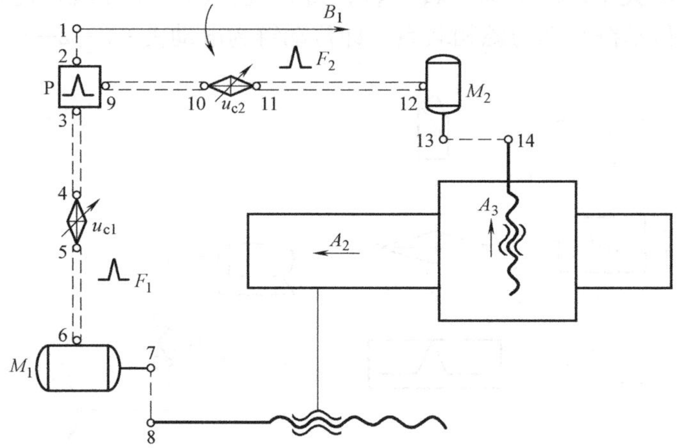

图 2-18　数控车床的传动原理图

车削端面螺纹时，脉冲发生器发出的脉冲经 9—10—u_{c2}—11—12—M_2—13—14—丝杠，使刀具作横向移动 A_3。

车削成形曲面时，脉冲发生器发出的脉冲同时控制 A_2 和 A_3，A_2—纵向丝杠—8—7—M_1—6—5—u_{c1}—4—3—脉冲发生器—9—10—u_{c2}—11—12—M_2—13—14—横向丝杠—A_3，形成一条内联系传动链。u_{c1} 和 u_{c2} 同时不断地变化，以保证刀具切削刃沿要求的工件表面做曲线运动，以便得到要求的表面形状，并使 A_2、A_3 的合成线速度的大小基本不变。

如果用来车削圆柱面或端面，则 B_1、A_2、A_3 是三个独立的简单运动。u_{c1} 和 u_{c2} 用以调整进给量。

此外，在车削螺纹时，脉冲发生器还发出另一组脉冲，即每转发出 1 个脉冲，称为同步脉冲。因为在螺纹加工中，螺纹必须经过多次重复车削，为了保证螺纹不乱牙，数控系统必须控制螺纹刀具的切削相位，保证在螺纹上的同一切削点切入。同步脉冲是保证在螺纹车削中，不产生乱牙的唯一控制信号。

在这里可以看出，u_{c1} 和 u_{c2} 相当于一个机械传动中的交换齿轮。一个脉冲相当于齿轮的一个轮齿。u_{c1} 和 u_{c2} 可看做是“电子交换齿轮”。由于“电子交换齿轮”是由计算机根据程序换置的，因此可以快速、灵活、多变地换置。

四、传动系统图

为了便于了解和分析数控机床的运动和传动情况，通常采用简明的数控机床传动系统图。数控机床的传动系统图是根据 GB/T 4460—2013 规定的传动元件标准符号，一般按照运动的传递顺序，各传动轴展开排列而绘制成的平面展开图。绘图时，将数控机床的传动系统画在一个能反映数控机床外形和各主要部件相互位置的投影面上，并尽可能绘制在数控机床外形的轮廓线内。要把一个立体的传动结构展开并绘制在一个平面图中，有时不得不把某一根轴绘制成折断线或弯曲成一定夹角的折线，对于展开后失去运动联系的传动副，要用大括号或虚线连接起来以表示它们的传动联系。传动系统图中需注明各轴的顺序号和有关传动的参数，如齿轮和蜗轮的齿数、带轮的直径、丝杠的导程和头数、电动机的功率和转速、传动轴的编号等。传动轴的编号，通常是从动力源（电动机）开始，按运动传递的顺序，依次用罗马数字Ⅰ、Ⅱ、Ⅲ、Ⅳ、…表示。传动系统图只表示传动关系，并不代表各传动件的实际尺寸和空间位置。

熟悉传动系统图，对使用和研究数控机床十分方便；利用传动系统图，可以分析数控机床的性能、工作原理、适用范围，并可进行各种调整计算。分析传动系统图的一般方法是：

1）根据主运动、进给运动和辅助运动确定有几条传动链。

2）分析各传动链所联系的两个端件。

3）按照运动传递或联系的顺序，从一个端件向另一个端件依次分析各传动轴之间的传动结构和运动传递关系，以查明该传动链的传动路线和变速、换向、接通及断开的工作原理。

4）对传动链中的机构作具体分析和运动计算。

图2-19所示是XK5040A型数控铣床的传动系统图。传动系统可划分为主运动传动链、进给运动（纵向、横向、垂直方向）传动链两部分。

1. 主运动传动链

XK5040A型数控铣床的主运动由7.5kW、1450r/min的主电动机驱动，经带传动、Ⅰ—Ⅱ轴间的三联滑移齿轮变速组、Ⅱ—Ⅲ轴间的三联滑移齿轮变速组、Ⅲ—Ⅳ轴间的双联滑移齿轮变速组，再经Ⅳ—Ⅴ轴间的一对锥齿轮副及Ⅴ—Ⅵ轴上的一对圆柱齿轮副传至主轴Ⅵ，使主轴获得18级转速。

（1）传动路线表达式　主运动的传动路线表达式为

$$\text{电动机}-\frac{\phi 140}{\phi 285}-\text{Ⅰ}-\begin{bmatrix}\frac{16}{39}\\ \frac{19}{36}\\ \frac{22}{33}\end{bmatrix}-\text{Ⅱ}-\begin{bmatrix}\frac{18}{47}\\ \frac{28}{37}\\ \frac{39}{26}\end{bmatrix}-\text{Ⅲ}-\begin{bmatrix}\frac{19}{71}\\ \frac{82}{38}\end{bmatrix}-\text{Ⅳ}-\frac{29}{29}-\text{Ⅴ}-\frac{67}{67}-\text{Ⅵ（主轴）}$$

（2）传动链平衡方程式　当电动机转速为1450r/min时，主轴的转速 n_Z（r/min）为

$$n_Z = 1450 \times \frac{140}{285} u_{\text{Ⅰ-Ⅱ}} u_{\text{Ⅱ-Ⅲ}} u_{\text{Ⅲ-Ⅳ}} \frac{29}{29} \times \frac{67}{67}$$

式中，$u_{\text{Ⅰ-Ⅱ}}$为Ⅰ—Ⅱ轴间的传动比，分别为$\frac{16}{39}$、$\frac{19}{36}$、$\frac{22}{33}$；$u_{\text{Ⅱ-Ⅲ}}$为Ⅱ—Ⅲ轴间的传动比，分别为$\frac{18}{47}$、$\frac{28}{37}$、$\frac{39}{26}$；$u_{\text{Ⅲ-Ⅳ}}$为Ⅲ—Ⅳ轴间的传动比，分别为$\frac{19}{71}$、$\frac{82}{38}$。

因而，可以求得数控铣床主轴的各级转速为：30、40、50、60、75、95、115、150、190、240、310、390、475、610、775、945、1215、1535，单位均为r/min。

（3）转速图　转速图是一种在对数坐标上，完整地描述变速传动系统运动规律的直观格线图。它能清晰地表示出变速传动过程中各传动轴和传动副的转速情况，以及运动输出轴获得各级转速时的传动路线等情况，所以说转速图是认识和分析数控机床变速传动系统的有效工具。图2-20所示是XK5040A型数控铣床主运动传动链的转速图，其转速图所包含的内容有：

1）用间距相等的竖线表示从电动机轴到主轴Ⅵ的各传动轴，按运动传递的先后顺序，从左向右分别在上端标出轴的顺序号（电动机轴、Ⅰ、Ⅱ、Ⅲ、Ⅳ、Ⅴ、Ⅵ、…），也可用0号代表电动机轴。

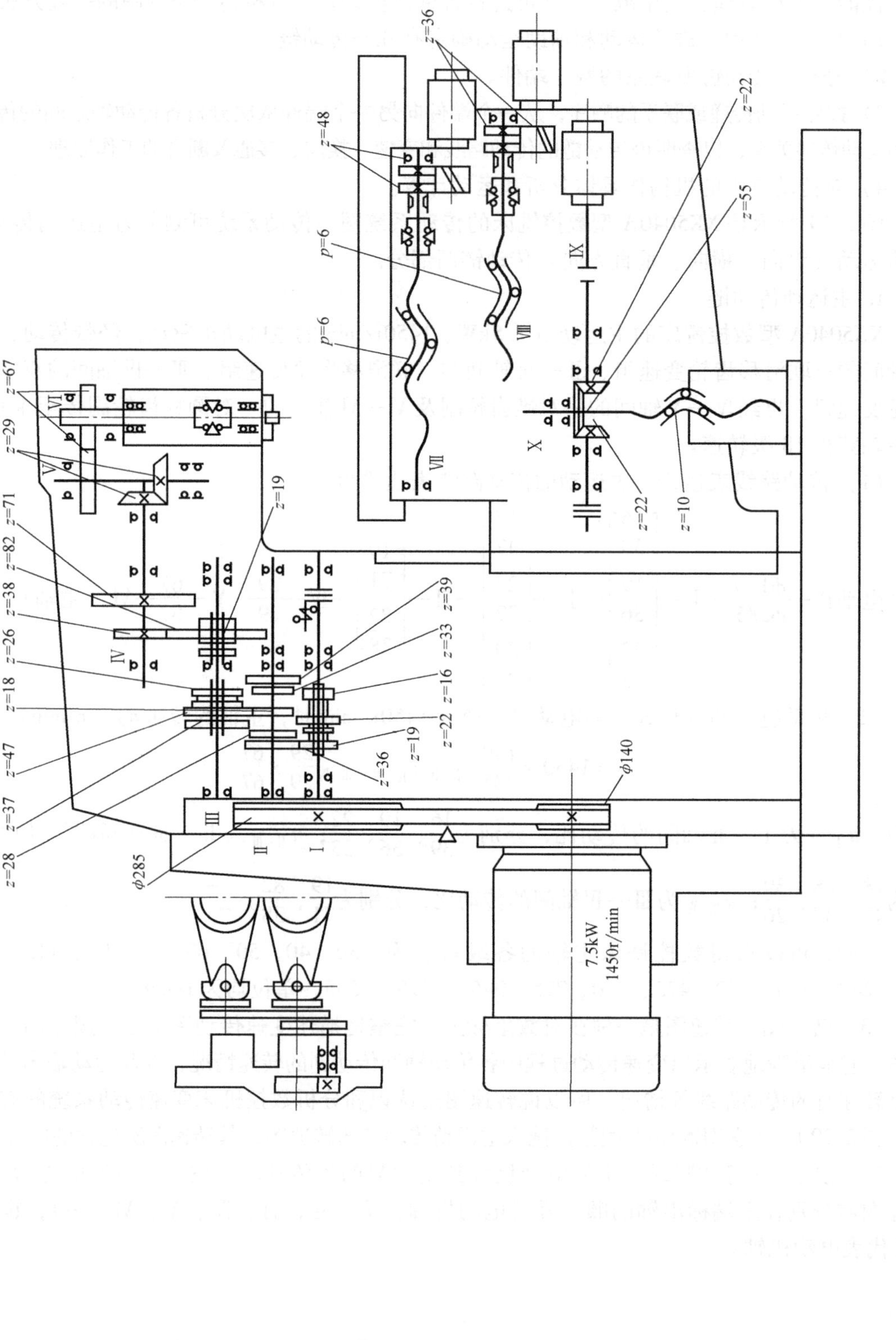

图 2-19　XK5040A 型数控铣床传动系统图

2）用间距相等的横线表示各级转速，在横线右端由低到高依次标出各级转速值。图中代表转速值的纵向坐标采用对数坐标，由于主轴转速数列是按等比数列规律排列的，即

$$\frac{n_i}{n_{i-1}} = \varphi = 常数$$

式中，n_i为主轴任意一级转速；n_{i-1}为比 n_i低一级的转速；φ 为转速数列的公比。将上式取对数，则得

$$\lg n_i - \lg n_{i-1} = \lg\varphi = 常数$$

这说明，主轴任意两相邻转速在对数坐标上的间隔是相等的（相邻两格线距离为 $\lg\varphi$）。因此，代表主轴各级转速的横线间的距离相等。为了书写方便及阅读直观，在转速图上习惯于略去符号“lg”，直接写出转速值，但阅读时，必须理解为每升高一格，转速值升高 φ 倍。

3）每一根竖线上绘制的小黑圆点为转速点，表示该轴工作过程中实际具有的转速。

4）连接两转速点的粗实线，表示该两轴间的传动副，连线的倾斜程度表示传动副的传动比大小。沿着运动的传递方向，上斜为升速运动，下斜为降速运动，水平为等速运动。所以两转速点的连线也称为速比线，互相平行的速比线通常代表同一传动副。

5）从电动机轴到运动输出轴，由速比线依次相连的每一条连线，是获得各级输出轴转速的传动路线。

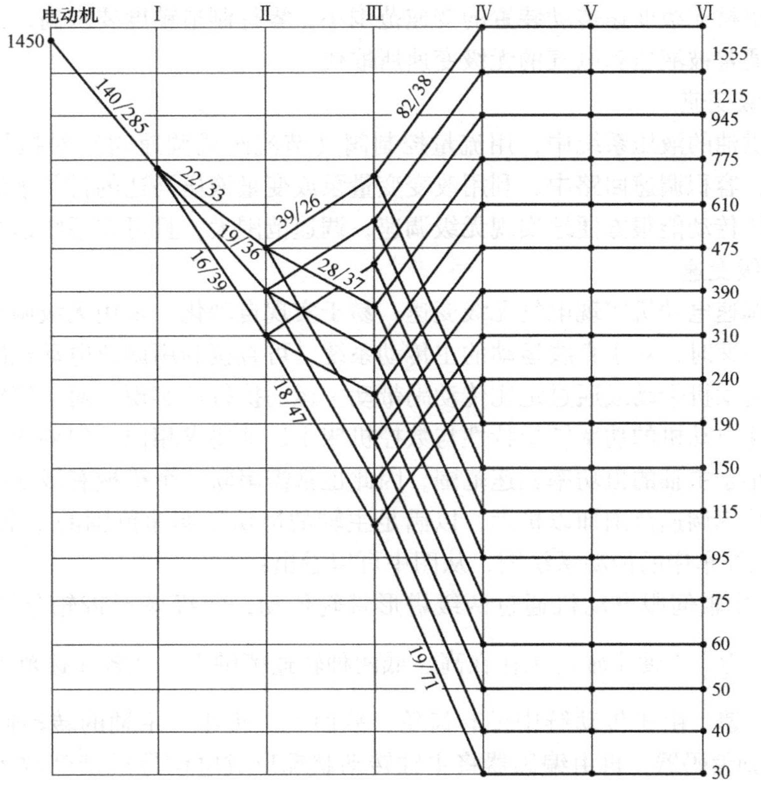

图 2-20　XK5040A 型数控铣床主运动传动链的转速图

2. 进给运动传动链

XK5040A 型数控铣床的工作台，可以作相互垂直的纵向、横向、垂直三个方向的进给运动。

（1）纵向、横向进给运动　由 FB－15 型直流伺服电动机（功率为 1.4kW，最高转速为 1500r/min）驱动，再经斜齿圆柱齿轮副传动滚珠丝杠，由滚珠丝杠螺母机构将旋转运动转换成工作台的直线运动。

（2）垂向进给运动　由 FB－25 型带制动器的直流伺服电动机（功率为 2.5kW，最高转速为 1000r/min）驱动，再经锥齿轮副传动滚珠丝杠，由滚珠丝杠螺母机构将旋转运动转换成升降台的垂向进给直线运动。制动器控制断电时 Z 方向的刹紧，以防止升降台因自身的重量而下滑。

五、无级变速传动系统

数控机床实现无级变速的方法很多，有机械的、电气的或液压的。

1. 机械无级变速

机械传动装置分为无级变速传动的传动装置和分级变速传动的传动装置。常见的机械无级变速传动装置有钢环分离锥轮变速器、摩擦锥无级变速器和钢球无级变速器等，它们都是依靠摩擦力传递转矩的，并通过改变主动件和从动件的传动半径，使输出轴的转速实现无级变速。但由于机械无级变速传动装置的变速范围小，零件制造精度要求高，经济性较差，一般不常采用，通常被液压和电气的无级变速所取代。

2. 液压无级变速

在定量泵供油的液压系统中，用流量控制阀（节流阀或调速阀）对执行元件的运动速度进行调节；在容积调速回路中，利用改变变量泵或变量液压马达的排量来调节执行元件的运动速度。液压传动能很方便地实现无级调速，调速范围大，且可在系统运行过程中调速。

3. 电气无级变速

通常采用调速电动机实现电气无级变速，易于实现自动化。采用无级调速电动机实现主传动系统无级变速时，对于直线运动的主传动系统，可直接利用调速电动机的恒转矩调速范围，通过调速电动机带动或通过定比传动副带动主运动执行件实现。对于旋转运动的主传动系统，虽然调速电动机的功率转矩特性与数控机床主运动要求相似，但调速电动机的恒功率调速范围一般小于主轴的恒功率调速范围，因此也常需串联一个机械有级变速器，把无级调速电动机的恒功率调速范围加以扩大，以满足主轴的恒功率调速范围的要求。图 2-21 所示是 CK7815 型数控车床的传动系统图，从图中可以看出：

1）主轴由主轴伺服电动机通过两级塔形带轮传动，两级塔形带轮分别形成两个传动比，u_1为$\frac{5}{6}$，u_2为$\frac{1}{3}$，使主轴可工作在高、低两种转速范围内。在各转速范围内，主轴实现电气系统无级变速。由于传动链中没有齿轮，故而噪声很小。主轴的转动通过一对齿数为 35 的齿轮副传到编码器，再由编码器将主轴转动状况形成电信号反馈到数控装置，由数控装置实现螺纹切削的控制。

2）纵向 Z 轴进给由伺服电动机经联轴器传动滚珠丝杠副，驱动纵向床鞍，带动刀架实现纵向进给运动。

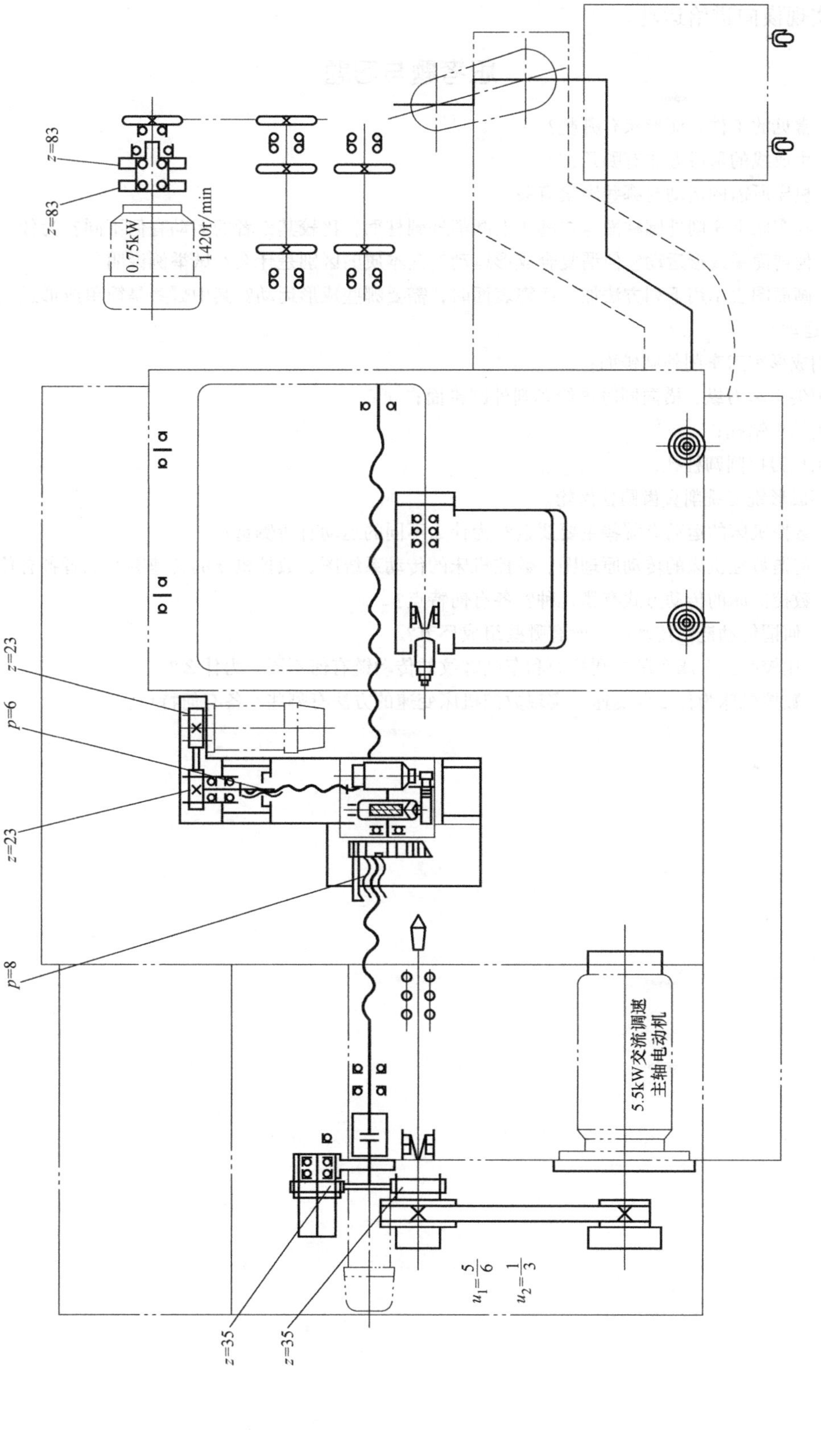

图 2-21　CK7815 型数控车床的传动系统图

3）横向 X 轴进给由伺服电动机经同步齿形带传动横向滚珠丝杠副，驱动横向滑板，带动刀架实现横向进给运动。

思考题与习题

2-1　常见的工件表面形状有哪些？

2-2　生成线的形成方法有哪几种？

2-3　机床所需的运动与哪些因素有关？

2-4　在车床上车削外圆柱面与在磨床上磨削外圆柱面，比较其二者的运动有何不同？为什么？

2-5　何谓简单成形运动？何谓复合成形运动？其本质的区别是什么？试举例说明。

2-6　画简图表示用下列方法加工所需表面时，需要哪些成形运动？其中哪些是简单成形运动？哪些是复合成形运动？

1）用成形车刀车削外圆锥面；

2）用尖头车刀纵、横向同时进给车削外圆锥面；

3）用钻头钻孔；

4）用拉刀拉削圆柱孔；

5）用成形铣刀铣削直齿圆柱齿轮。

2-7　数控机床的运动有哪些主要要素？为什么不同的运动有所侧重？

2-8　何谓数控机床的传动原理图、数控机床的传动系统图、数控机床的转速图？三者各有什么用处？

2-9　数控机床的传动方式有哪几种？各有何特点？

2-10　何谓传动链？传动链一般有哪些组成环节？

2-11　比较卧式车床车削外圆柱面和车削螺纹的传动链有何不同？为什么？

2-12　数控机床为什么要变速？实现数控机床变速的方法有哪些？各有何特点？

第三章　计算机数控（CNC）装置

第一节　CNC系统的一般概念

一、CNC系统的概念

计算机数控（Computerized Numerical Control，简称CNC）系统是用计算机控制加工功能，实现数字控制的系统。也就是说，计算机数控（CNC）系统是指应用了一个或多个计算机作为控制系统的核心组件的数控系统。计算机数控（CNC）系统根据计算机存储器中存储的控制程序，执行部分或全部数字控制功能，并配有接口电路和伺服驱动装置的专用计算机系统。数控机床在计算机数控（CNC）系统的控制下，根据输入的信息（加工程序）进行数据处理、插补运算，获得理想的运动轨迹信息，然后输出到执行部件，自动地按给定的加工程序加工出所需要的零件。

CNC系统由数控程序、输入装置、输出装置、计算机数控装置（CNC装置）、可编程序控制器（PLC）、主轴伺服驱动系统和进给伺服驱动系统（包括检测装置）等组成，如图3-1所示。

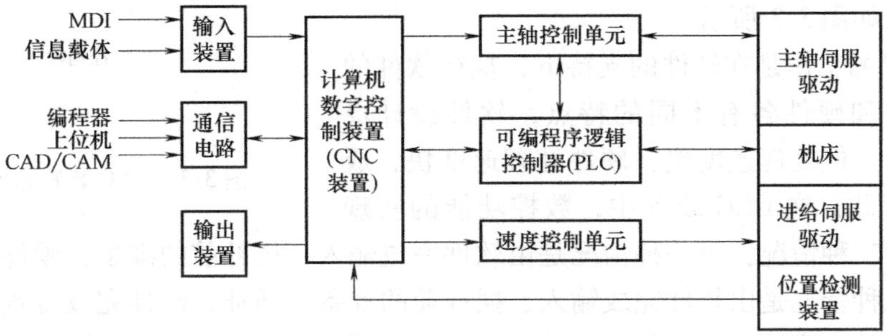

图3-1　CNC系统的组成框图

CNC系统是一种位置控制系统，CNC系统的核心是CNC装置。由于使用了计算机，系统具有了软件功能，又用PLC代替了传统的机床电器逻辑控制装置。因而，使系统更小巧，其灵活性、通用性、可靠性更好，易于实现复杂的数控功能，使用、维护也方便，并具有与上位机连接及进行远程通信的功能。

二、CNC装置的组成及其工作过程

CNC装置由硬件和软件组成，软件在硬件的支持下工作，硬件和软件的关系是密不可分的，二者缺一不可。硬件为软件提供了活动舞台，是软件的肌体，而软件则是整个系统的灵魂。数控系统是在软件的控制下，有条不紊地进行工作。

图 3-2 所示是 CNC 装置硬件的组成框图。CNC 装置的硬件除具有一般计算机所具有的微处理器（CPU）、存储器（ROM，RAM）、输入输出（I/O）接口外，还具有数控要求的专用接口和部件，即位置控制器、纸带阅读机接口、手动数据输入（MDI）接口和显示（CRT）接口。

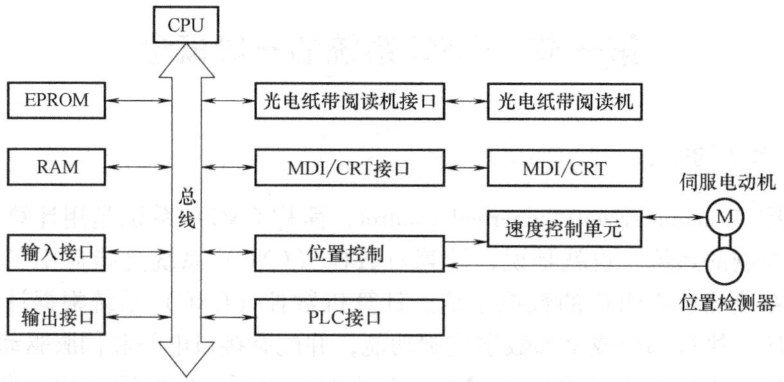

图 3-2　CNC 装置硬件的组成框图

CNC 装置的软件是为了实现 CNC 系统各功能而编制的专用软件，称为系统软件。在系统软件的控制下，CNC 装置对输入的加工程序自动进行处理，并发出相应的控制指令。系统软件由管理软件和控制软件两部分组成，如图 3-3 所示。

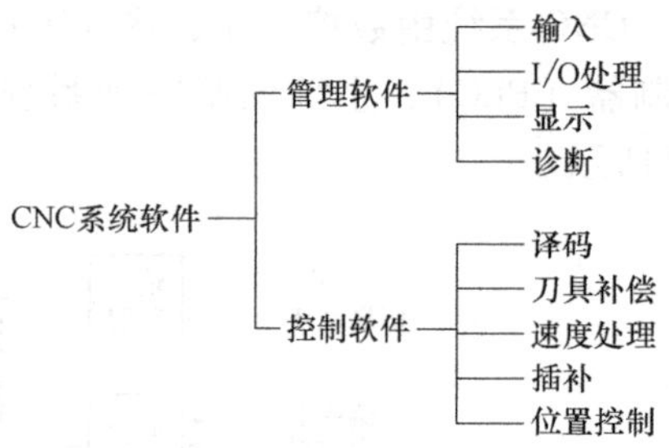

图 3-3　CNC 装置软件的组成

CNC 装置的工作是在硬件的支持下，执行软件的全过程。软件和硬件各有不同的特点，软件设计灵活，适应性强，但处理速度慢；硬件处理速度快，成本却很高。因此，在 CNC 装置中，数控功能的实现方法大致分为三种情况：第一种情况是由软件完成输入、插补前的准备，硬件完成插补和位置控制；第二种情况是由软件完成输入、插补前的准备、插补，硬件完成位置的控制；第三种情况是由软件完成输入、插补前的准备、插补及位置控制的全部工作。CNC 装置的工作流程及软、硬件界面的关系如图 3-4 所示。

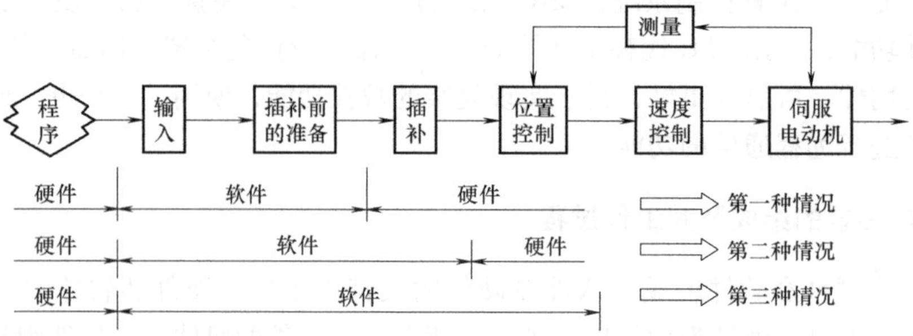

图 3-4　CNC 装置的工作流程及软、硬件界面

三、CNC 装置的特点及可执行的功能

1. CNC 装置的特点

（1）灵活通用　硬件系统采用模块化结构，易于扩展，通过变换软件还可以满足被控设备的各种不同要求。接口电路的标准化大大方便了生产厂家和用户，使用同一种 CNC 系统就可以满足多种数控设备的要求。

（2）控制功能的多样化　CNC 装置利用计算机强大的运算能力，可实现许多复杂的控制功能，如在线自动编程、加工过程的图形模拟、故障诊断、机器人控制以及网络化控制等。

（3）使用可靠、维修方便　由于目前普遍采用大容量存储器存储零件程序，无需光电纸带阅读机直接参加工作，大大减少了故障率。另外，因为许多功能由软件实现，硬件所需要的元器件大为减少，从而提高了系统的性能和可靠性。

CNC 装置的诊断程序可以提示故障部位，减少了维修的停机时间。其编辑功能对编制程序十分方便，零件程序编制好后可以显示程序，甚至可通过空运行显示刀具轨迹，检验程序的正确性。

（4）易于实现机电一体化　由于 CNC 系统具有很强的通信功能，便于与 DNC、FMS 和 CIMS 系统进行通信联络。同时大规模集成电路的采用，使硬件元器件数目大为减少，CNC 装置结构紧凑，能与机床结合在一起。

2. CNC 装置可执行的功能

CNC 装置可执行的功能通常包括基本功能和选择功能。基本功能是必备的数控功能，选择功能是可供用户根据数控机床的特点和工作用途进行选择的功能。CNC 装置的功能及其说明，见表 3-1。

表 3-1　CNC 装置的功能及其说明

功能		功能说明
基本功能	控制功能	主要反映 CNC 装置能够控制以及能够同时控制的轴数(即联动轴数)。控制的轴数越多,特别是联动轴数越多,CNC 装置功能就越强,同时 CNC 装置也就越复杂,控制程序的编写也就越困难
	准备功能	指机床动作方式的功能,主要有移动、坐标设定、坐标平面选择、刀具补偿、固定循环、程序暂停等指令。G 代码的使用有模态(续效)和非模态(一次性)两种
	插补功能	指 CNC 装置可实现的插补加工线型的能力,一般的 CNC 装置都有直线插补、圆弧插补和其他二次曲线与多坐标插补能力
	进给功能	指切削进给、同步进给、快速进给、进给倍率等,它反映刀具进给速度,一般用 F 代码直接指定各轴的进给速度
	刀具功能	用来选择刀具,通常情况下,数控机床刀具功能的实现是由辅助功能指令 M06 和用 T 与它后面的二位或四位数字结合来完成的
	主轴功能	指定主轴转速的功能,用 S 代码和它后面的二位或四位数字表示,主轴的转向用指令 M03(正转)、M04(反转)指定。机床面板上设有主轴倍率开关,不修改程序就可以改变主轴转速
	辅助功能	也称 M 功能,用来规定主轴的起动、停止和转向,切削液的接通和断开,刀具的起动、停止和更换,工件的夹紧或松开
	字符显示功能	CNC 装置可通过软件和接口在 CRT 或 LCD 显示器上实现字符显示,例如显示程序、参数、坐标位置和故障信息等
	自诊断功能	CNC 装置有各种诊断程序,可以防止故障的发生和扩大。在故障出现后,便于迅速查明故障类型和部位,减少因故障引起的停机时间

（续）

功能		功　能　说　明
选择功能	补偿功能	在加工过程中，CNC 装置可以对由于刀具磨损、更换刀具、机械传动的丝杠螺距误差和反向间隙引起的加工误差给予补偿
选择功能	固定循环功能	指 CNC 装置为常见的加工工艺所编制的、可以多次循环加工的功能。该固定程序使用前，要由用户选择合适的切削用量和重复次数等参数，然后按固定循环约定的功能进行加工。用户若需编制适于自己的固定循环，可借助用户宏程序功能
选择功能	固定显示功能	CNC 装置一般可配置 14 英寸彩色 CRT 显示器，能显示人机对话编程菜单、零件图形、动态刀具轨迹等
选择功能	通信功能	CNC 装置通常备有 RS-232C 接口，有的还备有 DNC 接口，设有缓冲存储器，可以按数控格式输入，也可以按二进制格式输入，进行高速传输。有的 CNC 装置还能与制造自动协议 MAP 相连，进入工厂通信网络，以适应 FMS、CIMS 的要求
选择功能	人机对话编程功能	不但有助于编制复杂零件的程序，而且可以方便编程。根据引导图或文字提示就能进行编程，并具有工序自动选择、刀具和切削条件自动选择的智能功能

第二节　CNC 装置的硬件结构

一、单微处理器与多微处理器结构

CNC 装置的硬件结构按其结构的不同，一般分为单微处理器结构和多微处理器结构。早期的 CNC 装置和现在一些经济型 CNC 装置都采用单微处理器结构；多微处理器结构则多用于高档的、全功能型的 CNC 装置，可实现数控机床的高进给速度、高加工精度和复杂功能的要求，以及适应更高层次的自动化（FMS 和 CIMS）的要求和智能化方向的发展。

1. 单微处理器结构

单微处理器结构的 CNC 装置，只有一个微处理器，采用集中控制、分时方法处理数控装置的各个任务。其他功能部件，如存储器、各种接口、位置控制器等都需要通过总线与微处理器相连。尽管有的 CNC 装置虽然有两个以上的微处理器，但其中只有一个微处理器能够控制系统总线，占有总线资源。而其他微处理器则为专用的智能部件，不能访问主存储器，它们组成主从结构，这类结构也属于单微处理器结构。

单微处理器 CNC 装置的结构框图如图 3-5 所示。从图中可看到，它主要由微处理器（CPU）、存储器、总线、位置控制、I/O 接口、MDI/CRT 及外围设备等部分组成。其中，CPU 执行系统程序，实施对整个系统的运算、控制和管理；存储器用于储存系统软件、零件加工程序和运算的中间结果；总线是 CPU 与各部件之间信息的公共传输线；位置控制是 CNC 装置的重要组成部分，它主要完成对进给驱动的控制；I/O 接口和外围设备用于交换 CNC 装置和外部的信息，是 CNC 装置与操作者之间交换信息的桥梁；MDI/CRT 接口完成手动数据输入和将信息显示在 CRT 屏幕上。

2. 多微处理器结构

在多微处理器中，由两个或两个以上的微处理器构成处理部件。各处理部件之间通过一组公用地址和数据总线进行连接，每个微处理器共享系统公用存储器或 I/O 接口，而每个微处理器也分担系统的一部分工作。因此，将在单微处理器的 CNC 装置中顺序完成的工作转变为多微处理器的并行、同时完成的工作，因而大大提高了整个系统的处理速度。多微处理器 CNC 装置的结构有共享存储器结构和共享总线结构两种典型结构。

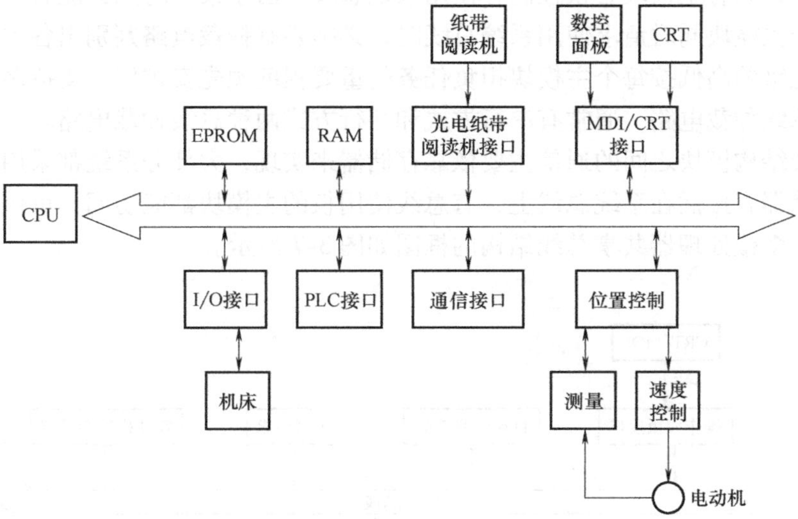

图 3-5　单微处理器 CNC 装置的结构框图

(1) 共享存储器结构　这种结构采用多端口存储器来实现各处理器之间的互连和通信，也就是说这种结构同时只能由一个 CPU 对多端口存储器进行读或写操作。因此，当功能复杂而要求增加 CPU 数量时，会因共享需用造成传输的阻塞，降低系统效率，给扩展功能造成困难。

图 3-6 所示是多微处理器共享存储器结构的框图。其中包括四个微处理器，分别承担 I/O、插补、伺服功能、零件程序编辑和 CRT 显示功能，适用于两坐标轴的车床或三、四、五坐标轴的加工中心。该系统主要有四个子系统和一个公共数据存储器，每个子系统按照各自存储器所存储的程序执行相应的控制功能（如插补、轴控制、I/O 等）。这种分布式处理器系统的子系统之间不能直接进行通信，都要与公共数据存储器通信。在公共数据存储器板上有优先级编码器，规定伺服功能微处理器级别最高，其次是插补微处理器、再次是 I/O 微处理器等。当两个以上的微处理器同时请求时，优先级编码器决定先接收的请求，对该请求发出承认信号；相应的微处理器接到信号后，便把数据存到公共数据存储器的规定地址中，其他子系统则从该地址读取数据。

(2) 共享总线结构　以系统总线为中心的多微处理器结构，称为多微处理器共享总线结构。这种结构把组成 CNC 装置的各种功能模块划分为带有 CPU 的各种主模块和不带有 CPU 的各种从模块，如 RAM/ROM 模块、I/O 模块是从模块，管理模块、控制模块、插补模块是主模块。所有主、从模块都插在配有总线插座的机柜内，共享严格定义的标准系统总线。系统总线的作用是把各个模块有效地连接在一起，按要求交换各种数据和控制信息，构成一个完整的系统，实现各种预定的功能。

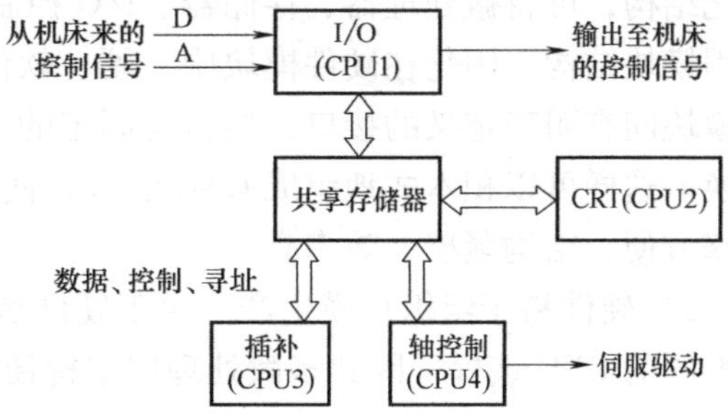

图 3-6　多微处理器共享存储器结构的框图

在系统中，只有主模块有权控制并使用系统总线。由于某一时刻只能有一个主模块占有主线，当多个主模块同时请求使用系统总线时，必须要有仲裁电路判别出各主模块优先级的高低，而优先级的高低按每个主模块担负任务的重要程度预先安排好。支持多微处理器的系统总线都有总线仲裁电路，通常有串行方式和并行方式两种总线仲裁电路。

共享总线结构模块之间的通信主要依靠存储器来实现，大部分系统都采用公共存储器方式。公共存储器直接插在系统总线上，有总线使用权的主模块都能访问，可供任意两个主模块交换信息。多微处理器共享总线结构的框图如图 3-7 所示。

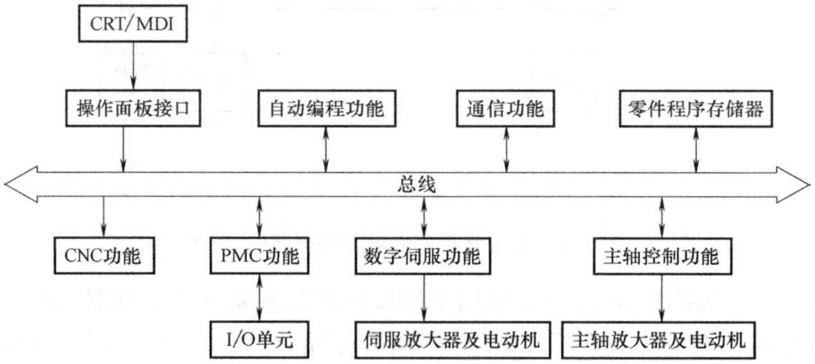

图 3-7　多微处理器共享总线结构的框图

多微处理器结构的 CNC 装置大都采用模块化结构，根据设备要求选用功能模块构成 CNC 装置。如果某个模块出了故障，其他模块仍能工作。由于硬件一般是通用的、容易配置，因此只要开发新的软件就可以构成不同的 CNC 装置，便于组织规模生产，能够形成批量生产并保证质量。其多微处理器结构的特点如下。

1）性能价格比高。多微处理器结构中的每个微处理器完成系统中指定的一部分功能，独立执行程序。它比单微处理器提高了计算的处理速度，适用于多轴控制、高进给速度、高精度、高效率的控制要求。由于系统采用共享资源，而单个微处理器的价格又比较便宜，使 CNC 装置的性能价格比大为提高。

2）采用模块化结构，具有良好的适应性和扩展性。多微处理器的 CNC 装置大都采用模块化结构，可将微处理器、存储器、I/O 控制组成独立微处理器的硬件模块，相应的软件也采用模块结构，固化在硬件模块中。硬、软件模块形成特定的功能单元，称为功能模块。功能模块间有明确定义的接口，接口是固定的，符合工厂标准或工业标准，彼此可以进行信息交换。这样可以积木式地组成 CNC 装置，使 CNC 装置设计简单、适应性和扩展性好、调整维修方便、结构紧凑、效率高。

3）硬件易于组织规模生产。由于硬件是通用的，容易配置，只要开发新的软件就可构成不同的 CNC 装置，因此多微处理器结构便于组织规模生产，且保证质量。

4）有很高的可靠性。多微处理器 CNC 装置中的每个微处理器分管各自的任务，形成若干模块。如果某个模块出了故障，其他模块仍能照常工作；而单微处理器的 CNC 装置，一旦出了故障就会造成整个系统瘫痪。另外，多微处理器的 CNC 装置可进行资源共享，省去了一些重复的机构，不但降低了成本，也提高了系统的可靠性。

二、硬件各组成部分的功能和工作原理

CNC装置的硬件组成部分主要有：CPU及总线、存储器、输入/输出设备接口（I/O接口）、位置控制器、显示设备接口、数控机床用可编程序控制器（PLC）接口，以及通信网络接口等。

1. CPU与总线

（1）CPU概述　CPU主要由控制单元、算术逻辑单元和一些暂存寄存器组成，是CNC装置的核心，具有执行计算的能力和控制的能力。CPU在CNC装置中工作时，其控制单元从存储器中依次取出加工程序指令，对指令译码后向CNC装置的各个部分按顺序发出执行操作的控制信号；同时接收执行部件发出的反馈信号，与程序中的指令信号比较后，决定下一步应执行的操作。在运算过程中，算术逻辑单元不断从存储器提取数据，并将运算结果送回存储器保存。通过对运算结果的分析判断，设置状态寄存器的相应状态。CPU与存储器、输入/输出接口等通过总线有机地组合在一起构成CNC装置。

CNC装置中常用的CPU为8位、16位、32位和64位微处理器。CPU满足软件执行的实时性要求，主要体现在CPU的字长、运算速度、内存容量、寻址能力、中断服务能力等方面。因为CNC装置设置的脉冲当量越来越小，所以CNC装置就需要更长位数的数字表示坐标值。又因为CPU不但要进行插补运算，还应能对各种信息及时响应。这就要求CPU具有很高的运算速度和存取速度，一般用时钟频率来衡量。

（2）总线（BUS）　总线是传送数据或交换信息的公共通道。也就是说，总线是计算机系统内部各独立模块之间传递各种信号的渠道。计算机系统中，各种功能模块通过总线有机地连接起来，通过总线实现相互间的信息传送和通信。

在CPU内部一般采用片总线结构，片总线为元件级总线，是组成一个小系统或CPU插件各芯片间的连接总线，包括地址总线（AB）、数据总线（DB）和控制总线（CB），即所谓三总线结构。

CPU板与其他模板如存储器板、I/O接口板等之间的连接采用标准总线，标准总线按用途分为内部总线和外部总线。内部总线又称系统总线，为板级总线，用于CNC装置中各插件板之间的连接和通信。数控系统中常用的内部标准总线有S-100、MULTI BUS、STD及VME等。外部总线又称通信总线，它用于系统与系统之间的通信。数控系统中常用的外部标准总线有串行（如EIARS-232C）和并行（如IEEE-488）总线两种。

2. 存储器（Memory）

存储器用于存储系统软件（管理软件和控制软件）和零件加工程序等，将运算的中间结果和处理后的结果（数据）存储起来。数控系统所用的存储器为半导体存储器，其基本存储电路是构成存储器的基础和核心，用来存储一位二进制信息“0”或“1”。基本存储电路分为静态和动态两类，即分为六管静态存储电路及四管、三管和单管动态存储电路等。半导体存储电路的分类如图3-8所示。

（1）随机存储器（读写存储器RAM）　用来存储零件加工程序，或作为工作单元存放各种输出数据、输入数据、中间计算结果，与外存储器交换信息以及作堆栈用等，其存储单元的内容既可读出又可写入或改写。各种读写存储器的特点见表3-2。

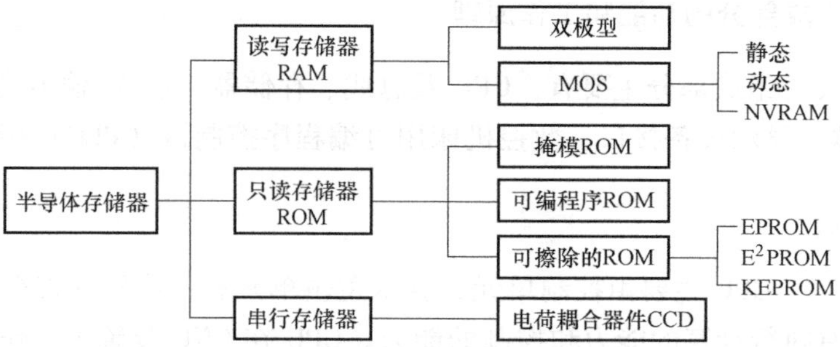

图 3-8　半导体存储电路的分类

表 3-2　各种读写存储器的特点

类　别		特　点
双极型 RAM		以晶体管的触发器作为基本存储电路，存储速度高，但管子较多，其集成度比 MOS 型低，功耗大，成本高
MOS RAM	静态 RAM	由六管 MOS-FET 触发器作为基本存储电路，集成度高于双极型 RAM，但低于动态 RAM。它不需刷新，可省去刷新电路，功耗比双极型 RAM 低，但比动态 RAM 高，要用电池作为后备电源
	动态 RAM	由单管电路组成，靠电容存储电荷，功耗比静态 RAM 更低，价格也便宜，但需要 2ms 刷新一次的再生刷新电路
	NVRAM	NVRAM（Non-Volatile Random Access Memory）称为非易失性随机存储器，由 RAM、E^2PROM 和控制机构组成，在正常通电工作时与通常的 RAM 一样，但在断电时能将 RAM 的内容自动保存到 E^2PROM 中，在通电时再由 E^2PROM 恢复 RAM 的内容

（2）只读存储器 ROM　专门存放系统软件（控制程序、管理程序、表格和常数）的存储器，使用时其存储单元的内容不可改变，即不可写入而只能读出，也不会因断电而丢失已存储的内容。各种只读存储器的特点见表 3-3。

表 3-3　各种只读存储器的特点

类　别		特　点
掩模 ROM		掩模 ROM 电路简单，制造容易，工作可靠
可编程序 ROM（PROM）		一旦被编程，其内容就不能改写，只能用其余未使用过的区域进行更改和修补
可擦除 ROM	EPROM	EPROM（Erasable PROM）不可用电擦除，价格较低
	E^2PROM	E^2PROM（Electrically EPROM）可用电擦除，其使用比 EPROM 方便，但价格要贵一些
	KEPROM	KEPROM（Keyed Access PROM）带有密码保护功能，是一种难以破译的只读存储器

3. 输入/输出设备（I/O）接口与相应的外部设备

（1）输入/输出设备（I/O）接口　I/O 接口电路是指外部设备与 CPU 的连接电路。微处理器与外部设备要有输入或输出数据通道，以便交换信息。一般外部设备与存储器间不能直接通信，需要靠 CPU 对 I/O 接口的读或写操作，而完成外部设备与 CPU 间输入或输出信息的操作。CPU 向外部设备送出信息的接口称为输出接口，外部设备向 CPU 传递信息的接口称为输入接口，此外还有双向接口。

微处理器中 I/O 接口包括硬件电路和软件两大部分。由于选用的 I/O 设备或接口芯片的不同，I/O 接口的操作方式也不同，因而其应用程度也不同。I/O 接口硬件电路主要由地址译码、I/O 读写译码和 I/O 接口芯片（如数据缓冲器和数据锁存器等）组成。在 CNC 系统中I/O的扩展是为控制对象与外部设备提供输入或输出通道，实现数控机床的控制和管理功能，如开关量控制、逻辑状态监测、键盘、显示器接口等。I/O接口电路的特性与其相连的外部设备硬件电路的特性密切相关，如驱动功率、电平匹配、干扰抑制等。

（2）外部I/O设备及I/O接口　CNC机床上通常配备的输入设备有光电纸带阅读机、手动数据输入、CRT显示器、磁带录音机、磁盘驱动器及其相应的接口。

1）带卷带盘的光电纸带阅读机接口框图如图3-9所示。光电纸带阅读机的接口电路，由孔信号接收电路、纸带进给控制电路、走带和纸带盘控制电路等组成。

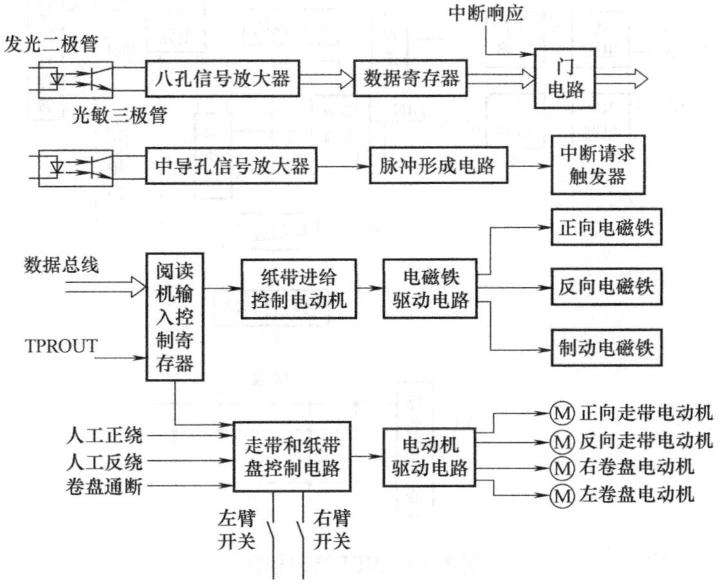

图3-9　光电纸带阅读机接口框图

孔信号接收电路以发光二极管作为发光体，光敏三极管作为光信号接收器。纸带的八孔信号转换为电信号后，送入纸带数据寄存器寄存，纸带的同步孔信号经脉冲形成电路形成一个脉冲，送到中断请求触发器，向CPU发出中断请求。若CPU响应此中断，便使数据寄存器中接收存储器的八孔信号。

纸带进给控制电路接收来自CPU的控制命令，驱动相应电磁铁，使纸带正向、反向或停止走带。走带和纸带盘控制电路接收来自CPU的控制命令，驱动正向或反向走带电动机。纸带盘的工作方式由三个位置控制开关转换，三个位置分别为释放、接通和断开。在释放位置放松纸带，以便装卸纸带；在接通位置接通纸带盘电动机（纸带盘电动机还受到左、右张力臂控制，可自动调节纸带盘旋转速度）；在断开位置不使用纸带盘。另外，还可用手动按钮控制纸带的正绕和反绕。

2）手动数据输入（MDI）接口。手动数据输入（MDI）接口框图如图3-10所示，是通过数控机床面板上的键盘（常为软触摸）进行操作，手动输入程序段和数据。当CPU扫描到按下键的信号时，就将数据送入移位寄存器，其输出经过报警检查。若不报警，数据经选择门、移位寄存器、数据总线送入RAM中；若报警，则数据不送入。

键盘是CNC装置常用的人机对话输入设备，在实际应用中一般采用非编码键盘（还有一种为编码键盘）。这种键盘可以为CNC系统软件自行定义，并已有很多专用可编程序接口芯片实现键盘功能。而且这种键盘提供行和列的矩阵，按键的识别和相应编码的产生则由专用程序完成。

MDI 方式多用于加工过程程序段的修改、插入和删除，以及数控机床的调试。在这种方式下，操作者可以一面输入数据，一面通过 CRT 显示的信息进行观察判断，并作相应的处理。

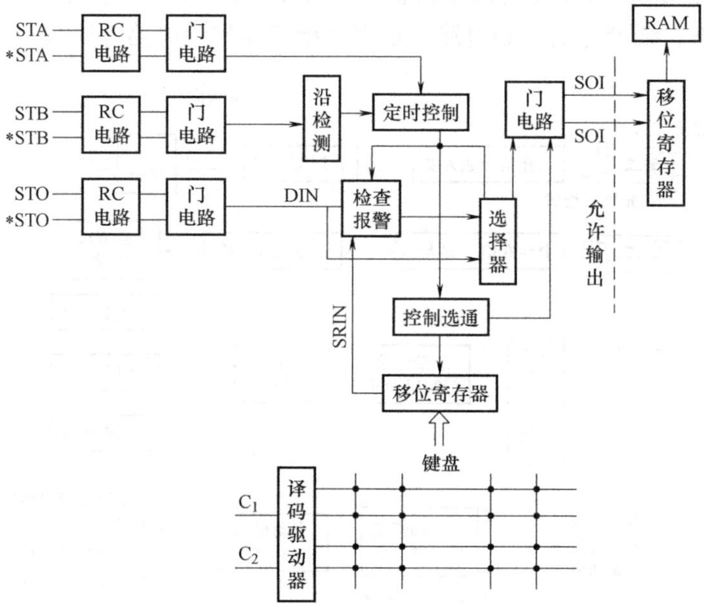

图 3-10　MDI 接口框图

（3）CRT 接口　CRT 接口与 CNC 软件配合，在 9 英寸单色或 14 英寸彩色 CRT 上显示字符或图形。CRT 显示器一般采用光栅扫描的方式，例如 9 英寸单色显示器的整个画面，横向排列 32 个字符，纵向排列 15 行字符，总计可显示 480 个字符。每个字符的横向有 10 处点，纵向有 16 条线，实际为 7 ×9 点阵。

CRT 画面的字符位置如图 3-11 所示。画面上，每个字符的位置按次序编为 0 ~ 479 号地址，在显示控制电路中设置一只刷新存储器，其地址设计成与画面地址相符。这样，如果按光栅扫描的次序将刷新了的存储器内容送到字符发生器，并将它的 ASCII 码变换为点阵的视频信号，再送到 CRT 显示器，就可显示出整幅的字符。

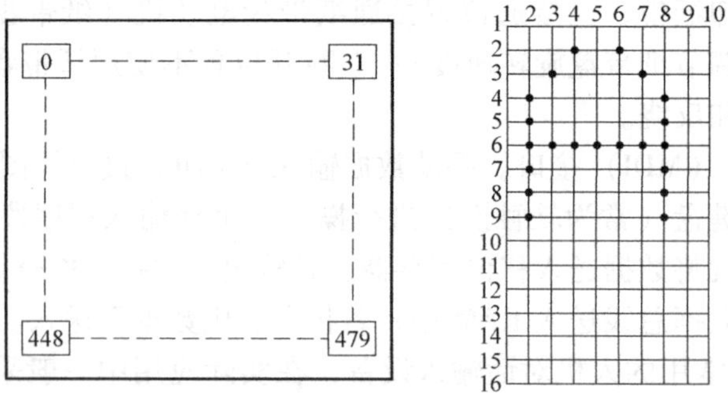

图 3-11　CRT 画面的字符位置

CRT 显示器接口框图如图 3-12 所示。CRT 显示控制电路由视频控制电路、刷新存储器（字符 RAM 或图形 RAM）及其地址控制电路、字符发生器和 CRT 的水平垂直同步脉冲产生电路组成。CRT 上可以显示程序、参数、各种补偿数据、坐标位置、故障信息、人机对话编程菜单、零件图形（平面或立体）及刀具动态轨迹等。

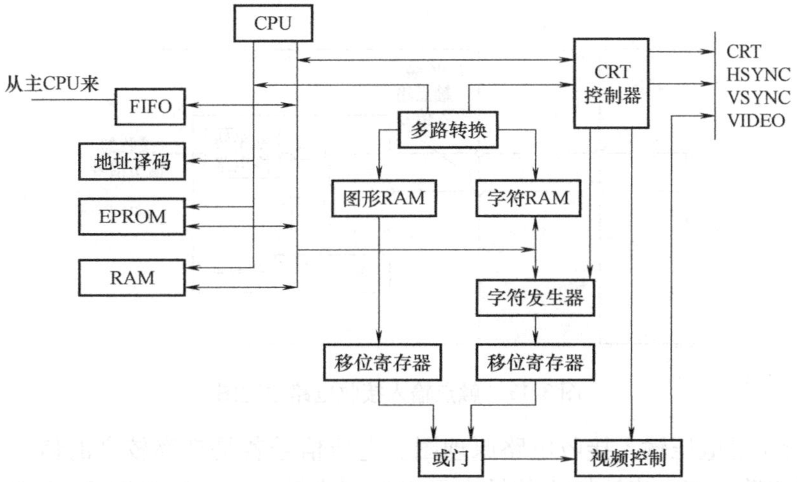

图 3-12 CRT 显示器接口框图

（4）数据输入/输出串行接口 CNC 装置控制独立的单台机床时，通常需要与下列设备相接并进行数据的输入输出。

1）数据输入输出设备，如光电纸带阅读机、打印和穿复校设备（TTY）、零件的编程机和可编程序控制器的编程机等。

2）外部机床控制面板。尤其是大型机床，为了操作方便常在机床上设有外部的机床控制面板，可分为固定式或悬挂式两种。

3）通用的手摇脉冲发生器。

4）进给驱动和主轴驱动电路。一般情况下，它们与 CNC 装置装在同一机柜或相邻机柜内，与 CNC 装置通过内部连线相连，它们之间不设置通用输出输入接口。

此外，CNC 装置还要与上一级主计算机或 DNC 计算机直接通信，或通过工厂局部网络相连，从而具有网络通信功能。

4. I/O 接口电路

CNC 装置与外部设备连接时，其输入/输出接口芯片一般不能与外部设备直接相连，常需要附加 I/O 接口电路，负责与设备的连接。

（1）I/O 接口电路的主要任务 一方面是进行电平转换和功率放大。CNC 装置的信号一般是 TTL 电平，但被控制的设备特别是数控机床的控制信号不一定都是 TTL 电平，因此有必要进行电平转换，即把开关或继电器具有的“开”、“关”两种状态信号，变成便于 CNC 装置识别的高、低电平。CNC 装置输出的信号也必须经过驱动功率放大环节，将其放大后驱动继电器等的动作。另一方面是防止干扰。为防止外围设备、电源等引起的干扰（如噪声引起的误动作），通常使用光耦合器、脉冲变压器和继电器，把 CNC 装置与被控制设备的信号进行隔离，并实现不同电源的外部设备与 CNC 装置的接口。

（2）输入接口电路　输入电路是CNC装置侧的接收电路，用于接收数控机床送入CNC装置的信号，例如数控机床操作面板的开关信号、按钮信号和数控机床的各种限位开关信号等。如图3-13所示，是触点输入接收电路原理图。当数控机床侧触点闭合时，+24V电压加到接收器电路上，经滤波和电平转换处理后送入CNC装置，成为CNC装置可以接收和处理的信号。

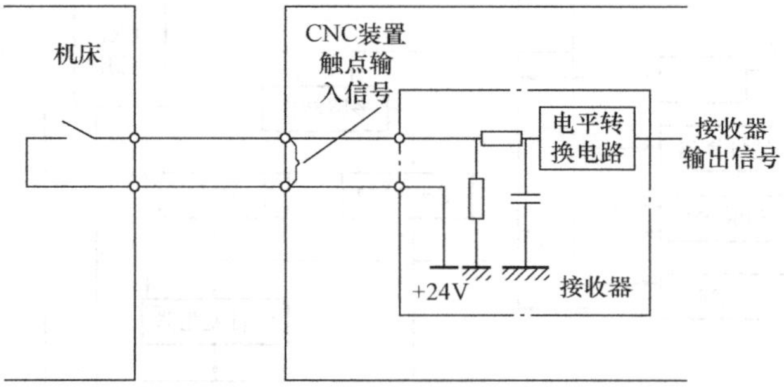

图3-13　触点输入接收电路原理图

图3-14所示是电压输入接收电路原理图。电压信号若是频率较高的信号，应该使用屏蔽电缆并注意去除噪声。直流输入信号也可以采用光耦合器，这时图3-14中的滤波和电平转换电路由光耦合器取代。

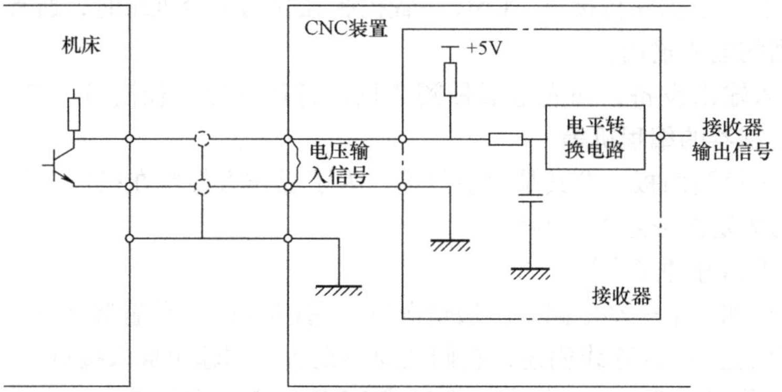

图3-14　电压输入接收电路原理图

（3）输出接口电路　输出接口电路是CNC装置侧的输出电路，用于CNC装置给数控机床发送信号，例如将数控机床各种工作状态指示灯的信号送到操作面板、把控制数控机床动作的信号送到强电电路，即可以驱动指示灯或继电器，如图3-15所示。在图3-15a中，CNC装置的输出电路是采用继电器的触点输出而点亮指示灯。由于用触点直接点亮指示灯时会产生电流冲击，可能会损坏触点，因此应设置保护电路。图中的电路采用预通电电路，当触点断开时，加在灯上的电压只有8V，触点闭合后为24V。在图3-15b中，CNC装置的输出电路采用光耦合器而实现无触点输出。

5. 数控机床用可编程序控制器（PLC）接口

PLC在数控机床上替代了传统的机床强电的继电器逻辑，利用逻辑运算实现机床的程序逻辑控制。PLC位于CNC侧和机床侧之间，对CNC装置和机床的输入输出信号进行处理。

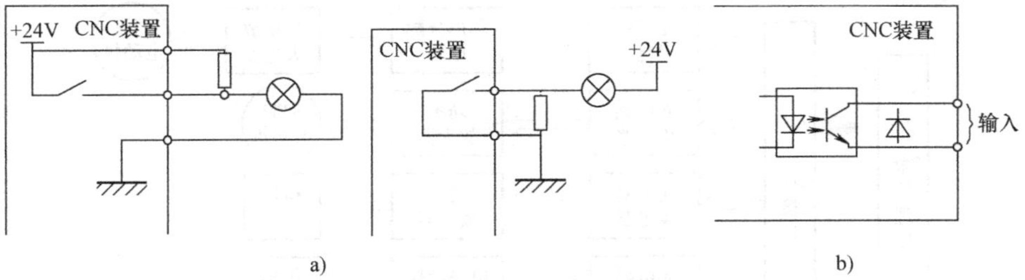

图 3-15　输出接口电路原理图

机床侧包括了机床机械部分以及液压、气动、冷却、润滑、排屑等辅助装置，机床操作面板、继电器电路、机床强电电路等。CNC 侧则包括了 CNC 装置的软件和硬件，以及与 CNC 装置相连的其他外部设备。

数控机床使用的 PLC 主要有内装型和独立型两种，内装型 PLC 在数控机床上使用较多，即在 CNC 装置中带有 PLC 功能，因此 PLC 也是 CNC 装置的一个组成部分。

PLC 主要由 CPU 和 I/O 接口组成，可以与 CNC 装置共用一个 CPU，也可以拥有独立的 CPU。图 3-16 所示是内装型 PLC 用于机床与 CNC 装置进行信息交换的原理示意图。由此可见，PLC 的 I/O 接口是机床与 CNC 装置交换信息必不可少的接口。

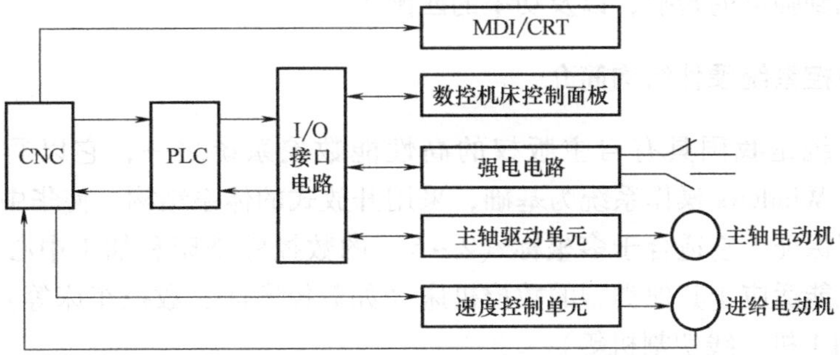

图 3-16　机床与 CNC 装置信息交换的原理图

PLC 与 CNC 装置之间的信息交换，主要是由 CNC 发给 PLC 各种功能代码 M、S、T 的信息，PLC 给 CNC 的信息主要是通过 CNC 装置各坐标轴的机床基准点的应答信号，以及 M、S、T 功能的应答信号等。

PLC 向机床传递的信息，主要是控制机床的执行元件如电磁阀、接触器、继电器的信号和故障信号，以及确保机床各运动部件状态的信号和故障信号。机床给 PLC 的信息，主要是机床操作面板上及床身上各开关、按钮等的信息。

6. 机床的 I/O 控制通道

机床的 I/O 控制通道是指微处理器与机床之间的连接电路，计算机数控系统对机床的控制常由数控系统中的 I/O 控制器和 I/O 控制软件共同完成。I/O 控制器一般由 I/O 接口、光电隔离和信息转换几个部分组成，如图 3-17 所示。微处理器通过 I/O 接口输出数字量或开关量控制信息，经过光电隔离电路，再经过功率放大，驱动相应的执行元件。

数控系统中的 I/O 控制器能够可靠地传送控制机床动作的相应控制信息，并能够输入控

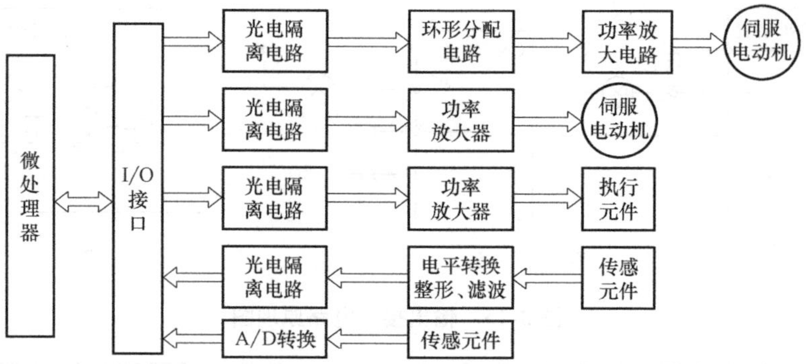

图 3-17　简易型计算机数控系统组成框图

制机床所需的有关状态信息（其信息形式有数字量 I/O、开关量 I/O 和模拟量 I/O 三种），且具有较强的阻断干扰信号进入计算机的能力，提高了系统的可靠性。

I/O 控制器还能够进行相应的信息转换，满足 CNC 系统输入与输出的要求。输入时应满足计算机的输入要求，将机床的有关状态信息转换为数字形式；输出时应满足机床各种执行元件的要求，将数字信息转换为有关的状态信息。信息转换主要包括数字/模拟量转换（D/A）、模拟/数字量转换（A/D）、并行的数字量转换成脉冲量、电平转换、电量到非电量的转换、弱电到强电的转换，以及功率的匹配等。

三、华中数控系统硬件结构简介

华中数控系统是我国具有自主版权的高性能数控系统之一，它以通用的工业 PC 机（IPC）和 DOS、Windows 操作系统为基础，采用开放式的体系结构，使华中数控系统的可靠性和质量得到了保证。它适合于多坐标（2～5）的数控镗铣床和加工中心，在增加相应的软件模块后，也能适应于其他类型的数控机床（如数控磨床、数控车床等），以及特种加工机床（如激光加工机、线切割机等）。

华中数控装置的硬件基本结构如图 3-18 所示。系统的硬件由工业 PC 机（IPC）、主轴驱动单元和交流伺服单元等几个部分组成。

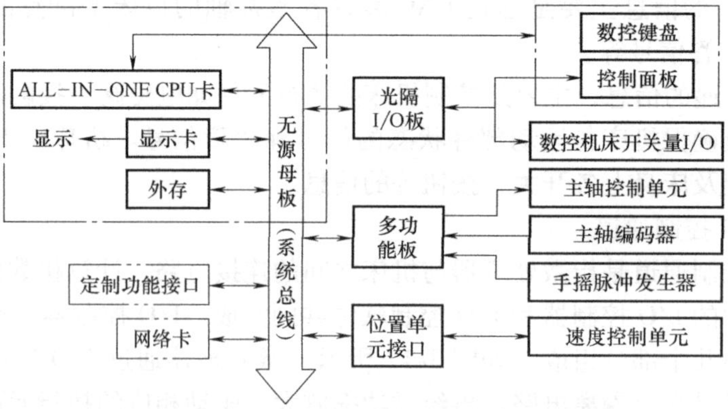

图 3-18　单机或主从结构的 CNC 装置硬件结构

1）图中的虚线框内为一台 IPC 的基本配置，其中 ALL-IN-ONE CPU 卡的配置是 CPU 80386 以上、内存 2MB 以上、缓存 128kB 以上、软硬驱接口、键盘接口、二串一并通信接口、DMA 控制器、中断控制器和定时器；外存包括软驱、硬驱和电子盘在内的存储器件。

2）系统总线是一块由四层印制电路板制造成的无源母板。

3）图中的单点画线部分是数控系统的操作面板，其中数控键盘通过 COM2 接口直接写入标准键盘的缓冲区。

4）图中双点画线的模块，是可以根据用户特殊要求而定制的功能模块。

5）位置单元接口根据伺服单元的不同，而有不同的具体实施方案。当伺服单元为数字交流伺服单元时，位置单元接口可以采用标准的 RS232C 串口；当伺服单元为模拟式交、直流伺服单元时，位置单元接口采用位置环板；当用步进电动机为驱动元件时（教学数控机床），位置单元接口采用多功能数控接口板。

6）光隔 I/O 板主要处理控制面板上的开关量信号，以及数控机床测量的开关量信号。

7）多功能板主要处理主轴单元的模拟或数字控制信号，并回收来自主轴编码器、手摇脉冲发生器的脉冲信号。

第三节　CNC 装置的软件结构

一、概述

CNC 系统是一个典型而又复杂的实时控制系统，能对信息作出快速处理和响应。一个实时控制系统包括受控系统和控制系统两大部分。受控系统由硬件设备组成，如电动机及其驱动；控制系统（这里为 CNC 装置）由软件及其支持硬件组成，而共同完成数控的基本功能。

CNC 装置的许多控制任务，如零件程序的输入与译码、刀具半径的补偿、插补运算、位置控制以及精度补偿等都是由软件实现。从逻辑上讲，这些任务可看成一个个的功能模块，模块之间存在着耦合关系；从时间上讲，各功能模块之间存在一个时序配合。在许多情况下，某些功能模块必须同时运行，同时运行的模块是由具体的加工控制要求所决定。例如，在加工零件的同时，要求 CNC 装置能够显示其工作状态，如零件程序的执行过程、参数变化和刀具运动轨迹等，以方便操作者。这时，在控制软件运行时管理软件中的显示模块也必须同时运行；在控制软件运行过程中，其本身的一些功能也必须同时运行。为使刀具运行连续进行，在各程序段之间无停顿，则要求译码、刀具补偿和速度处理必须与插补同时进行。CNC 装置各功能模块之间的并行处理关系，如图 3-19 所示。在图中，具有并行处理的两模块之间用双向箭头表示。

二、CNC 装置的软件结构

CNC 系统是一个大的多重中断系统，其中断管理主要由硬件完成，而系统软件的结构则取决于系统的中断结构。CNC 的中断源有外部中断、内部定时中断、硬件故障中断、程序性中断等多种。目前，CNC 的软件结构有两种类型，一种是前后台型结构，另一种是中断型结构。

1. 前后台型结构

在前后台型结构的 CNC 装置中，整个系统分为两大部分，即前台程序和后台程序。前

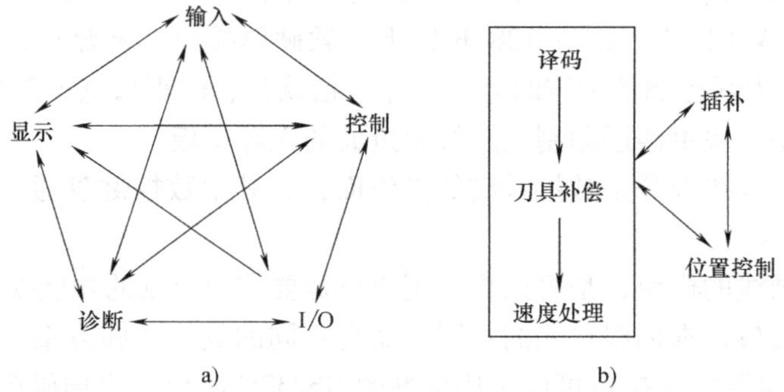

图 3-19　并行处理关系

台程序是一个实时中断服务程序，几乎承担了全部的实时功能（如插补、位置控制、机床相关逻辑和监控等），实现与机床动作直接相关的功能。后台程序是一个循环执行程序，为前台程序的实施提供条件和进行管理。一些实时性要求不高的功能，如输入译码、数据处理等插补准备工作和管理程序等均由后台程序承担，后台程序又称为背景程序。

在后台程序循环运行的过程中，前台的实时中断程序不停断地定时插入，两者密切配合，共同完成零件的加工任务。图 3-20 所示是前后台型软件结构的示意图。程序一经起动，经过一段初始化程序后便进入背景程序循环。同时开放定时中断，每隔一定时间间隔发生一次中断，执行完毕后返回背景程序，如此循环往复，共同完成数字控制的全部功能。

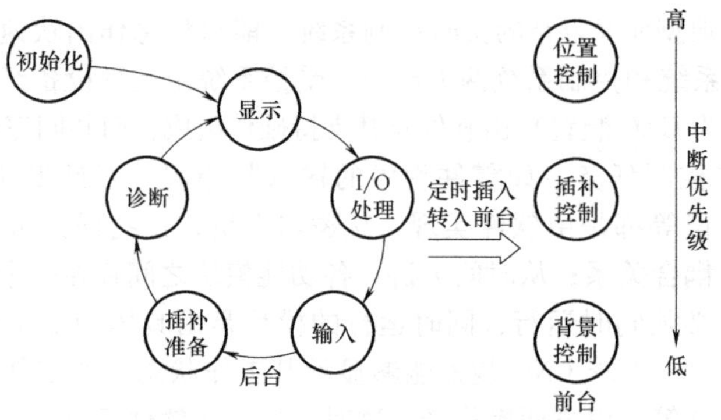

图 3-20　前后台型软件结构的示意图

前后台型软件结构中的信息流动过程，如图 3-21 所示。零件程序段进入系统后，经过图中的流动处理，输出运动轨迹信息和辅助信息。

（1）背景程序　背景程序的主要功能是进行插补前的准备和任务的管理调度。它一般由三个主要的服务程序组成，为键盘、单段、自动和手动的四种工作方式服务，如图 3-22 所示。各服务方式的功能见表 3-4。

表 3-4　背景程序四种工作方式的功能

工作方式	功 能 说 明
键 盘	主要完成数据输入和零件加工程序的编辑
手 动	用来处理坐标轴的点动和数控机床回原点的操作
单 段	单段工作方式是加工工作方式，在加工完成一个程序段后停顿，等待执行下一步
自 动	自动工作方式也是加工工作方式，在加工一个程序段后不停顿，直到整个零件程序执行完毕为止

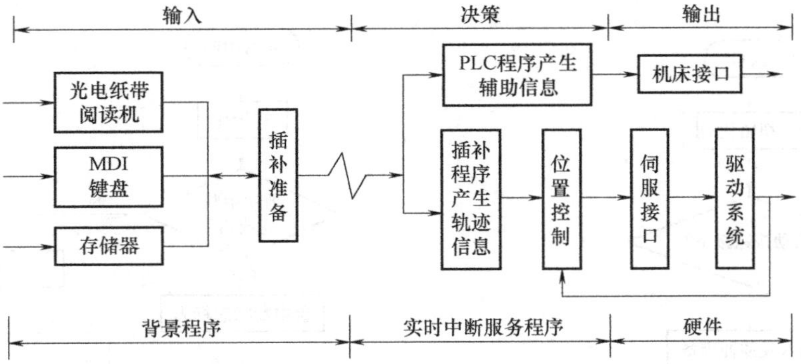

图 3-21 前后台型软件结构中的信息流

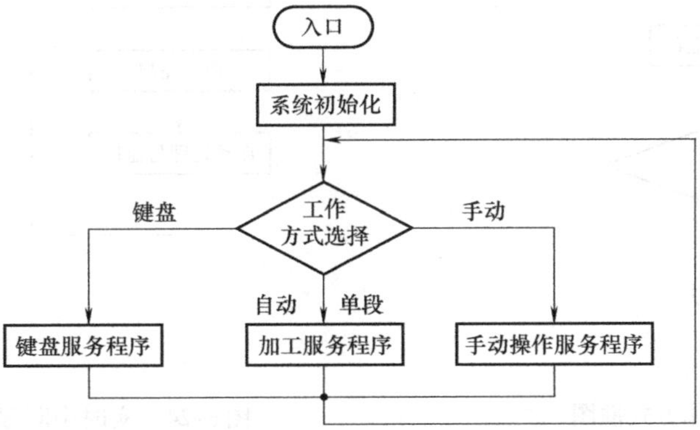

图 3-22 背景程序结构

加工工作方式在背景程序中处于主导地位。在操作前的准备工作（如由键盘方式调出零件程序、由手动方式使刀架回到机床原点）完成后，一般便进入加工方式。在加工工作方式下，背景程序要完成程序段的读入、译码和数据处理（如刀具补偿）等插补前的准备工作，如此逐个程序段地进行处理，直到整个零件程序执行完毕为止。自动循环工作方式如图 3-23 所示。在正常情况下，背景程序在 1→2→3→4 中循环。

（2）实时中断服务程序 实时中断服务程序是系统的核心。实时控制的任务包括位置伺服、面板扫描、PLC 控制、实时诊断和插补。在实时中断服务程序中，各种程序按优先级排队，按时间先后顺序执行。每次中断有严格的最长运行时间限制，如果前一次中断尚未完成，又发生了新的中断，说明发生服务重叠，系统进入紧停状态。实时中断服务程序流程如图 3-24 所示。

2. 中断型结构

中断型结构的系统软件除初始化程序之外，将 CNC 的各种功能模块分别安排在不同级别的中断服务程序中，然后由中断管理系统（由软件和硬件组成）对各级中断服务程序实施调度管理。也就是说，所有功能子程序均安排成级别不同的中断程序，整个软件就是一个大的中断系统，其管理功能通过各级中断程序之间的相互通信来解决。

各中断服务程序的优先级别与其作用以及执行时间密切相关，级别高的中断程序可以打断级别低的中断程序。中断服务程序的优先级及其功能，见表 3-5。

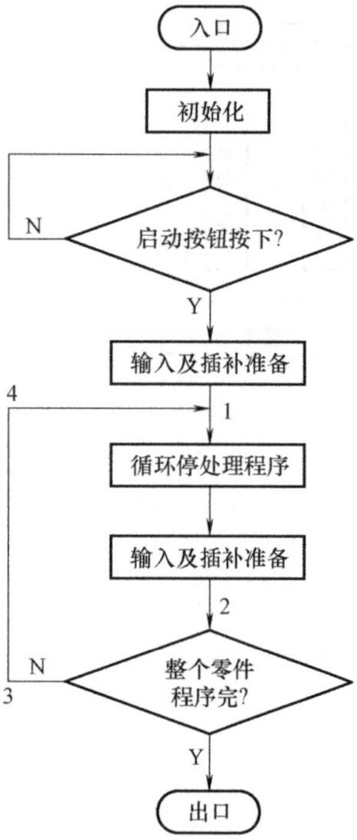

图 3-23　自动循环工作方式框图

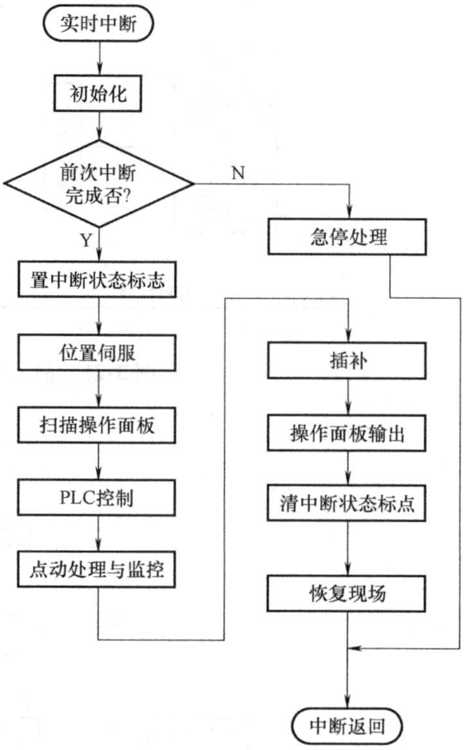

图 3-24　实时中断服务程序流程框图

表 3-5　中断服务程序的优先级及其功能

优先级	主要功能	中断源	优先级	主要功能	中断源
0	初始化	开机后进入	6	监控和急停信号，定时 2、3、5	2ms 硬件时钟
1	CRT 显示，ROM 奇偶校验	由初始化程序进入	7	ARS 键盘输入及 RS232C 输入	硬件随机
2	工作方式选择及预处理	16ms 软件定时	8	纸带阅读机	硬件随机
3	PLC 控制，M、S、T 处理	16ms 软件定时	9	报警	串行传送报警
4	参数、变量、数据存储器控制	硬件 DMA	10	RAM 校验，电源断开	硬件，非屏幕中断
5	插补运算，位置控制，补偿	8ms 软件定时			

中断服务程序的中断有两种来源：一种是由时钟或其他外部设备产生的中断请求信号，称为硬件中断（如第 0、1、4、6、7、8、9、10 级）；另一种是由程序产生的中断信号，称为软件中断，这是由 2ms 的实时时钟在软件中分频得出的（如第 2、3、5 级）。硬件中断请求又称为外中断，要接收中断控制器（如 Intel 8259A）的统一管理，由中断控制器进行优先排队和嵌套处理；而软件中断是由软件中断指令产生的中断，每出现 4 次 2ms 时钟中断时，产生第 5 级 8ms 软件中断，每出现 8 次 2ms 时钟中断时，分别产生第 3 级和第 2 级 16ms 软件中断，各软件中断的优先顺序由程序决定。因为软件中断有既不使用中断控制器，也不能被屏蔽的特点，因此为了将软件中断的优先级嵌入硬件中断的优先级中，在软件中断服务程序的开始，要通过改变屏蔽优先级比其低的中断，软件中断返回前，再恢复初始屏蔽状态。

3. 功能模块软件结构

当前，为实现数控系统中的实时性和并行性的任务，越来越多地采用多微处理器结构，从而使数控装置的功能进一步增强，结构更加紧凑，更适合于多轴控制、高速进给速度、高精度和高效率的数控系统的要求。

多微处理器CNC装置多采用模块化结构，每个微处理器分管各自的任务，形成特定的功能模块。相应的软件也模块化，形成功能模块软件结构，固化在对应的硬件功能模块中，且各功能模块之间有明确的软件、硬件接口。

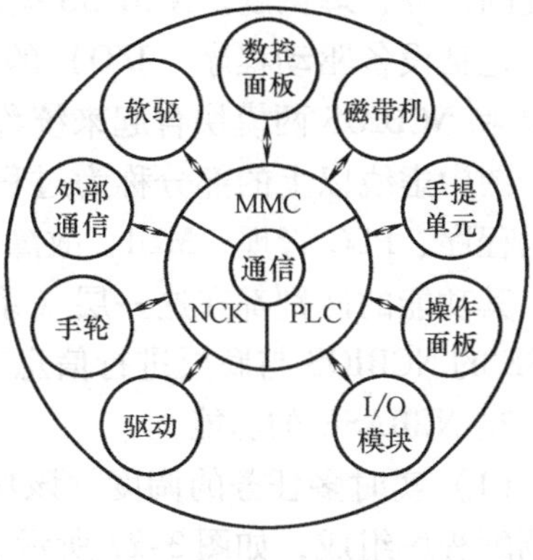

图3-25　功能模块软件结构示意图

图3-25所示是功能模块软件结构的示意图。它主要由三大模块组成，即人机通信（MMC）模块、数控通道（NCK）模块和可编程序控制器（PLC）模块。每个模块都是一个微处理器系统，三者可以互相通信。三大模块的功能见表3-6。

表3-6　三大模块的功能

模　　块	功　能　说　明
MMC模块	完成与操作面板、软盘驱动器及磁带录音机之间的连接，实现操作、显示、编程、诊断、调机、加工模拟及维修等功能
NCK模块	完成程序段准备、插补、位置控制等功能。可与驱动装置、电子手轮连接；可和外部PC机进行通信，实现各种数据变换；还可构成柔性制造系统时的信息传递、转换和处理等
PLC模块	完成机床的逻辑控制，通过选用通信接口实现联网通信。可连接机床控制面板、手提操作单元（即便携式移动操作单元）和I/O模块

三、华中数控系统的软件结构

1. 软件结构的说明

图3-26所示是华中数控系统软件结构的框图。图中虚线以下的部分称为底层软件，它是华中数控系统的软件平台，其中RTM模块为自行开发的实时多任务管理模块，负责CNC

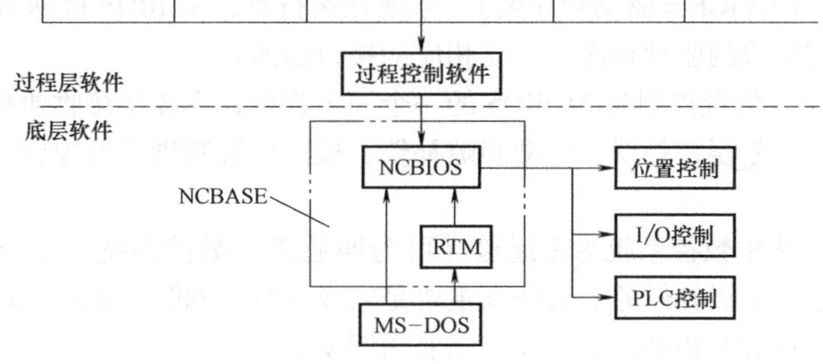

图3-26　华中数控系统软件结构的框图

系统的任务管理调度。NCBIOS 模块为基本输入输出系统，管理 CNC 系统所有的外部控制对象，包括设备驱动程序（I/O）的管理、位置控制、PLC 控制、插补运算以及内部监控等。RTM 和 NCBIOS 两模块合起来统称为 NCBASE，如图中双点画线框所示。

图中虚线以上的部分称为过程控制软件（或上层软件），它包括编辑程序、参数设置、译码程序、PLC 管理、MDI、故障显示等与用户操作有关的功能子模块。对于不同的数控系统，其功能的区别都在这一层（系统功能的增减均在这一层进行），各功能子模块通过 NCBASE 的 NCBIOS 与底层进行信息交换。

2. NCBASE 的功能

（1）实时多任务的调度　该功能由 RTM 模块实现。调度核心由时钟中断服务程序和任务调度程序组成，如图 3-27 所示。根据任务要求的调度机制（采用优先抢占加时间片轮转调度）和任务的状态，调度核心对任务实行管理，即决定当前哪个任务获得 CPU 的控制权，并监控任务的状态，而系统中的各个任务只能通过调度核心才能运行和终止。图 3-27 中描述了各个任务与调度核心的关系，图中的实线表示从调度核心进入任务，或者任务在一个时间片内未能运行完而返回调度核心的状态；图中的虚线表示任务在时间片内运行完毕返回调度核心的状态。

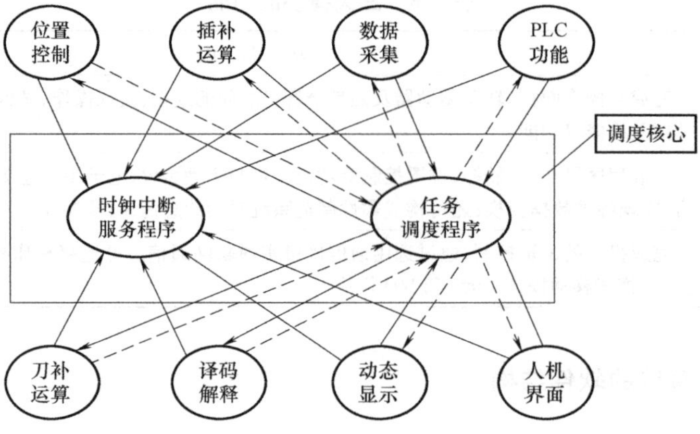

图 3-27　多任务调度示意图

（2）设备驱动程序　对于不同的控制对象，如加工中心、数控铣床、数控车床、数控磨床等，硬件的配置可能不同，而不同的硬件模块其驱动程序也不同。华中数控系统很好地解决了这个问题，在配置系统时，所有硬件模块的驱动程序都要在 NCBIOS 的 NCBIOS. CFG 中说明（格式为：DEVICE = 驱动程序名）。系统在运行时，NCBIOS 根据 NCBIOS. CFG 的预先设置，调入对应模块的驱动程序，建立相应的接口通道。

（3）位置控制　位置控制是 NCBIOS 的一个固定程序，主要是接收插补运算程序送来的位置控制指令，经螺距误差补偿、传动间隙补偿、极限位置判别等处理后，输出速度指令值给位置控制模块。

（4）插补器　华中数控系统为多通道（可为四通道）数控系统，每个通道都有一个插补器，相应地创建一个插补任务。其任务主要是完成直线、圆弧、螺纹、攻螺纹，以及微小直线段（供自由曲线和自由曲面加工用）等插补运算。

（5）PLC 调度　PLC 调度的主要任务是：故障的报警处理，M、S、T 处理，急停和复位处理，虚拟轴驱动处理，刀具寿命管理，操作面板的开关处理，指示灯及突发事件处理等。

（6）内部监控　实现对 CNC 系统各部分故障的监控。

第四节　数控系统中的可编程序控制器

一、可编程序控制器的概念

20 世纪 60 年代末，美国 DEC 公司研制出世界第一台型号为“PDP-14”的可编程序控制器，在通用汽车公司的自动装配线上使用并获得了成功。因为这种控制装置当时只是为了解决生产设备在运行中的开关量信号和逻辑控制问题，即用于替代传统的继电器控制装置，且只有逻辑运算、定时、计数及顺序控制等功能，因此把这种控制装置称为“可编程序逻辑控制器”（Programmable Logic Controller），简称 PLC。后来随着技术的进步，其控制功能已经远远超出了逻辑控制的范畴，因而在 20 世纪 80 年代初，美国电气制造协会 NEMA（National Electrical Manufacturers Association）就正式将这种控制装置命名为“可编程序控制器”（Programmable Controller），简称 PC。但由于个人计算机（Personal Computer）也简称 PC，而且已经被广为使用，故可编程序控制器习惯上仍然称作“PLC”。1987 年，国际电工委员会（IEC）在颁布的可编程序控制器国际标准草案中，对 PLC 作了如下的规定：

“可编程序控制器是一种数字运算电子系统，专为在工业环境下运用而设计。它采用可编程序的存储器，用于存储执行逻辑运算、顺序控制、定时、计数和算术运算等特定功能的用户指令，并通过数字式或模拟式的输入和输出，控制各种类型的机械或生产过程。可编程序控制器及其辅助设备都应按易于构成一个工业控制系统，且它们所具有的全部功能易于应用的原则设计。”

PLC 由计算机简化而来，为了适应顺序控制的要求，PLC 省去了计算机的一些数字运算功能，而强化了逻辑运算控制功能，是一种介于继电器控制和计算机控制之间的自动控制装置。它具有与计算机类似的一些功能器件和单元，包括 CPU、程序存储器和数据存储器、数据通信接口和工作电源。为了与外部机械和过程控制实现信号传递，PLC 还具有输入、输出信号的接口。PLC 的基本功能结构如图 3-28 所示。

PLC 适用于控制对象动作复杂、逻辑需要灵活变更的场合。它具有面向用户的指令和专用于存储用户程序的存储器，用户控制逻辑用软件实现。其用户程序多采用图形符号和逻辑顺序关系与继电器电路十分近似的“梯形图”编辑，梯形图的图形符号形象直观，工作原理易于理解和掌握。

PLC 可与专用编程机、编程器和个人计算机等设备连接，可以很方便地实现程序逻辑的显示、编辑、诊断、存储和传送等操作。而且 PLC 没有继电器那样的机械触点，不存在触点的接触不良、熔焊、磨损和线圈损坏等故障，抗干扰的能力强，工作稳定可靠。

PLC 的结构紧凑、体积小、容易装入机床内部或电气箱内，便于实现数控机床的机电一体化。当 PLC 用于控制机床顺序动作时，也可称为可编程序机床控制器（PMC，Programmable Machine Controller）。数控机床上使用的 PLC 目前大致有两种类型：一种是专为实现数控机床顺序控制而设计制造的内装型（Builtin Type）PLC，它从属于 CNC 系统（PLC 与 CNC

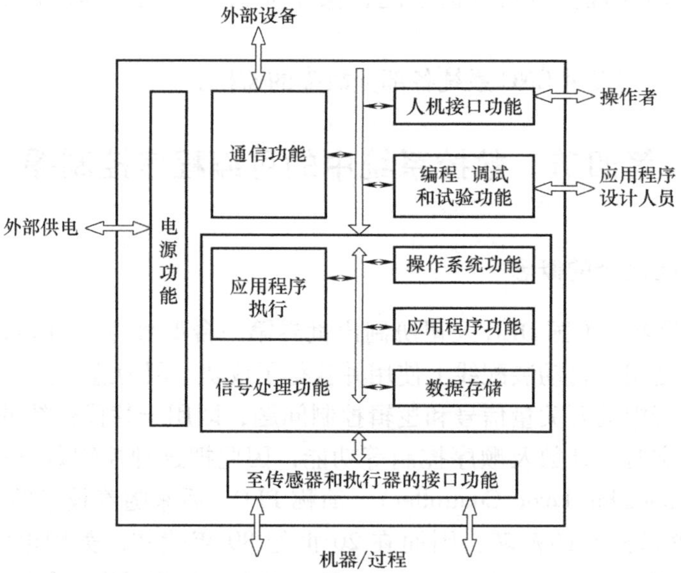

图 3-28 PLC 的基本功能结构框图

之间的信息传送在 CNC 系统内部即可实现)；另一种是独立型（Stand-alone Type）PLC，它的输入/输出信号接口技术规范，输入/输出点数、程序存储容量以及运算和控制功能等均能满足数控机床的要求。

在实际应用中，一般都是根据输入输出的点数多少和程序存储器容量的大小来选择可编程序控制器的规模。可编程序控制器按规模可分为小型、中型、大型三类，见表 3-7。

表 3-7 可编程序控制器的规模

PLC 规模	评 价 指 标	
	输入/输出的点数	程序存储器容量
小型	小于 128 点	1kB 以下
中型	128 ~ 512 点	1 ~ 4kB
大型	512 点以上	4kB 以上

一般来说，数控车床、数控铣床、加工中心、机器人等单机数控设备所需的输入/输出点数都在 128 点以内，少数复杂的数控设备需要 128 点以上；而大型数控设备、FMC、FMS、CIMS 等，则需采用中、大型规模的可编程序控制器。

二、可编程序控制器的结构

PLC 是一种通用的可编程序控制器，其结构包括硬件和软件两大部分，它的软件一般分为系统软件和用户程序。图 3-29 所示是 PLC 的硬件结构框图。它主要由中央处理器（CPU）、存储器、输入/输出（I/O）接口、编程器以及供电电源组成，各个部分都通过总线连接起来。其硬件是通用的，用户只要按需要组合，并相应改变在存储器内的程序，便可以用于各种数控机床。内装型 PLC 与 CNC 装置统一设计和制造，除供电电源和输入/输出（I/O）与 CNC 装置共用外，结构组成基本相同。

（1）中央处理器（CPU） 可编程序控制器的 CPU 与通用计算机的 CPU 一样，是可编

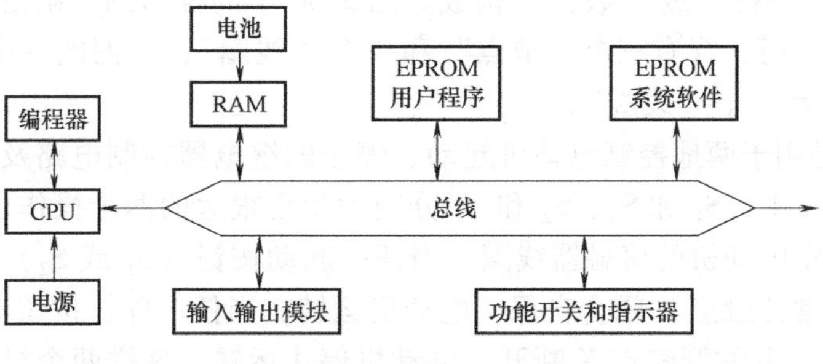

图 3-29　PLC 的硬件结构框图

程序控制器的核心部分，它按系统软件赋予的功能，接收并存储从编程器键入的用户程序和数据，用扫描方式查询现场输入装置的所有信号状态或数据，并存入输入过程状态寄存器或数据寄存器中。然后从存储器逐条读取用户程序，经过集合解释后，按指令规定的任务产生相应的控制信号，去开启和闭合有关的控制电器。

（2）存储器　可编程序控制器的存储器，一般有随机存储器 RAM 和只读存储器 ROM 两种。可编程序控制器一般采用静态 RAM 存储器作为随机存储器。在这种存储器内，可存放可编程序控制器的定时器/计数器设定值、数据表的数据、保持存储器的数据，以及必须保存的输入/输出状态。可编程序控制器的只读存储器采用 EPROM，并以字节为单位。只读存储器存储 PLC 的系统软件和用户程序。PLC 产品样本中的存储器型号和容量，是指用户程序存储器。

（3）输入/输出（I/O）接口　I/O 接口是可编程序控制器与现场 I/O 装置或其他外部设备的连接部件，可编程序控制器的 I/O 接口能直接加到执行元件上。它将外部的过程信号转换成控制器内部的信号电平，或使内部电平与外部执行机构所需的电平匹配。

（4）编程器　编程器通过编程语言，将用户程序送入到可编程序控制器。它能为用户实现程序的编制、调试、监视、修改和编辑，并最后将程序固化在 EPROM 中。它还能通过键盘去调用和显示 PLC 的一切内部状态和参数，并通过通读接口与 CPU 连接。

三、梯形图

1. 梯形图的工作原理

PLC 的工作依靠两种程序，一是系统管理程序和编译程序（或解释程序），它由 PLC 生产厂家设计并固化到存储器中；二是面向用户生产过程的应用程序（Application Program）或用户程序（User Program），也称 PLC 程序。到目前为止，在应用程序中，以梯形图应用最为广泛。梯形图的结构如图 3-30 所示，左、右两条竖线称“母线”（或称“电力轨”）。梯形图是由母线和在母线之间的“节点”（或称触点）、“线圈”（或称继电器线圈）、“功能块”（功能指令，图中未画出）等构成的“网络”。在左、右母线之间的一个网络，包括母线称为一个梯阶（或梯

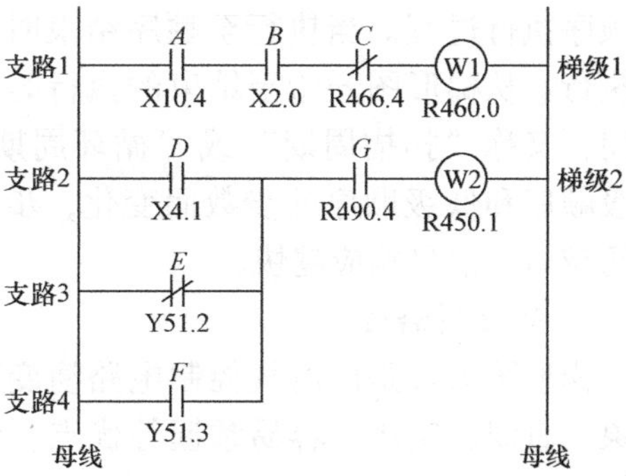

图 3-30　梯形图结构

级），每个梯阶由“一行”或“数行”构成。图 3-30 中的梯形图，则由两个梯阶构成。上面的一个梯阶只有一行，含有三个“节点”和一个“线圈”；下面的一个梯阶由三行构成，含有四个“节点”和一个“线圈”。

图 3-31 所示是用于两地控制电动机起动、停止的继电器控制电路及其控制逻辑等效的梯形图。在图 3-31a 中，S_1 和 S_3、S_2 和 S_4 分别为相距很远的两个操作台上的电动机起动、停止按钮，K 为起动电动机的接触器线圈。当任一起动按钮（S_1 或 S_2）被按下时，接触器 K 通电，并通过其常开触点 K 闭合自保，电动机运转；当任一停止按钮（S_3 或 S_4）被按下时，接触器 K 失电，其常开触点 K 断开，电动机停止运转。这样两个操作台均可独立地对电动机起动、停止进行控制。在图 3-31b 中，S_1 或 S_2 节点闭合时，K 线圈输出，并通过节点 K 闭合自保。当 S_3 或 S_4 节点断开时，K 线圈无输出，节点 K 断开。

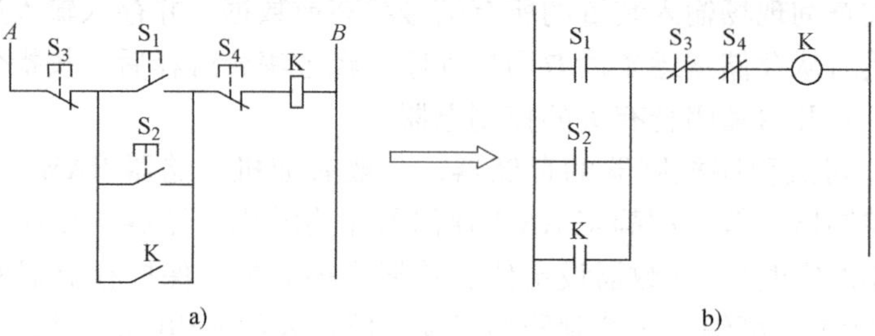

图 3-31　两地控制电动机起动、停止的控制电路及其控制逻辑

所以说，梯形图的控制逻辑结构及工作原理与继电器逻辑控制电路十分相近。但值得注意的是，梯形图的母线上没有电源，即便将控制节点全部接通，也没有电流从梯形图中流过。在分析梯形图工作状态时沿用了继电器电路分析的方法，而流过梯形图的电流是一种虚拟电流。由此可见，梯形图只描述了电路工作的顺序和逻辑关系。

2. 梯形图的工作过程

梯形图虽然使用与继电器逻辑电路相似的控制逻辑，但其工作顺序与继电器逻辑电路不同。在继电器逻辑电路中，逻辑控制的结果取决于继电器线圈、触点和其他机械、电器元件动作的时间；而梯形图则是从上到下，从左到右，一个梯阶一个梯阶顺序地进行工作。

梯形图程序的执行过程如图 3-32 所示。图中，表示梯形图是按指定的顺序（指令表顺序），从梯形图开头（指令开始）至结束（指令结束）的顺序执行过程。当执行至顺序结束时，又返回开头重复执行。从梯形图开始至结束的执行时间称为顺序处理时间，又称“扫描周期”或“循环周期”。处理时间随高级顺序和低级顺序的步数而变化，步数越少，处理的时间越短，信号响应越快。

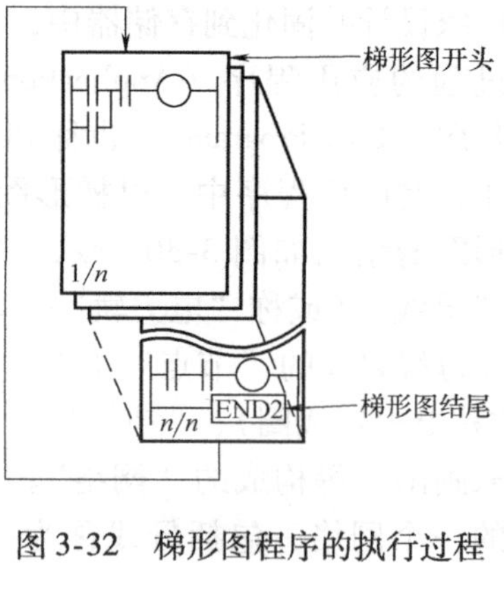

图 3-32　梯形图程序的执行过程

3. 梯形图语言

梯形图语言是由电气控制电路演变而来的，它具有形象、直观、实用、容易掌握等优点。但这种语言存在的问题是输入要有较高档次的硬件编程器支持，相对来

说使组成系统的硬件成本有所提高。目前，应用于计算机的 PLC 梯形图编程软件，能够很好地解决这一问题，这也表明用计算机代替专用的 PLC 编程器是一种发展方向。

（1）梯形图中的符号　在梯形图语言中，借助了与继电器控制电路使用的电气符号十分相似的梯形图符号，来描述所要实现的控制功能。归纳起来，梯形图中有四种符号。

1）触点符号。所有进入到 PLC 内部的接点，不论是外部的按钮、行程开关、继电器触点，还是内部的各种继电器触点，都使用图 3-33 所示的符号，而不考虑其物理属性。触点符号用其地址和字母标注。一般来说，字母说明触点继电器的类型和该触点在信号到来前的状态。用地址表示触点时，常开与常闭触点标注的形式相同。

2）输出符号。所有输出器件的线圈都用图 3-34 所示的符号表示。

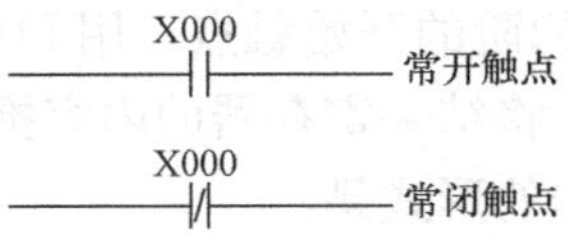

图 3-33　常开、常闭触点的梯形图符号

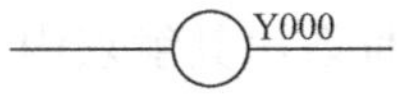

图 3-34　输出器件的梯形图符号

3）数据处理符号。在 PLC 中，通常把数据处理指令作为一种特殊的输出器件，用方框或方括号表示，如图 3-35 所示。

4）逻辑电源符号。梯形图两边的竖线（母线）表示假想的逻辑电源。每当一个梯阶的逻辑运算结果为“1”时，则与继电器线圈导通的概念一致，表示输出的电源接通，如图 3-36 所示。

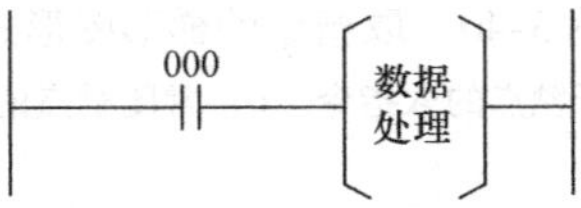

图 3-35　数据处理指令的梯形图符号

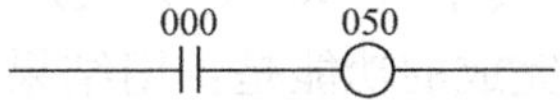

图 3-36　逻辑电源的梯形图符号

（2）逻辑运算的梯形图表示　在逻辑运算中，“与、或、非”逻辑运算是最基本的逻辑运算。其中，“与”逻辑运算也称逻辑乘（Logic Multiplication），又称逻辑积（Logic Product），在逻辑代数中，以符号“·”表示“与”运算，如 $F=A\cdot B$；“或”逻辑运算也称逻辑加（Logic Addition），又称逻辑和（Logic Sum），在逻辑代数中，以符号“+”表示“或”运算，如 $F=A+B$；“非”逻辑运算也称逻辑否定（Logic Negation），又称“反”运算（Inversion），在逻辑代数中，以符号“－”表示“非”运算，如 $F=\overline{A}$。

在 PLC 中，许多电路都是按照一定的逻辑关系连接而成的。“与、或、非”三种基本逻辑运算关系的梯形图表示为：

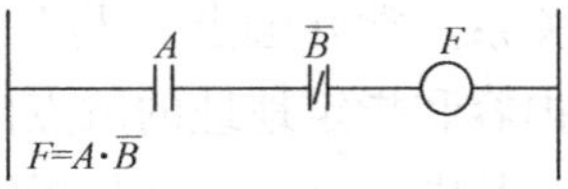

图 3-37　“与”逻辑关系的梯形图

1）“与”逻辑运算在梯形图中，用触点间的串联表示“与”的逻辑关系，如图 3-37 所示，表示 $F=A\cdot\overline{B}$。

2）“或”逻辑运算在梯形图中，用触点间的并联表示“或”的逻辑关系，如图 3-38 所示，表示 $F=A+\overline{B}$。

3）“非”逻辑运算在梯形图中，采用常闭触点表示对常开触点的逻辑“非”运算，如图 3-39 所示，表示 $F=\overline{A}$。

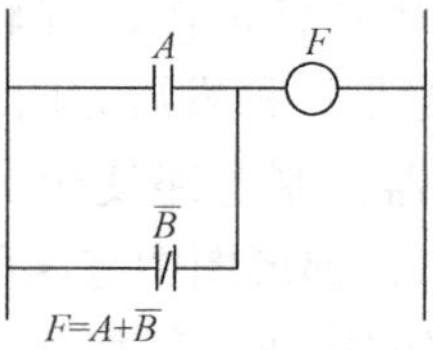

图 3-38 “或”逻辑关系的梯形图

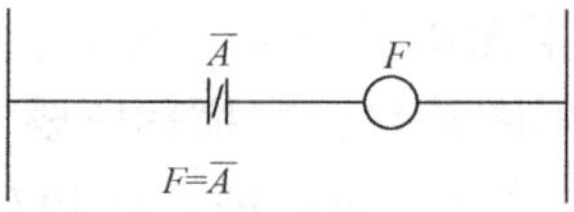

图 3-39 “非”逻辑关系的梯形图

4. PLC 的基本指令

由于各个 PLC 制造厂所生产的 PLC 指令系统各有不同，这里仅以立石公司的梯形图和指令语句为例，说明 PLC 的基本逻辑指令功能。

(1) 取指令（LOAD） 取指令用于描述梯形图每一梯阶的开始触点，用 LD × × × × 表示，其中× × × ×表示触点地址。取指令的功能是：将结果寄存器的内容推入堆栈，然后到指定的地址取出其触点内容送入结果寄存器。其语句的形式是：

```
LD     X000
OUT    Y000
```

它表示常开触点的取指令，其梯形图的形式如图 3-40a 所示。图 3-40b 所示是常闭触点取指令的梯形图形式，其语句的形式是：

```
LD-NOT    X101
OUT       Y000
```

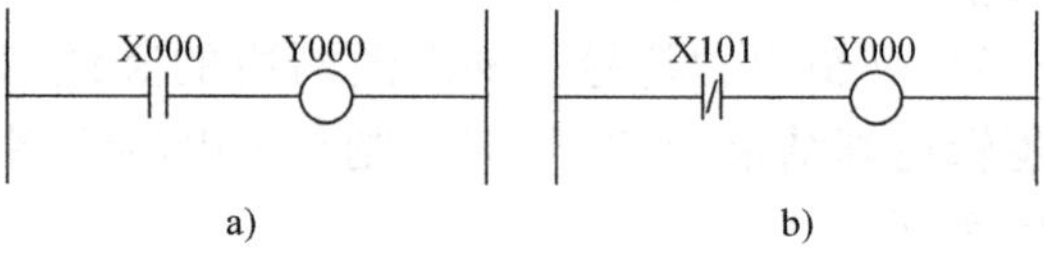

图 3-40 取指令的梯形图形式

a）常开触点的取指令 b）常闭触点的取指令

(2) 输出指令（OUT） 输出指令用于描述梯形图中继电器的线圈，用 OUT× × × ×表示，其中× × × ×表示指定继电器的地址。完成的功能是：用结果寄存器的内容去驱动所指定的继电器线圈，这些继电器包括输出继电器 Y、辅助继电器 M 等，由输出继电器控制相应的执行元件实现输出功能。输出指令梯形图的形式如图 3-41 所示。其语句的形式是：

```
0000    LD        X000
0001    OUT       Y000
0002    LD-NOT    X101
0003    OUT       Y001
```

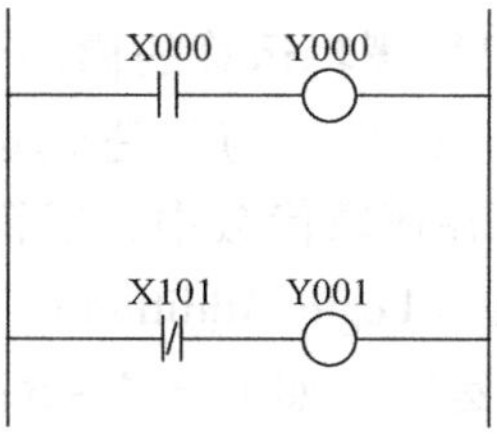

图 3-41 输出指令的梯形图形式

(3) “与”指令（AND） “与”指令是描述触点间的串联关系。常开触点“与”指令的功能是：将结果寄存器中的内容和指定地址的触点内容相“与”，其结果再送入结果寄存器中，用 AND × × × × 表示，其中× × × ×是指定继电器触点的地址。常闭触点“与”指令的功能是：先将指定继电器触点的内容取反后再与结果寄存器的内容相“与”，结果送入结果寄存器中，常用 AND-NOT × × × ×表示。“与”指令的梯形图形式如图 3-42 所示。其语句的形式是：

```
0000    LD-NOT    X000
0001    AND       X001
```

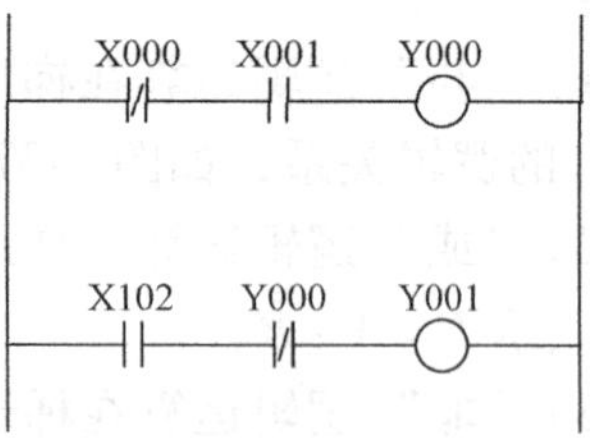

图 3-42 “与”指令的梯形图形式

0002	OUT	Y000
0003	LD	X102
0004	AND-NOT	Y000
0005	OUT	Y001

（4）“或”指令（OR） “或”指令用来描述触点间的并联关系。常开触点“或”指令的功能是：将指定触点的内容与结果寄存器的内容相“或”，其结果送入结果寄存器中，用OR × × × ×表示。常闭触点“或”指令的功能是：先将指定地址的触点内容取反，然后与结果寄存器的内容相“或”，结果送入结果寄存器中，常用OR-NOT × × × ×表示。图3-43所示是“或”指令的梯形图形式，其语句的形式是：

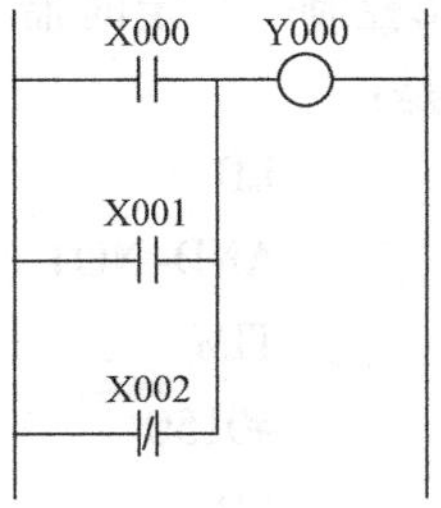

图3-43 “或”指令的梯形图形式

0000	LD	X000
0001	OR	X001
0002	OR-NOT	X002
0003	OUT	Y000

（5）“与括号”指令（AND-LD） “与括号”指令用来描述梯形图中复杂支路间的串联关系，其语句表示形式是AND-LD。完成的功能是：将结果寄存器中的内容与堆栈寄存器中的内容相“与”，结果再送回到结果寄存器中。图3-44所示为“与括号”指令的梯形图形式，其语句的形式是：

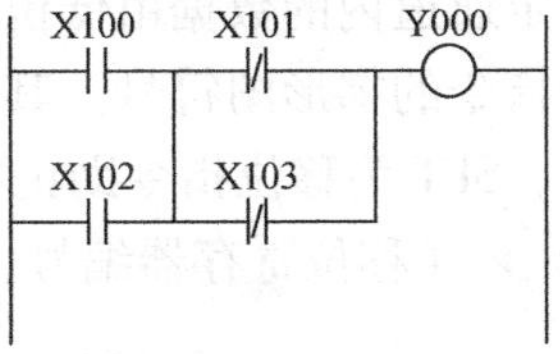

图3-44 “与括号”指令的梯形图形式

0000	LD	X100
0001	OR	X102
0002	LD	X101
0003	OR-NOT	X103
0004	AND-LD	
0005	OUT	Y000

（6）“或括号”指令（OR-LD） “或括号”指令用来描述梯形图中复杂支路间的并联关系，其语句表示形式是OR-LD。完成的功能是：将结果寄存器的内容与堆栈寄存器的内容相“或”，结果仍然送到结果寄存器中。“或括号”指令的梯形图形式如图3-45所示，其语句的形式是：

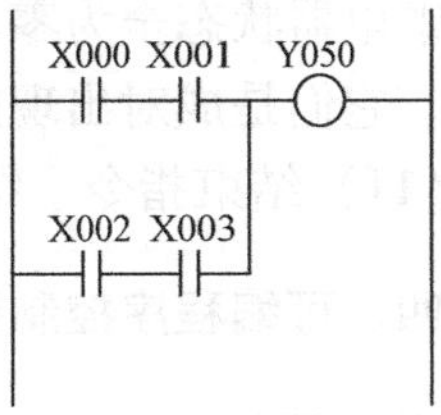

图3-45 “或括号”指令的梯形图形式

0000	LD	X000
0001	AND	X001
0002	LD	X002
0003	AND	X003
0004	OR-LD	
0005	OUT	Y050

(7) 定时器指令　为实现与时间相关量的控制，PLC 必须具备有定时器的功能。PLC 的定时器相当于时间继电器，有常开触点和常闭触点，定时器指令就是用于定时器的控制。它的语句表示形式是 TIM × ×（定时器编号，“× ×”是时间常数）。图 3-46 所示是一个“与”逻辑控制一个定时器 TIM01 的梯形图形式，其语句的形式是：

0000	LD	000
0001	AND-NOT	001
0002	TIM	01
	#0150	
0004	LD	TIM01
0005	OUT	050

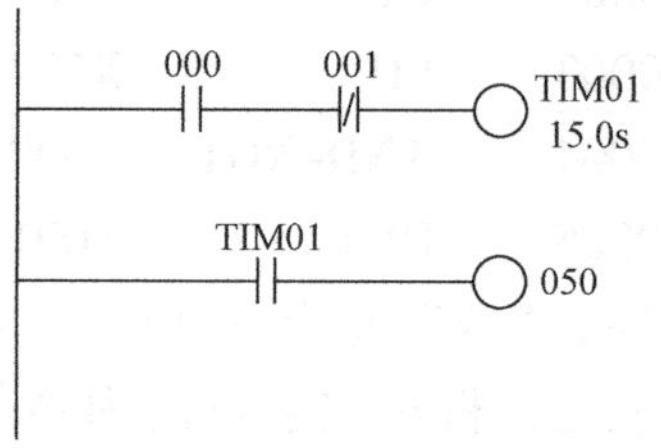

图 3-46　定时器指令的梯形图形式

(8) 计数器指令　计数器指令是 PLC 的基本功能，在自动控制中经常使用。图 3-47 所示是计数器指令的梯形图符号。其中，CP 为计数器的输入端，R 为复位端。它的语句表示形式是 CNT × ×（计数器编号，“× ×”是后面跟着的设定值）。

(9) 移位寄存器指令　移位寄存器指令所描述的操作过程是在每个移位脉冲信号的控制下，指定通道内的数据由低位向高位移动一位，即由左向右移动一位。图 3-48 所示是移位寄存器指令的梯形图符号。其中，IN 为数据输入端，CP 为移位脉冲输入端，R 为复位信号输入端，SFT 为移位指令助记符，B 为起始通道号，E 为结束通道号。它的语句表示形式是 SFT × ×（移位寄存器编号，“× ×”是后面跟着的设定值）。

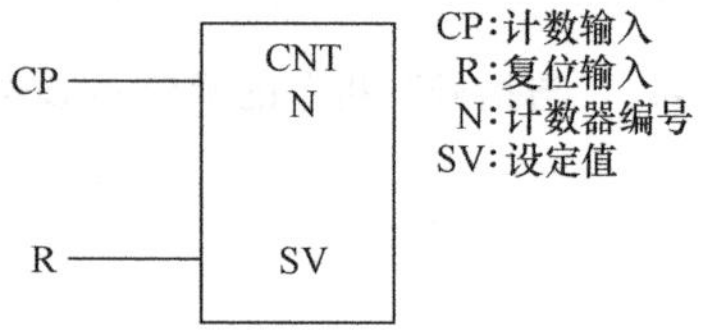

图 3-47　计数器指令的梯形图符号

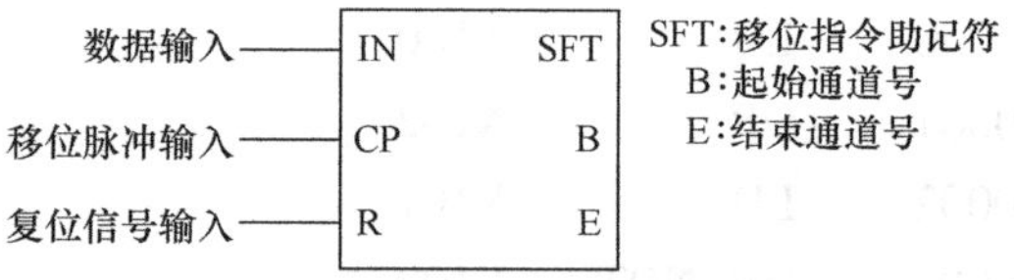

图 3-48　移位寄存器指令的梯形图符号

(10) 主控指令　主控指令完成的操作是：当某一个触点（或一组触点）的条件满足时，按正常顺序执行程序；当这一条件不满足时，则不执行某一部分程序，与这部分程序相关的继电器状态全为零。每种 PLC 都具备主控指令，主控指令的语句指令形式用 IL 和 ILC 表示，它们是成对出现的。其中，IL 表示主控开始，ILC 表示主控结束。

(11) 结束指令　结束指令是各种 PLC 都具备的基本指令，用 END 表示。

四、可编程序控制器的工作过程

用户程序通过编程器顺序输入到用户用的存储器内，CPU 对用户程序循环扫描并按顺序执行。可编程序控制器工作的扫描过程如图 3-49 所示，只要可编程序控制器接通电源，CPU 就对用户存储器的程序进行扫描。扫描从 0000H 地址所存的第一条用户程序开始，顺序地进行，直到存储器结尾或用户程序占有的最后一个地址为止，形成一个扫描循环。每扫描一次，CPU 就进行输入点的状态采集、用户程序的逻辑解算、相应输出状态的更新和 I/O

的执行。当编程器接入时，对编程器的输入也响应，并更新显示；然后 CPU 对自身的硬件进行快速自检，并对监视扫描用定时器复位；最后键入 I/O 进行调试。当完成自检后，CPU 又从存储器的 0000H 地址重新开始扫描运行。

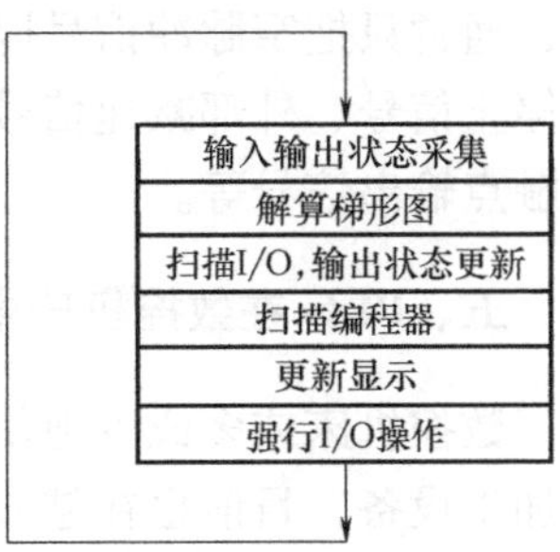

图 3-49　可编程序控制器工作的扫描过程

对用户程序的循环扫描执行过程，可分为输入采样、程序执行和输出刷新三个阶段，如图 3-50 所示。输入采样阶段以扫描方式顺序读入输入端的状态（接通状态或断开状态），并将这个状态存入输入映像寄存器中，接着转入程序执行阶段。在程序执行阶段，即使输入状态变化，输入映像寄存器的内容也不会改变，状态的变化只能在下一个工作周期的输入采样阶段才被读入。程序执行总是按先左后右、先上后下的顺序对每条指令进行扫描，并从输入映像寄存器中读入所有输入状态。若程序中需要读入某输出状态，则也在这时读入，然后进行逻辑运算，运算结果再存入元件映像寄存器中。对于每个元件而言，元件映像寄存器中所寄存的内容是随着程序执行的进程而变化的。

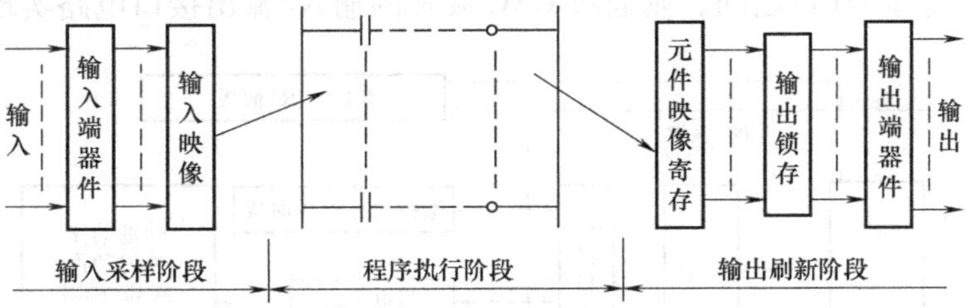

图 3-50　程序执行过程

所有指令执行完毕，元件映像寄存器中所有输出继电器的接通或断开状态，在输出刷新阶段转寄到输出锁存电路，再驱动输出阻抗线圈，这时的输出是实际工作状态的输出。

由于输入/输出模块滤波器时间常数的影响，以及执行时要按工作周期（几十毫秒至上百毫秒）顺序进行等原因，会使输入/输出响应出现滞后现象，对一般工业控制设备是允许的，但对某些设备的某些信号要做出快速响应。对数控机床的绝大多数信息，PLC 的处理速度是足够的；但对于脉冲信号，这个处理速度就不够了。为适应不同控制信号的不同响应速度的要求，PLC 程序常分为高级程序和低级程序。PLC 处理高级程序和低级程序是按“定时分割周期”分段进行的，在每个定时分割周期内，高级程序都被执行一次，定时分割周期的剩余时间执行低级程序，故每个定时分割周期只执行低级程序的一部分。也就是说，低级程序被分割成几部分，其执行一次的时间是几倍的定时周期，如图 3-51 所示。在数控机床

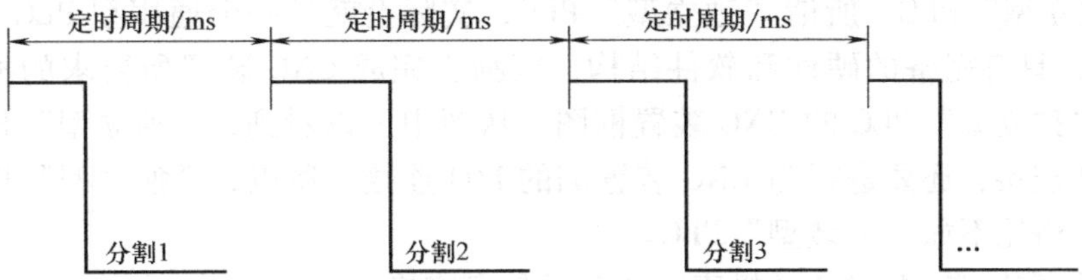

图 3-51　高级程序和低级程序的执行

中，通常只把窄脉冲信号以及必须传输到数控系统要求快速处理的信号编入高级程序，如紧急停止信号、外部减速信号、进给保持信号、倍率信号、删除信号、表面速度恒定控制用的非触点输出信号等。

五、PLC 在数控机床中的应用

数控机床或多或少地使用了 PLC 作为开关量控制的控制器。除了数控机床，其他的机械加工设备，目前也在越来越多地采用 PLC 进行控制，例如专用机床、组合机床、各种自动化生产线等都使用了 PLC 控制。

1. 数控机床使用 PLC 的类型

数控机床使用的 PLC 可分为两类：一类是专为实现数控机床顺序控制而设计制造的“内装型”PLC；另一类是输入/输出接口技术规范、输入/输出点数、程序存储容量以及运算和控制功能等均能满足数控机床控制要求的“独立型”PLC。

（1）“内装型”PLC　图 3-52 所示是“内装型”PLC 的 CNC 装置框图。“内装型”PLC 从属于 CNC 装置，PLC 与 CNC 装置之间的信号传送在 CNC 装置的内部实现。PLC 与机床（Machine Tool，简称 MT）之间，则通过 CNC 装置的输入/输出接口电路实现信号传送。

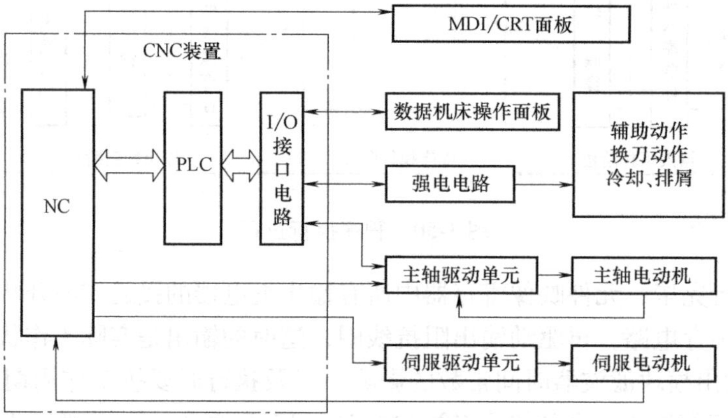

图 3-52　“内装型”PLC 的 CNC 装置框图

在系统结构上，“内装型”PLC 既可与 CNC 装置共享 CPU，也可以单独使用一个 CPU；在电路结构上，既可与 CNC 装置其他电路制作在一块电路板上，也可以单独制成一块附加板。“内装型”PLC 一般不单独配置输入/输出接口电路，而是使用 CNC 装置统一配置的输入/输出接口电路。“内装型”PLC 的成功应用，扩大了 CNC 装置内部直接处理数据的能力，可以使用梯形图方式进行编程，并且成本较低，提高了 CNC 装置的性能价格比。

（2）“独立型”PLC　所谓“独立型”PLC，实际上就是一个通用型 PLC，它完全独立于 CNC 装置，具有完备的硬件和软件结构，能独立完成 CNC 装置所要求的控制任务。图 3-53所示是“独立型”PLC 的 CNC 装置框图。从图中可以看到，“独立型”PLC 不但要与机床侧的 I/O 连接，还要进行与 CNC 装置侧的 I/O 连接。所以，“独立型”PLC 的造价较高，其性能价格比不如“内装型”PLC。

2. PLC 和 CNC 装置、MT（机床）之间的信息交换

PLC 处于 CNC 装置和 MT（机床）之间，利用逻辑运算实现各种开关量的控制。信息交

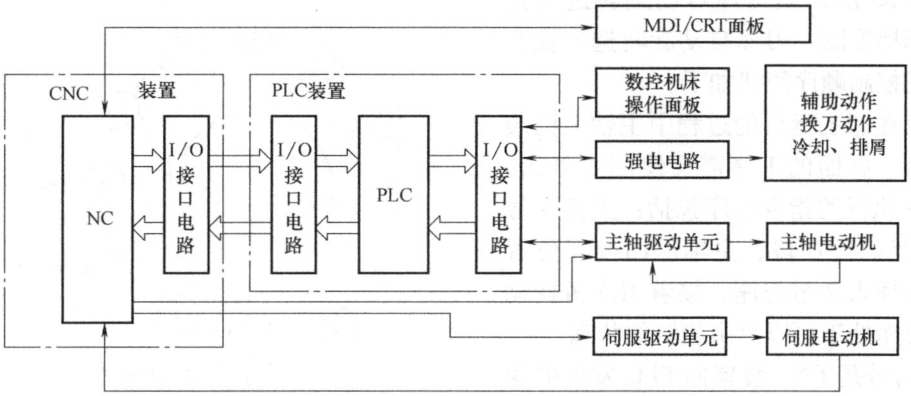

图 3-53 “独立型”PLC 的 CNC 装置框图

换分为 PLC 与 CNC 装置之间的信息交换，以及 PLC 与 MT（机床）之间的信息交换。

PLC 与 CNC 装置之间的信息交换分为两个方向进行：一个方向是 CNC 装置向 PLC 发送的信息，主要信息有各种功能代码 M、S、T 的信息，手动或自动方式的信息，各种使能信息等。另一个方向是 PLC 向 CNC 装置发送的信息，主要信息有 M、S、T 功能的应答信息，以及各坐标轴对应机床参考点的信息等。

PLC 与 MT（机床）之间的信息交换也分为两个方向进行：一个方向是 PLC 向 MT（机床）发送的信息，主要信息有控制 MT（机床）的执行元件，如电磁铁、接触器、继电器以及各种状态指示和故障报警等。另一个方向是 MT（机床）向 PLC 发送的信息，主要信息有 MT（机床）操作面板输入信息和其上各种开关、按钮等信息，如 MT（机床）起动或停止、主轴正转或反转或停止、切削液开或关、倍率选择、各坐标轴点动以及刀架卡盘的夹紧或松开等信息，还有各运动部件的限位开关、主轴状态监视信号和伺服系统运行准备信号等。

“内装型”PLC 和 CNC 装置、MT（机床）之间的信号处理过程：信号由 CNC 装置送到 MT（机床）时，首先 CNC 装置将输出数据写入 CNC 装置的 RAM 中，然后将 CNC 装置的 RAM 中的数据送到 PLC 的 RAM 中，由 PLC 进行逻辑运算。运算后的数据存入 PLC 的 RAM 中，再传送回 CNC 装置的 RAM 中，并通过 CNC 装置的接口送到 MT（机床）。

信号由 MT（机床）送到 CNC 装置时，首先 MT（机床）的开关量数据送到 CNC 装置的 RAM 中，再送到 PLC 的 RAM 中，并由 PLC 进行逻辑运算。运算后的数据存入 PLC 的 RAM 中，再传送回 CNC 装置的 RAM 中，最后由 CNC 装置的软件从 RAM 中读取数据。

3. 刀库自动选刀控制梯形图举例

对于加工中心，刀库控制与刀具自动交换控制是 PLC 控制的重要内容。一个完整的自动换刀过程的控制比较复杂，这里仅以一个刀库自动旋转选刀控制的局部梯形图为例，来说明刀库自动旋转选择刀具的过程。为了便于读者理解控制原理，梯形图做了简化处理。

图 3-54 所示是 JCS-018 型加工中心转盘式刀库的示意图。刀库容量为 12 把刀具，初始时刀具号与刀套号一一对应。根据 ROT 指令的规定：刀库逆时针方向转为正转，顺时针方向转为反转。在旋转运行过程中，刀库先以高速沿最短的路径旋转，使目标刀具趋近换刀位置。在到达目标刀具位置前一刀座位置时减速，目标刀具在换刀位置实现稳定精确的定位。

图 3-55 所示是刀库自动旋转选刀控制的局部梯形图。刀库自动旋转选刀控制的梯形图控制顺序简述如下。

假设在加工运行的过程中主轴上已装了 7 号刀，后面的工序需要使用 4 号刀。CNC 装置执行的指令程序包括：更换 4 号刀的 T4 代码程序段，主轴返回换刀位置使 7 号刀插入 7 号刀座，接着刀库机构动作，使刀库处于可以自由旋转的状态。

TF 信号是 CNC 装置向 PLC 发出的执行该程序段的信号，目标刀具号已存在 F153 地址中。X20 是加工中心刀库上的一组拨码开关输入的两位 BCD 码，表示了刀具现在的位置。

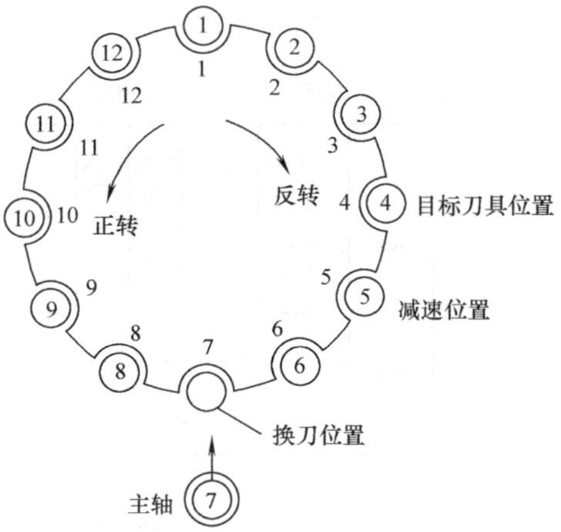

图 3-54　JCS-018 型加工中心转盘式刀库的示意图

5L 行 R500. 0 为常 ON 信号，作为后面比较指令和旋转指令的控制条件。

5N 行执行“逻辑与后传输”指令，将目标刀具号数值传送到 R550 地址中。

5O 行执行第一个“符合检查”指令，把刀具目标数值（在 R550 中）和刀具现在的位置（X20 输入的两位 BCD 码）进行比较，当目标值与现在值不同时，输出 R510. 2 为 0。

6A ~ 6F 行执行“旋转”指令 ROT，“旋转”指令的控制条件为：①起始位置为 1；②指定两位 BCD 码；③选择最短的路径；④指定目标前一个位置；⑤计算位置数；⑥当 TF = 1，TCOIN = 0，执行 ROT 指令。指令参数中的 12 为刀库容量，X20 为刀具现在的位置，R550 为目标位置地址，R551 为目标位置前一相邻位置计算结果的输出地址，在本例中按最短的路径选择，应该选择反转，REV 应输出 0。

6M 行执行第二个“符合检查”指令，当现在位置没有到达减速位置时，MDEC 的输出为 0；当现在位置到达减速位置（目标位置前一个刀具位置）时，MDEC 的输出为 1。

6O 行为减速控制输出，当 6M 行 MDEC 的输出为 1 时，6O 行 R510. 1 的触点接通，MDEC · M 则输出减速控制信号。

7A 行为刀库正转输出，7B 行为刀库反转输出。本例中“旋转”指令 ROT 应该选择反转，所以 REV = 1，TF（是 CNC 装置发出的信号）也为 1。当第一条符合比较指令中的现在值和目标值不同时，TCOIN 为 0，所以接通 7B 行的输出 Y52. 2，刀库反转。因目标刀具是 4 号刀具，当刀库旋转到 5 号刀具位置时，第二条符合比较指令输出为 1，发出减速控制信号，刀库减速。只有当第一条符合比较指令输出为 1，即现在位置等于目标位置时，TCOIN 触点断开，CCW · M 则输出为 0，刀库停止旋转，4 号刀具定位在换刀位置上，准备更换到主轴上。

7C ~ 7E 行把刀库已经旋转到位的信号反馈回 CNC 装置，使 TF 变为 0，并把 F153 清 0，直到下一次需要换刀时，再重复以上程序。

这里只是以这个程序为例，说明 PLC 梯形图程序在数控机床中的应用。在实际维修数控机床时，数控机床的维修说明书、电气原理图、PLC 梯形图以及系统连接说明书、PLC 操作说明书都是必不可少的维修资料，可参照这些资料进行维修工作。

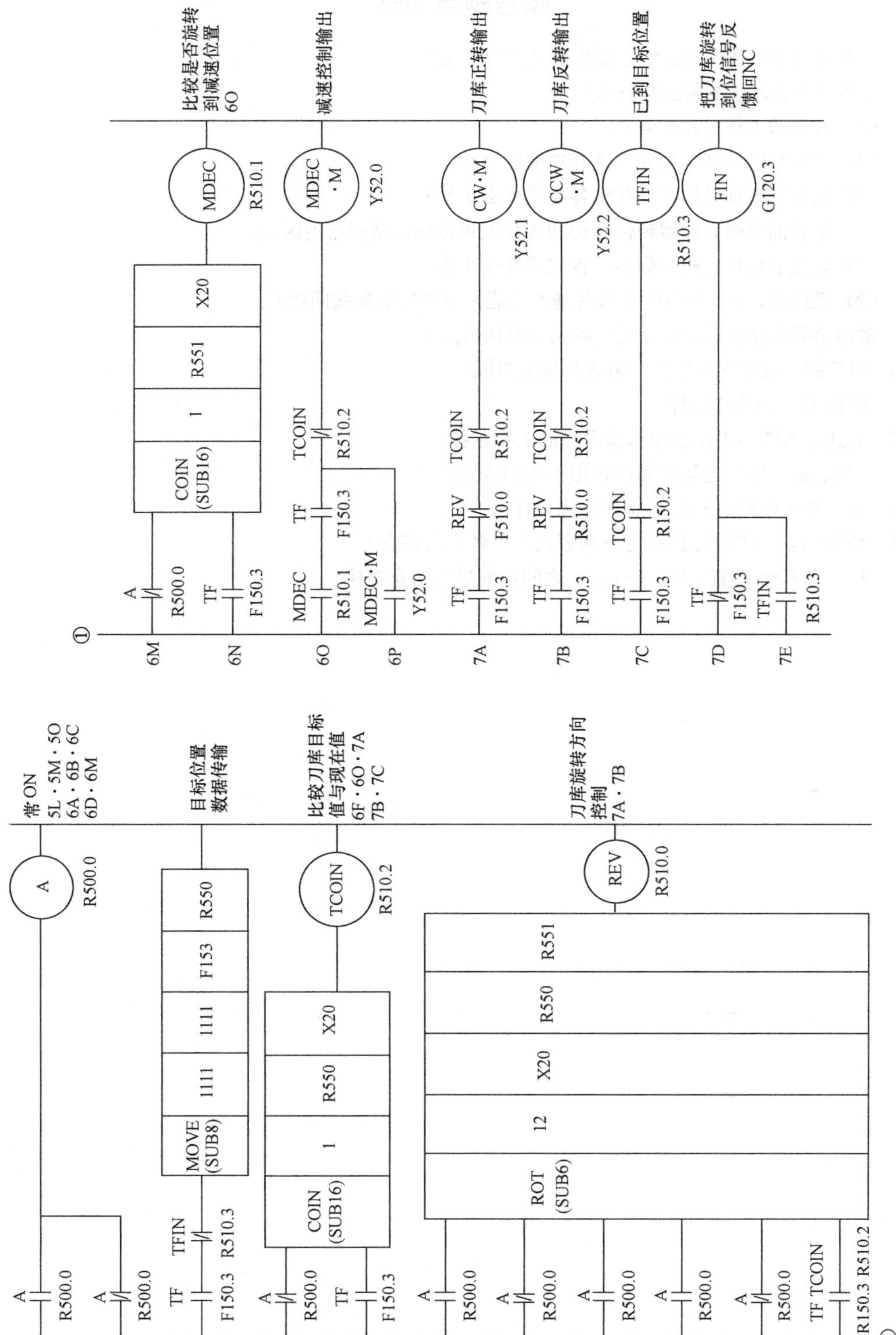

图3-55　刀库自动旋转选刀控制梯形图

思考题与习题

3-1　什么是计算机数控系统？主要由哪几部分组成？
3-2　计算机数控系统的特点是什么？
3-3　CNC 装置的工作过程如何？
3-4　CNC 装置有哪些基本功能和选择功能？
3-5　CNC 装置的硬件结构有哪些？各完成什么工作？
3-6　CNC 装置的单微处理器硬件结构和多微处理器硬件结构有何区别？
3-7　CNC 装置的软件结构有哪些？各完成什么工作？
3-8　CNC 系统中，I/O 通道应有哪些基本功能？主要解决哪些问题？
3-9　常用半导体存储器如何分类？各类型有何特点？
3-10　PLC 的一般概念是什么？由哪几部分组成？
3-11　简述 PLC 的工作过程。
3-12　简述梯形图的工作原理和梯形图的工作过程。
3-13　“与、或、非”逻辑运算的梯形图如何表示？
3-14　数控机床中所用 PLC 的主要作用是什么？
3-15　数控机床中使用的 PLC 可分为哪几类？各有何特点？
3-16　PLC 和 CNC 装置、MT（机床）之间如何进行信息交换？

第四章 数控轮廓加工的数学基础

第一节 插补的概念

一、插补的一般概念

在数控机床上，各种轮廓加工都是通过插补计算实现的。插补计算就是对轮廓线的起点到终点之间再密集地计算出有限个坐标点，即需要“插入、补上”运动轨迹各个中间点的坐标。插补结果输出运动轨迹的中间点坐标值，刀具沿着这些坐标点移动，来逼近理论轮廓，实现数控加工。插补的实质就是根据有限的信息，完成“数据密化”的工作。

数控系统中完成插补工作的装置称为插补器。根据插补器的不同结构，插补器可分为硬件插补器和软件插补器两大类。硬件插补器由专用集成电路组成，它的特点是运算速度快，但灵活性差；软件插补器利用微处理器通过系统程序完成各种插补功能，这种插补器的特点是灵活易变，但速度较慢。随着微处理器运算速度和存储容量的提高，现代数控系统大多采用软件插补或软、硬件插补相结合的方法。

由于数控系统输出到伺服驱动装置的信息有脉冲串和增量数值两种，因而插补方法有脉冲增量插补（基准脉冲插补）和数据采样插补（数字增量插补）两种方法。

脉冲增量插补是控制单个脉冲输出规律的插补方法。每输出一个脉冲，移动部件都要相应地移动一定距离，这个距离称为脉冲当量，因此脉冲增量插补也称为行程标量插补。根据加工精度的不同，脉冲当量可取0.01～0.001mm。移动部件的移动速度与脉冲当量和脉冲输出频率有关，由于脉冲输出频率最高为几万赫兹，因此当脉冲当量为0.001mm时，最高移动速度也只有2m/min左右。脉冲增量插补的方法，通常用于步进电动机伺服系统。

数据采样插补是在规定的时间（插补时间）内，计算出各坐标方向的增量值（ΔX，ΔY，ΔZ）、刀具所在的坐标位置及其他一些需要的值。这些数据要严格限制在一个插补时间内（如8ms）计算完毕，送给伺服系统，再由伺服系统控制移动部件运动。移动部件也必须在下一个插补时间内走完插补计算给出的行程，因此数据采样插补也称为时间标量插补。

由于数据采样插补方法是用数值量控制机床运动，因此机床各坐标方向的运动速度与插补运算给出的数值量和插补时间有关。根据计算机的运行速度和加工精度不同，有些数控系统的插补时间选用12ms、10.24ms、8ms、4ms、2ms等，对于运行速度较快的计算机，有的选得更小。现代数控机床的进给速度已超过15m/min，达到30m/min，有些已到60m/min。数控机床的进给速度越快，插补时间就越短。数据采样插补的方法，适用于直流伺服电动机和交流伺服电动机的闭环或半闭环控制系统。

一般插补有粗插补和精插补实现插补过程。粗插补采用软件插补器先将加工轨迹分割为线段，精插补采用硬件插补器将粗插补分割的线段进一步密化数据点。粗、精插补相结合的方法对数控系统的运算速度要求不高，并可节省存储空间，且响应速度和分辨率都比较高。

二、数控加工与编程的数值计算方法

数控加工与数控编程理论，实质上是曲线、曲面几何学在机械制造业的一种应用。在数控加工中，不仅会遇到简单曲线和曲面（如直线、圆弧、椭圆、球面等）的描述及其数学处理问题，而且在飞机、轮船、汽车等的设计和制造过程中，还常常会遇到复杂曲线、曲面的描述及其数学处理问题。这里所说的复杂曲线、曲面，指的是形状比较复杂，不能用二次方程来描述的曲线、曲面，即通常所说的自由曲线、曲面。

机械加工中所遇到的复杂曲线或曲面，一般难以获得其准确的解析表达式，常常是用一定数量的离散型值点来描述其形状。这就需要选择适当的数学方法来拟合实际的曲线或曲面，然后根据得到的近似曲线或曲面方程来进行与数控编程有关的各种计算。图 4-1 所示是用离散型值点描述的双三次 Bezier 曲面示意图。

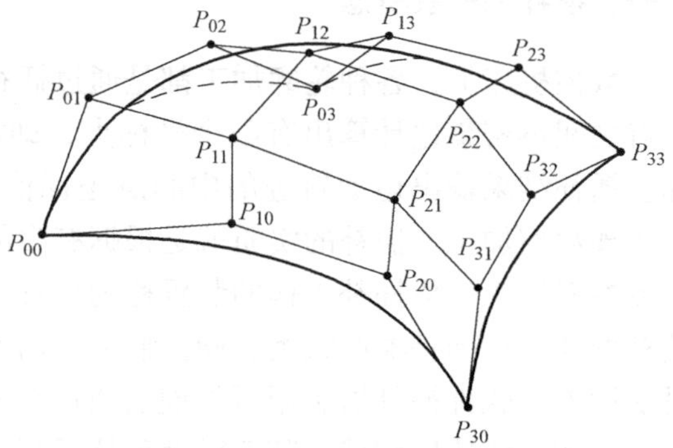

图 4-1 用离散型值点描述的双三次 Bezier 曲面示意图

像汽车车身这种比较复杂的自由曲面，无法用一个简单的曲面方程来精确地描述，但可以用沿两个方向的两组平行平面与曲面交线来近似表达，近似的程度取决于两平行平面的间距。间距越小，所得交线就越密，表示的曲面就越精确。这也就是说，我们可以用沿两个方向的两组曲线的曲线网来表示曲面。如果用一张曲面难以描述某个物体的外形时，可以将它划分为若干张曲面片，然后将这些曲面片按要求光滑连接起来。为此，需要用到有双参数的三次样条曲线的曲面，简称为双三次参数曲面，即孔斯（Coons）曲面，如图 4-2 所示。

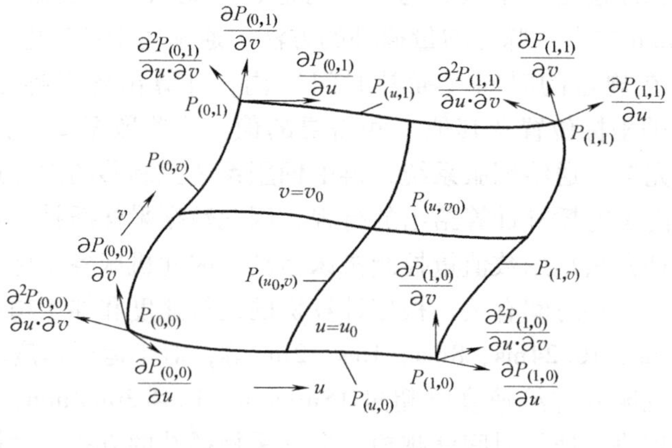

图 4-2 双三次参数曲面片（孔斯曲面）示意图

对于从实物模型上，通过测量得到的离散型值的点所代表的曲线、曲面，如何将其用解析式来近似表达，已有许多种数学方法。早期的有拉格朗日插值法、最小二乘逼近和伯恩斯坦逼近等方法，它们在理论上虽然比较成熟，但计算量大，数值稳定性差，对自由曲线、曲面的拟合能力弱。比较常用的是 B 样条曲线（曲面）、Bezier 曲线（曲面）、Coons 曲面和 Nurbs 曲线（曲面），它们比早期的方法有了较大的进步，具有数值稳定性好、对自由曲线（曲面）的拟合能力强、光顺性好、处理速度快等优点，特别是 Nurbs 曲线（曲面）更加灵活，逼近程度更好，被认为是 CAD、CAM 中最先进的曲线（曲面）数学模型。

三、基点和节点的计算

1. 基点的计算

机械零件是由构成其几何特征的若干点、线、面而构成的，这些点、线、面统称为几何元素，如直线、圆弧、二次曲线与列表（点）曲线等。各个几何元素之间的连接点称为基点，如两直线的交点、直线与圆弧的交点或切点、圆弧与圆弧的交点或切点、圆弧与一般二次曲线的交点或切点等。显而易见，相邻两个基点之间仅有一个几何元素。

对于由若干直线与圆弧组成的（平面）零件，由于数控系统一般都具有直线插补与圆弧插补的功能，所以数值计算比较简单，这时主要是计算确定基点坐标或圆弧的中心点（圆心）坐标。

例 4-1 如图 4-3 所示，直线 CC' 与圆弧相交，求直线 CC' 与圆弧的交点 C 的坐标。

解： 设直线方程为 $y=kx+b$，以点（x_0，y_0）为圆心，半径为 R 的圆方程为

$$(x-x_0)^2+(y-y_0)^2=R^2$$

直线与圆弧的交点 C 的坐标为（x_C，y_C），求坐标（x_C，y_C）。由于 C 点是直线与圆弧的交点，所以它的坐标（x_C，y_C）满足联立方程组

$$\left.\begin{aligned}&(x_C-x_0)^2+(y_C-y_0)^2=R^2\\&y_C=kx_C+b\end{aligned}\right\}$$

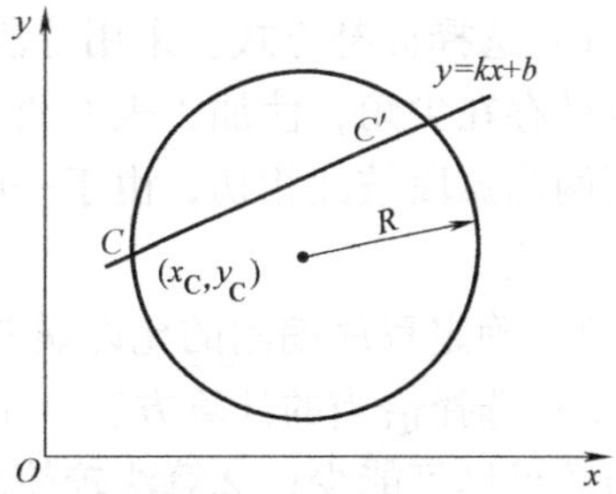

图 4-3 直线与圆弧相交

将 $y_C=kx_C+b$ 代入 $(x_C-x_0)^2+(y_C-y_0)^2=R^2$，消去 y_C。然后，进行整理，可得到

$$(1+k^2)x_C^2+2[k(b-y_0)-x_0]x_C+x_0^2+(b-y_0)^2-R^2=0$$

令

$$\left.\begin{aligned}&A=1+k^2\\&B=2[k(b-y_0)-x_0]\\&C=x_0^2+(b-y_0)^2-R^2\end{aligned}\right\}$$

则有

$$Ax_C^2+Bx_C+C=0$$

因此，可求得 C 点的坐标为

$$x_C=\frac{-B\pm\sqrt{B^2-4AC}}{2A},\quad y_C=kx_C+b$$

值得注意的是，如果上式中的符号“±”取“+”号时，则得到 C' 点的坐标。

当直线与圆弧相切时，$B^2-4AC=0$，则方程式 $Ax_C^2+Bx_C+C=0$，仅有一个重根，切点 C 的坐标为

$$x_C = -\frac{B}{2A},\ y_C = kx_C + b$$

这种求直线与圆弧的交点或切点的方法，称为联立方程组法。它自然可以推广应用于求圆弧与圆弧的交点或切点，以及一般地求两条二次曲线的交点或切点的情况。

2. 节点的计算

对于由自由曲线构成的机械零件，一般的数控系统不具备自由曲线的插补功能，这时的数值计算就要复杂一些。通常的做法是：将组成机械零件的轮廓曲线，按照加工精度的要求适当进行分割，然后用直线或圆弧来逼近所给定的曲线，称逼近直线段或曲线段的交点或切点为节点。

在编写程序时，应该按照节点划分程序段。对于立体型面的机械零件，应按照加工精度的要求，将曲面划分为不同的加工截面，各加工截面上的轮廓曲线也需要计算基点与节点。

3. 非圆曲线节点坐标的计算

非圆曲线是指除直线与圆之外，可用 $y=f(x)$ 表示的平面（轮廓）曲线；有时，也用极坐标形式 $\rho=\rho(\theta)$ 表示或用参数方程的形式表示。显然，通过坐标变换后，极坐标形式或参数方程的形式也可以变换为 $y=f(x)$ 的形式。这类机械零件的加工，以平面凸轮类零件为主，其数值计算可以按照以下步骤进行。

1）选择插补方式。采用分段直线逼近，优点是数学处理比较简单；缺点是各直线段间节点处存在尖角，使加工表面质量变差，要计算的节点数据较多。若采用分段圆弧逼近，且相邻两圆弧段彼此相切，由于一阶导数连续，工件表面光滑，加工质量较高，但数学处理要复杂一些。

2）确定程序编制的允许误差，即应该使 $\delta \leqslant \delta^*$（$\delta^*$ 为允许误差）。

3）选择恰当的计算方法。主要考虑：①尽可能按等误差条件，确定节点位置，使程序段的数目尽可能少；②算法较简单，易于编程计算。

4）画出程序框图，并编程计算。

（1）使用直线段逼近非圆曲线　用直线段逼近非圆曲线，常用的计算方法有等间距法、等程序段法和等误差法。

1）等间距法。它是将任一坐标轴划分为相等间距的一种方法。一般沿 x 轴方向取 $\Delta x = h$ 为等间距长。若已知 x_i，则由曲线方程 $y=f(x)$ 可以计算出 $y_i=f(x_i)$，由 $x_{i+1}=x_i+h$，可求得 $y_{i+1}=f(x_i+h)$，如此进行下去，即可求得一系列点(x_i)，则为所求节点。

2）等程序法。就是使每个程序段的线段长度相等的一种方法。由于零件轮廓曲线 $y=f(x)$的曲率各处不同，因此首先应该求出该曲线的最小曲率半径 R_{min}。然后，根据 R_{min} 和 δ^* 确定允许的步长 h，从曲线的起点 a 开始，按照等步长 h 依次分割曲线，得到点 b、c、d，…，它们即为所求的节点，而 $ab=bc=cd=\cdots=h$ 即为所求的直线段，如图 4-4 所示。

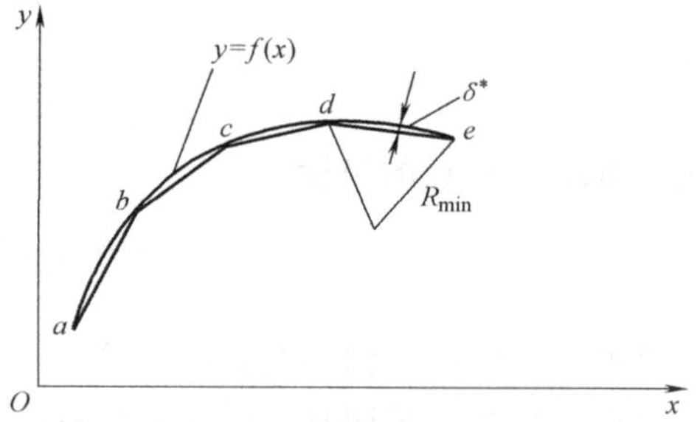

图 4-4　等程序法示意图

例 4-2　用等程序法计算图 4-4 所示的曲线 $y=f(x)$ 的节点坐标。

解：① 求最小的曲率半径 R_{min}。因为

$$R=\frac{(1+y'^2)^{\frac{3}{2}}}{y''}$$

所以

$$R'=3(1+y'^2)^{\frac{1}{2}}y'y''-(1+y'^2)^{\frac{3}{2}}y'''$$

令 $R'=0$，经过化简，可以得到

$$3y'y''-(1+y'^2)y'''=0$$

通过 $3y'y''-(1+y'^2)y'''=0$，可以求出 x^*，将其代入 $R=\frac{(1+y'^2)^{\frac{3}{2}}}{y''}$，即可求出 R_{min}。

② 确定允许的步长 h。以 R_{min} 为半径，作一圆弧（图4-4中的 de 段），由图容易得到

$$h=2\sqrt{R_{min}^2-(R_{min}-\delta^*)^2}\approx 2\sqrt{2R_{min}\delta^*}$$

③ 求曲线起点 a 的坐标（x_a，y_a），以及下一个点 b 的坐标（x_b，y_b）。以 a 点为圆心，以 h 为半径，画一个圆，它与曲线 $y=f(x)$ 的交点，即为所求的 b 点。其坐标（x_b，y_b）可以通过求解联立方程组得到

$$\left.\begin{aligned}&(x-x_a)^2+(y-y_a)^2=h^2\\&y=f(x)\end{aligned}\right\}$$

3）等误差法。它是使任意相邻两节点间的逼近误差均为等误差的一种计算方法。由于各程序段的误差 δ 均相同，所以程序段的数目最少，但计算过程较复杂，需用计算机才能完成计算任务。

（2）使用圆弧段逼近非圆曲线　用圆弧段逼近非圆曲线，常用的计算方法有曲率圆法、三点圆法和相切圆法。

1）曲率圆法（又称圆弧分割法）。用曲率圆法求节点时，需要求出每段逼近圆弧的圆心、起点、终点的坐标值以及圆弧段的半径。作出的圆弧段与曲线的逼近误差应小于或等于允许的逼近误差 δ^*，故又称为等误差逼近的曲率圆法。

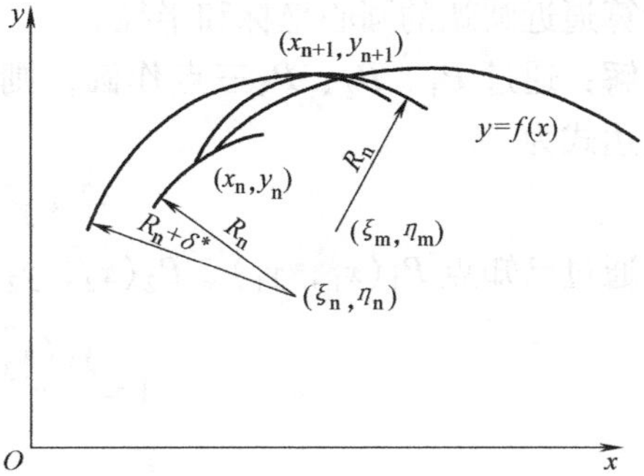

图4-5　曲率圆法求节点坐标

例4-3　如图4-5所示，设曲线方程 $y=f(x)$，曲线的起点坐标为（x_n，y_n），试计算逼近圆弧的节点坐标和逼近圆弧。

解： ① 求曲线 $y=f(x)$ 在起点（x_n，y_n）处的曲率半径 R_n 和曲率中心（圆心）坐标（ξ_n，η_n），即

$$R_n=\frac{(1+y_n'^2)^{\frac{3}{2}}}{y_n''}$$

$$\begin{cases}\xi_n=x_n-y_n'\dfrac{1+y_n'^2}{y_n''}\\\eta_n=y_n+\dfrac{1+y_n'^2}{y_n''}\end{cases}$$

② 以（ξ_n，η_n）为圆心，以 $R_n \pm \delta^*$ 为半径作圆，与曲线相交的交点为（x_{n+1}，y_{n+1}），求解联立方程组，则

$$\left.\begin{aligned}&(x-\xi_n)^2+(y-\eta_n)^2=(R_n\pm\delta^*)^2\\&y=f(x)\end{aligned}\right\}$$

可以求出交点（x_{n+1}，y_{n+1}），即为所求的第一个节点坐标。

注意：在圆方程中，当轮廓曲率递减时，取 $(R_n+\delta^*)^2$；当轮廓曲率递增时，取 $(R_n-\delta^*)^2$。

③ 求逼近圆弧的圆心坐标（ξ_m，η_m）。分别以（x_n，y_n）和（x_{n+1}，y_{n+1}）为圆心，以 R_n 为半径作圆得交点（ξ_m，η_m），（ξ_m，η_m）即为逼近圆弧的圆心。求解联立方程组，则可求出圆心坐标（ξ_m，η_m）。

$$\left.\begin{aligned}&(x-x_n)^2+(y-y_n)^2=R_n^2\\&(x-x_{n+1})^2+(y-y_{n+1})^2=R_n^2\end{aligned}\right\}$$

④ 以（x_n，y_n）为起点坐标，（x_{n+1}，y_{n+1}）为终点坐标，（ξ_m，η_m）为圆心可进行第一个逼近圆弧的程序编制。然后以（x_{n+1}，y_{n+1}）为起点重复上述步骤，求出第二个节点坐标（x_{n+2}，y_{n+2}），如此类推，可依次求得各逼近圆弧的节点坐标和逼近圆弧。

2）三点圆法。先用直线逼近方法计算出轮廓曲线的节点坐标，然后再通过连续的三个节点作逼近圆弧，并通过解析方法求出该逼近圆弧的圆心坐标和半径。

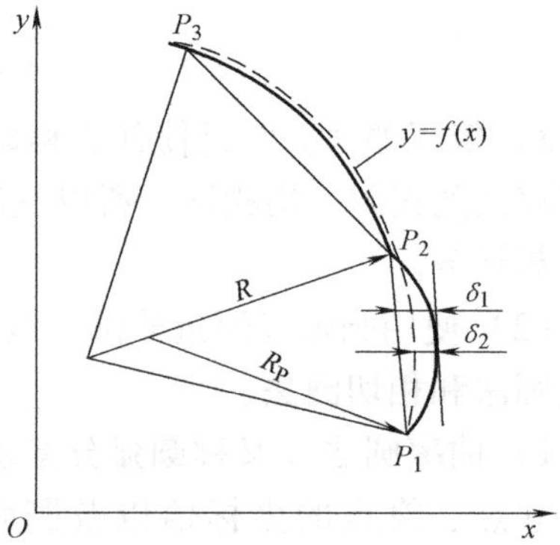

图 4-6　三点圆法圆弧逼近

例 4-4　如图 4-6 所示，设曲线方程 $y=f(x)$，已用直线逼近方法计算出了轮廓曲线的节点坐标 P_1、P_2、P_3，其中 P_1 为轮廓曲线起点坐标，试用三点圆法计算逼近圆弧的圆心坐标和半径。

解： 通过 P_1、P_2、P_3 三点作圆，则圆方程的一般表达式为

$$x^2+y^2+Ax+By+C=0$$

通过已知点 $P_1(x_1,\ y_1)$、$P_2(x_2,\ y_2)$、$P_3(x_3,\ y_3)$ 的圆，它的圆方程中的各参数为

$$A=\frac{y_1(x_3^2+y_3^2)-y_3(x_1^2+y_1^2)}{x_1y_2-x_3y_2}$$

$$B=\frac{x_3(x_2^2+y_2^2)-x_1(x_2^2+y_2^2)}{x_1y_2-x_3y_2}$$

$$C=\frac{y_3x_2(x_1^2+y_1^2)-y_1x_2(x_3^2+y_3^2)}{x_1y_2-x_3y_2}$$

它的圆心坐标为

$$x_0=-\frac{A}{2},\quad y_0=-\frac{B}{2}$$

其半径为

$$R=\frac{\sqrt{A^2+B^2-4C}}{2}$$

值得注意的是，若直线逼近轮廓曲线的误差为δ_1，圆弧与轮廓的误差为δ_2，则$\delta_2<\delta_1$。为了减少圆弧段的数目，并保证程序编制的精度，应该使$\delta=\delta^*$。这时，直线段逼近误差δ_1应满足图4-6所示的情况，或满足

$$\delta_1=\frac{R\delta^*}{|R-R_P|}$$

式中　R_P——曲线$y=f(x)$在P_1点的曲率半径；

R——逼近圆弧的半径；

δ^*——允许的逼近误差。

3）相切圆法。如图4-7所示，图中的粗实线表示零件轮廓曲线。过曲线上A、B、C、D点作曲线的法线，点A和点B的法线交于M，点C和点D的法线交于N。以M点为圆心，$\overline{MA}$为半径作圆M；以N点为圆心，$\overline{ND}$为半径作圆N。它们相切于MN的延长线上的K点。如果圆M和圆N相切，应该满足$\overline{MA}+\overline{MN}=\overline{ND}$。

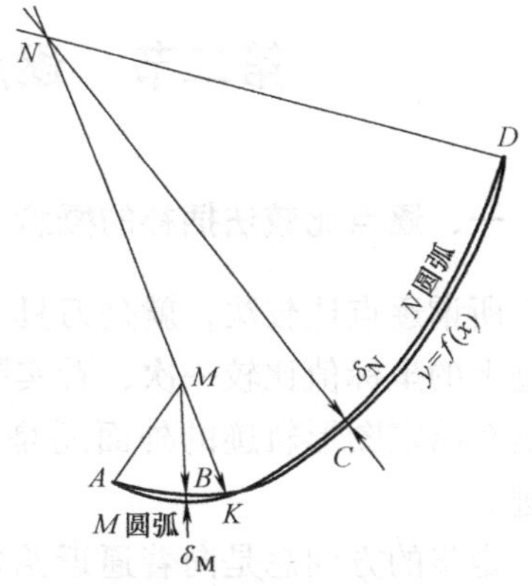

图4-7　相切圆法圆弧逼近

由图可知，δ_M与δ_N为两段圆弧与曲线逼近误差的最大值，应该满足：$\delta_M=|\overline{MA}-\overline{MB}|=\delta^*$，$\delta_N=|\overline{ND}-\overline{NC}|=\delta^*$。

由以上条件确定的B、C、D点可保证两圆弧M、N相切，且满足程序编制的允许误差δ^*。确定B、C、D点后，再以D点为起点，确定后续曲线上E、F、G点，这样依次进行，即可实现整个曲线的相切圆法逼近，计算的过程如下。

① 自起点A开始，任意选定B、C、D三点，求圆心坐标。点A和点B处曲线的法线方程为

$$(x-x_A)+k_A(y-y_A)=0$$

$$(x-x_B)+k_B(y-y_B)=0$$

式中的k_A、k_B是曲线在点A和点B处的斜率，$k=\frac{d_y}{d_x}$。

解以上两式得到两法线$\overline{MA}$和$\overline{MB}$的交点M的坐标为

$$x_M=\frac{(k_Ax_B-k_Bx_A)+k_Ak_B(y_A-y_B)}{k_A-k_B}$$

$$y_M=\frac{(x_B-x_A)+(k_Ay_A-k_By_B)}{k_A-k_B}$$

同理，可求出两法线$\overline{NC}$和$\overline{ND}$的交点N的坐标为

$$x_N=\frac{(k_Cx_D-k_Dx_C)+k_Ck_D(y_C-y_D)}{k_C-k_D}$$

$$y_N = \frac{(x_D - x_C) + (k_C y_C - k_D y_D)}{k_C - k_D}$$

② 计算 B、C、D 三点的坐标值，即

$$\sqrt{(x_A - x_M)^2 + (y_A - y_M)^2} + \sqrt{(x_M - x_N)^2 + (y_M - y_N)^2} = \sqrt{(x_D - x_N)^2 + (y_D - y_N)^2}$$

$$\left| \sqrt{(x_A - x_M)^2 + (y_A - y_M)^2} - \sqrt{(x_B - x_M)^2 + (y_B - y_M)^2} \right| = \delta^*$$

$$\left| \sqrt{(x_D - x_N)^2 + (y_D - y_N)^2} - \sqrt{(x_C - x_N)^2 + (y_C - y_N)^2} \right| = \delta^*$$

采用迭代法解以上联立方程组，便可以求出 B、C、D 三点的坐标。

③ B、C、D 三点的坐标求出以后，利用求圆心的方程式求圆心 M 和圆心 N 的坐标，并求出半径 R_M 和半径 R_N。

第二节　逐点比较法的直线和圆弧插补原理

一、逐点比较法插补的概念

所谓逐点比较法，就是刀具（或工件）每走一步，控制系统都要将加工点与给定图形轨迹上的坐标值比较一次，看实际加工点在给定图形轨迹上的什么位置，是上方还是下方，或是在给定图形轨迹的外面还是里面，从而决定下一步的进给方向，使其逼近加工的图形轨迹。

走步的方向总是向着逼近给定图形轨迹的方向，如果实际加工点在给定图形轨迹的上方，下一步就向给定图形轨迹的下方走；如果实际加工点在给定图形轨迹的里面，下一步就向给定图形轨迹的外面走。如此每走一步，计算一次偏差，比较一次，决定下一步的走向，以逼近给定的图形轨迹，直到加工结束。

逐点比较法是以阶梯折线来逼近直线或圆弧，它与规定的加工直线或圆弧之间的最大误差为一个脉冲当量，因此只要把脉冲当量取得足够小，就可以达到加工精度的要求。

二、逐点比较法直线插补

1. 偏差计算公式

假设要加工如图 4-8 所示的第一象限的直线 OA，取起点为坐标原点 O，直线终点坐标 $A(x_e, y_e)$ 是已知的。$M(x_M, y_M)$ 为加工点（动点），若 M 在直线 OA 上，则根据相似三角形的关系可得

$$\frac{y_M}{x_M} = \frac{y_e}{x_e}$$

取 $F_M = y_M x_e - x_M y_e$，作为直线插补的偏差判别式。

若 M 点在直线 OA 上，即 $\frac{y_M}{x_M} = \frac{y_e}{x_e}$，则 $F_M = 0$；

若 M 点在直线 OA 上方的 M' 处，即 $\frac{y_M}{x_M} > \frac{y_e}{x_e}$，则 $F_M > 0$；

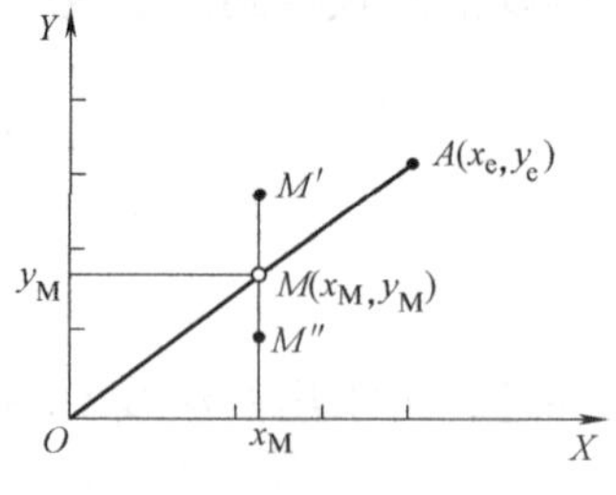

图 4-8　逐点比较法直线插补

若 M 点在直线 OA 下方的 M'' 处，即 $\frac{y_M}{x_M} < \frac{y_e}{x_e}$，则 $F_M < 0$。

设在某加工点处，有 $F_M \geqslant 0$，则为了逼近给定的图形轨迹，应沿着 $+X$ 方向进给一步，走一步后新的坐标值为

$$x_{M+1} = x_M + 1,\ y_{M+1} = y_M$$

新的偏差为
$$F_{M+1} = y_{M+1}x_e - x_{M+1}y_e = F_M - y_e$$

若 $F_M < 0$，则为了逼近给定的图形轨迹，应该向着 $+Y$ 方向进给一步，走一步后新的坐标值为

$$x_{M+1} = x_M,\ y_{M+1} = y_M + 1$$

新的偏差为
$$F_{M+1} = F_M + x_e$$

2. 终点判别法

逐点比较法的终点判断有多种方法，在这里仅介绍两种方法，供大家学习参考。有兴趣的读者，可以参阅有关书籍，学习研究其他的方法。

1）第一种方法。设置 X、Y 两个减法计数器，加工开始前，在 X、Y 计数器中分别存入终点坐标（x_e，y_e）。在 X 坐标（或 Y 坐标）进给一步时，就在 X 计数器（或 Y 计数器）中减去 1，直到这两个计数器中的数都减到零时，便到达终点。

2）第二种方法。用一个终点计数器，寄存 X 和 Y 两个坐标从起点到达终点的总步数 Σ；X、Y 坐标每进给一步，Σ 减去 1，直到 Σ 为零时，就到达了终点。

3. 插补计算过程

插补计算时，每走一步，都要进行四个步骤（又称四个节拍）的逻辑运算和算术运算，即偏差判别、坐标计算和进给、偏差计算、终点判别。

4. 不同象限的直线插补计算

上面讨论的都为第一象限的直线插补计算方法，其他三个象限的直线插补计算方法可用相同的原理获得。四个象限直线插补时的偏差计算公式和进给脉冲方向，见表 4-1。计算时，公式中的坐标（x_e，y_e）均用绝对值。

表 4-1　四个象限的直线插补计算

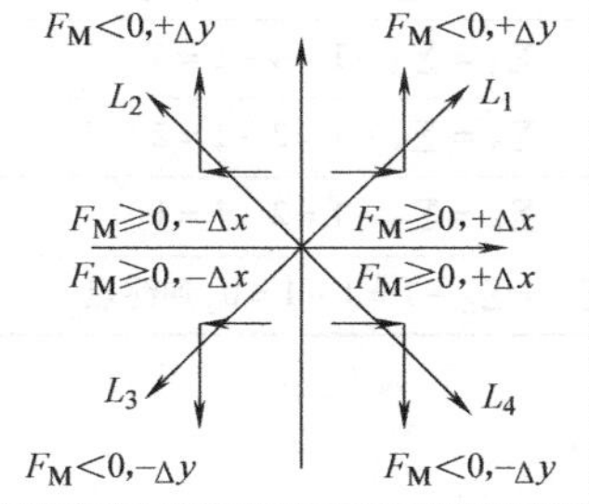

线型	$F_M \geqslant 0$ 时，进给方向	$F_M < 0$ 时，进给方向	偏差计算公式
L_1	$+\Delta x$	$+\Delta y$	$F_M \geqslant 0$ 时：$F_{M+1} = F_M - y_e$；$F_M < 0$ 时：$F_{M+1} = F_M + x_e$
L_2	$-\Delta x$	$+\Delta y$	
L_3	$-\Delta x$	$-\Delta y$	
L_4	$+\Delta x$	$-\Delta y$	

5. 直线插补运算流程

逐点比较法直线插补的运算流程，可归纳如图 4-9 所示。

例 4-5　设欲加工第一象限直线 OE，起点坐标为 $O(0,\ 0)$，终点坐标为 $E(4,\ 3)$，写出逐点比较法的插补运算过程，并且画出运动轨迹图。

解： 总步数 $\Sigma = |x_e - x_O| + |y_e - y_O| = 4 + 3 = 7$

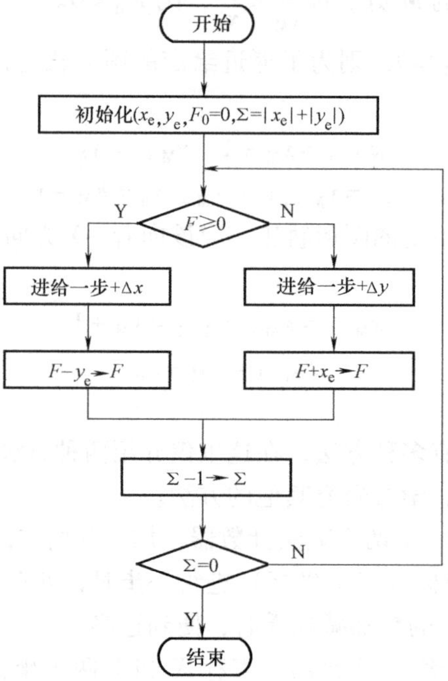

图 4-9　第一象限逐点比较法直线插补的运算流程

开始时刀具在直线起点 O，即在直线 OE 上，故 $F_0=0$。其插补运算过程，见表 4-2。由运算过程可以画出插补运动的轨迹图，如图 4-10 所示。

表 4-2　直线插补的运算过程

序号	偏差进给	进给	偏 差 计 算	终 点 判 别
1	$F_0=0$	$+\Delta x$	$F_1=F_0-y_e=0-3=-3$	$\Sigma_1=\Sigma_0-1=7-1=6$
2	$F_1=-3<0$	$+\Delta y$	$F_2=F_1+x_e=-3+4=1$	$\Sigma_2=\Sigma_1-1=6-1=5$
3	$F_2=1>0$	$+\Delta x$	$F_3=F_2-y_e=1-3=-2$	$\Sigma_3=\Sigma_2-1=5-1=4$
4	$F_3=-2<0$	$+\Delta y$	$F_4=F_3+x_e=-2+4=2$	$\Sigma_4=\Sigma_3-1=4-1=3$
5	$F_4=2>0$	$+\Delta x$	$F_5=F_4-y_e=2-3=-1$	$\Sigma_5=\Sigma_4-1=3-1=2$
6	$F_5=-1<0$	$+\Delta y$	$F_6=F_5+x_e=-1+4=3$	$\Sigma_6=\Sigma_5-1=2-1=1$
7	$F_6=3>0$	$+\Delta x$	$F_7=F_6-y_e=3-3=0$	$\Sigma_7=\Sigma_6-1=1-1=0$,到终点

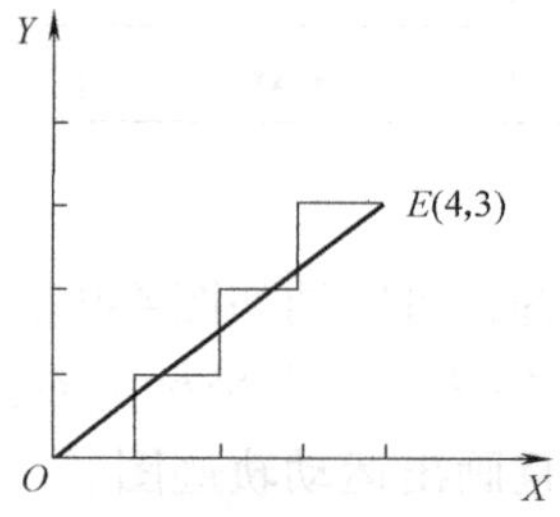

图 4-10　直线插补轨迹图

6. 直线插补的软件实现

实现逐点比较法直线插补可以采用硬件逻辑，也可以利用软件。软件插补灵活可靠，但速度较硬件慢。用软件实现插补，应特别注意程序精炼。根据第一象限直线插补的计算图（图4-10）写出的插补程序，见表4-3。

表4-3　第一象限直线软件插补程序

程　序	说　明	程　序	说　明
LP:MOV　SP,＃60H	定义堆栈指针	LP3:CLR　C	
MOV　4AH,＃00H		MOV　A,50H	
MOV　49H,＃00H	清偏差单元 J_F	SUBB　A,＃01H	
MOV　A,4EH		MOV　50H,A	终点判别值减1
ADDC　A,4CH	x_e和y_e的低位字节相加	MOV　A,4FH	
MOV　50H　A	计算终判值	SUBB　A,＃00H	
MOV　A,4DH		MOV　4FH,A	
ADD　A,4BH	x_e和y_e的高位字节相加	ORL　A,50H	
MOV　4FH,A	以上为初始化	JNZ　LP2	判零,未完继续
ACALL　DL0	DL0为延时子程序，延时1ms	LJMP　0000H	插补结束返回
LP2:MOV　A,49H	取J_F的高8位	LP4:ACALL　YMP	$F_M<0$,走一步$+\Delta y$;YMP为Y向进给子程序
JB　ACC.7,LP4	$F<0$,转Y进给处理程序	MOV　A,4AH	
ACALL　XMP	$F\geqslant 0$,走一步$+\Delta x$;XMP为X向进给子程序	ADD　A,4EH	
CLR　C		MOV　4AH,A	计算$F+x_e\to F$
MOV　A,4AH		MOV　A,49H	
SUBB　A,4CH	计算$F-y_e\to F$	ADDC　A,4DH	
MOV　4AH,A		MOV　49H,A	
MOV　A,49H		SJMP　LP3	
SUBB　A,4BH			
MOV　49H,A			

插补用到的各寄存器在内部RAM中的分配，如图4-11所示。其中终判值为绝对值，坐标（x_e，y_e）和F为二进制补码，低位在上，高位在下，高位的D_7位为符号位。

三、逐点比较法圆弧插补

1. 偏差计算公式

假设要加工如图4-12所示的第一象限的逆圆弧$\overset{\frown}{AB}$，圆弧的圆心在坐标系原点，已知圆弧的起点为$A(x_0,y_0)$，终点为$B(x_e,y_e)$，圆弧的半径为R。瞬时加工点为$M(x_M,y_M)$，它与圆心的距离为R_M。试比较R_M和R所反映的加工偏差。

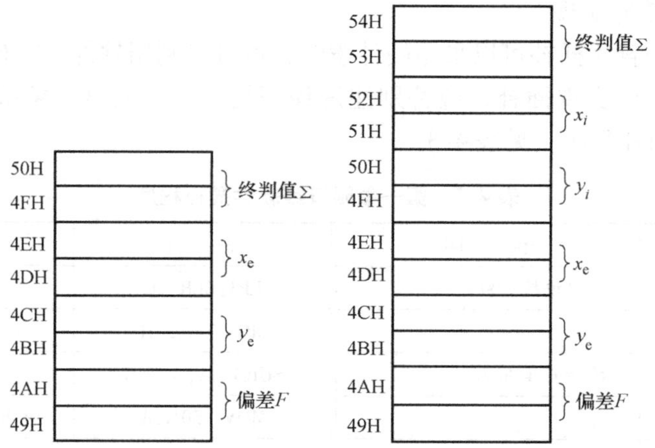

图 4-11　地址分配

由图 4-12 可知

$$R_M^2 = x_M^2 + y_M^2,\ R^2 = x_0^2 + y_0^2$$

因此，可得圆弧偏差的判别式

$$F_M = R_M^2 - R^2 = x_M^2 + y_M^2 - R^2$$

若 $F_M = 0$，表明加工点 M 在圆弧上；

若 $F_M > 0$，表明加工点 M 在圆弧外；

若 $F_M < 0$，表明加工点 M 在圆弧内。

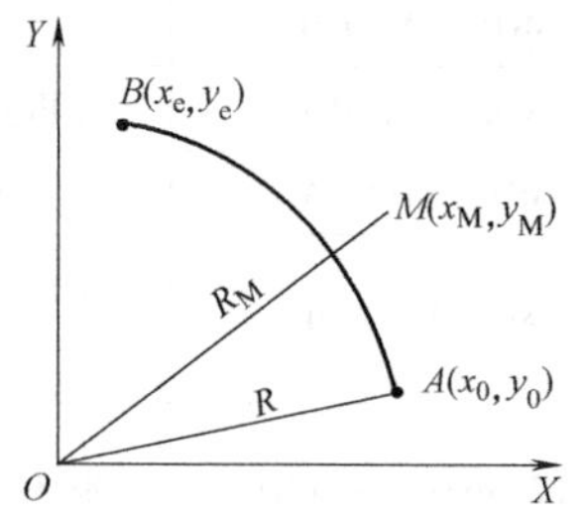

图 4-12　逐点比较法圆弧插补

设加工点正处于 $M(x_M, y_M)$ 点，若 $F_M \geqslant 0$，对于第一象限的逆圆弧，为了逼近圆弧，应该沿着 $-X$ 方向进给一步，到（$M+1$）点，其坐标值为 $x_{M+1} = x_M - 1$，$y_{M+1} = y_M$。新加工点的偏差为

$$F_{M+1} = x_{M+1}^2 + y_{M+1}^2 - R^2 = F_M - 2x_M + 1$$

若 $F_M < 0$，为了逼近圆弧，应该沿着 $+Y$ 方向进给一步到（$M+1$）点，其坐标值为 $x_{M+1} = x_M$，$y_{M+1} = y_M + 1$。新加工点的偏差为

$$F_{M+1} = x_{M+1}^2 + y_{M+1}^2 - R^2 = F_M + 2y_M + 1$$

因为加工是从圆弧的起点开始的，起点的偏差 $F_0 = 0$，所以新加工点的偏差总是可以根据前一点的数据计算出来。

2. 终点判别法

圆弧插补的终点判断方法和直线插补的终点判断方法相同。可以将起点到达终点 X、Y 轴所走步数的总和 Σ 存入一个计数器，每走一步，从 Σ 中减去 1，当 $\Sigma = 0$ 时便发出终点到达信号。也可以选择一个坐标的走步数作为终点判断，注意这时只能选择终点坐标中坐标值小的那一个坐标。

3. 插补计算过程

圆弧插补计算过程和直线插补计算过程相同，但是偏差计算的公式不同。

4. 四个象限的圆弧插补计算

圆弧所在的象限不同，顺、逆圆弧不同，则插补计算公式和进给方向也不同。归纳起来共有八种情况，这八种情况的进给脉冲方向和偏差计算公式，见表 4-4。

表 4-4　四个象限的圆弧插补计算

<table>
<tr><th></th><th>线型</th><th>$F_M \geqslant 0$ 时，进给方向</th><th>$F_M < 0$ 时，进给方向</th><th>偏差计算公式</th></tr>
<tr><td rowspan="4">顺圆(SR)
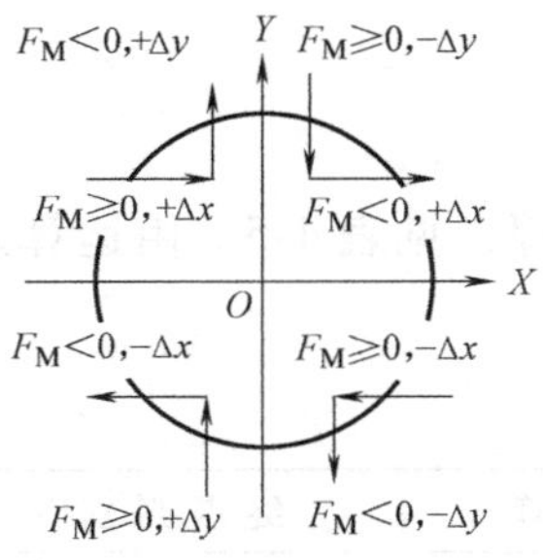
</td><td>SR1</td><td>$-\Delta y$</td><td>$+\Delta x$</td><td rowspan="4">$F_M \geqslant 0$ 时：
$F_{M+1}=F_M-2y_M+1$
$y_{M+1}=y_M-1$
$F_M<0$ 时：
$F_{M+1}=F_M+2x_M+1$
$x_{M+1}=x_M+1$</td></tr>
<tr><td>SR3</td><td>$+\Delta y$</td><td>$-\Delta x$</td></tr>
<tr><td>NR2</td><td>$-\Delta y$</td><td>$-\Delta x$</td></tr>
<tr><td>NR4</td><td>$+\Delta y$</td><td>$+\Delta x$</td></tr>
<tr><td rowspan="4">逆圆(NR)
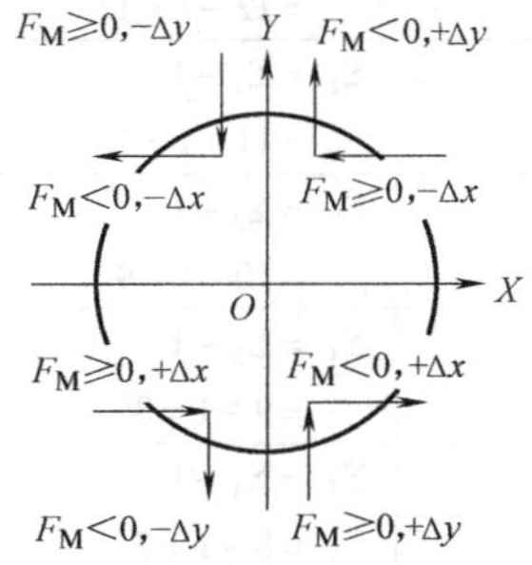
</td><td>SR2</td><td>$+\Delta x$</td><td>$+\Delta y$</td><td rowspan="4">$F_M \geqslant 0$ 时：
$F_{M+1}=F_M-2x_M+1$
$x_{M+1}=x_M-1$
$F_M<0$ 时：
$F_{M+1}=F_M+2y_M+1$
$y_{M+1}=y_M+1$</td></tr>
<tr><td>SR4</td><td>$-\Delta x$</td><td>$-\Delta y$</td></tr>
<tr><td>NR1</td><td>$-\Delta x$</td><td>$+\Delta y$</td></tr>
<tr><td>NR3</td><td>$+\Delta x$</td><td>$-\Delta y$</td></tr>
</table>

注：表中 x_M、y_M、x_{M+1}、y_{M+1} 都是动点坐标的绝对值。

5. 圆弧插补运算流程

逐点比较法圆弧插补每进给一步，也需要经过四个工作节拍，如图 4-13 所示。

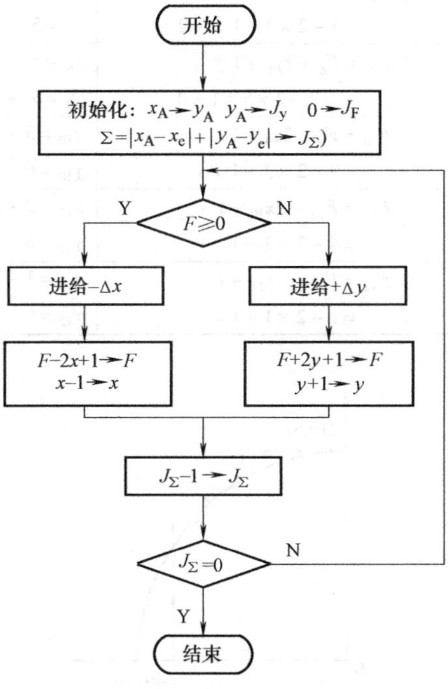

图 4-13　第一象限逆圆逐点比较法圆弧插补的运算流程

例 4-6　设欲加工第一象限逆时针走向的圆弧$\widehat{AE}$，起点 $A(6,\ 0)$，终点 $E(0,\ 6)$，写出逐点比较法的插补运算过程，并且画出运动轨迹图。

解： 终点判别值为总步长

$$\Sigma_0 = |6-0| + |0-6| = 12$$

开始时刀具在起点 A，即在圆弧上，故 $F_0 = 0$。其插补运算过程，见表 4-5。由运算过程可以画出插补运动的轨迹图，如图 4-14 所示。

表 4-5　圆弧插补的运算过程

序号	偏差判别	进给	偏差计算	坐标计算	终点判别
1	$F_0=0$	$-\Delta x$	$F_1=F_0-2x_0+1$ $=0-2\times6+1=-11$	$x_1=6-1=5$ $y_1=0$	$\Sigma_1=\Sigma_0-1$ $=12-1=11$
2	$F_1=-11<0$	$+\Delta y$	$F_2=F_1+2y_1+1$ $=-11+2\times0+1=-10$	$x_2=5$ $y_2=0+1=1$	$\Sigma_2=\Sigma_1-1$ $=11-1=10$
3	$F_2=-10<0$	$+\Delta y$	$F_3=F_2+2y_2+1$ $=-10+2\times1+1=-7$	$x_3=5$ $y_3=1+1=2$	$\Sigma_3=\Sigma_2-1$ $=10-1=9$
4	$F_3=-7<0$	$+\Delta y$	$F_4=F_3+2y_3+1$ $=-7+2\times2+1=-2$	$x_4=5$ $y_4=2+1=3$	$\Sigma_4=\Sigma_3-1$ $=9-1=8$
5	$F_4=-2<0$	$+\Delta y$	$F_5=F_4+2y_4+1$ $=-2+2\times3+1=5$	$x_5=5$ $y_5=3+1=4$	$\Sigma_5=\Sigma_4-1$ $=8-1=7$
6	$F_5=5>0$	$-\Delta x$	$F_6=F_5-2x_5+1$ $=5-2\times5+1=-4$	$x_6=5-1=4$ $y_6=4$	$\Sigma_6=\Sigma_5-1$ $=7-1=6$
7	$F_6=-4<0$	$+\Delta y$	$F_7=F_6+2y_6+1$ $=-4+2\times4+1=5$	$x_7=4$ $y_7=4+1=5$	$\Sigma_7=\Sigma_6-1$ $=6-1=5$
8	$F_7=5>0$	$-\Delta x$	$F_8=F_7-2x_7+1$ $=5-2\times4+1=-2$	$x_8=4-1=3$ $y_8=5$	$\Sigma_8=\Sigma_7-1$ $=5-1=4$
9	$F_8=-2<0$	$+\Delta y$	$F_9=F_8+2y_8+1$ $=-2+2\times5+1=9$	$x_9=3$ $y_9=5+1=6$	$\Sigma_9=\Sigma_8-1$ $=4-1=3$
10	$F_9=9>0$	$-\Delta x$	$F_{10}=F_9-2x_9+1$ $=9-2\times3+1=4$	$x_{10}=3-1=2$ $y_{10}=6$	$\Sigma_{10}=\Sigma_9-1$ $=3-1=2$
11	$F_{10}=4>0$	$-\Delta x$	$F_{11}=F_{10}-2x_{10}+1$ $=4-2\times2+1=1$	$x_{11}=2-1=1$ $y_{11}=6$	$\Sigma_{11}=\Sigma_{10}-1$ $=2-1=1$
12	$F_{11}=1>0$	$-\Delta x$	$F_{12}=F_{11}-2x_{11}+1$ $=1-2\times1+1=0$	$x_{12}=1-1=0$ $y_{12}=6$	$\Sigma_{12}=\Sigma_{11}-1$ $=1-1=0$，到终点

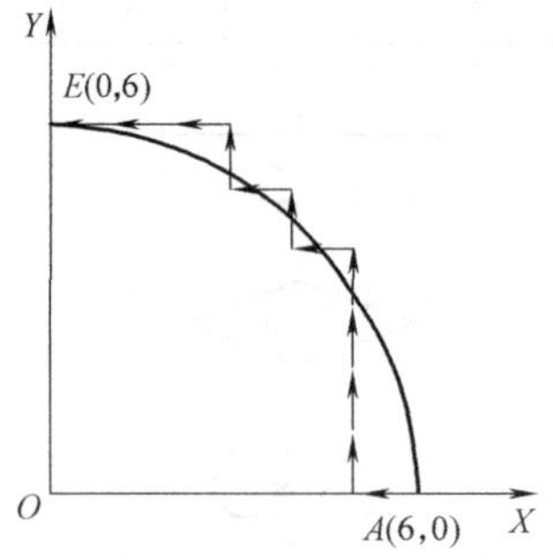

图 4-14　圆弧插补轨迹图

6. 圆弧插补的软件实现

用与直线插补相似的原理，也可设计出圆弧插补软件。动点坐标修正和偏差公式中的乘 2 及加 1 运算，用软件实现时仅用几条指令即可完成。图 4-14 的圆弧软件插补程序，见表 4-6。

表 4-6　第一象限圆弧软件插补程序

程　序	说　明	程　序	说　明
RP:MOV　SP,＃60H	定义堆栈指针	XCH　A,B	
MOV　4AH,＃00H		ADDC　A,＃00H	
MOV　49H,＃00H	清偏差单元 J_F	MOV　49H,A	完成 $F-2x_i+1\to F$
CLR　C	以下计算终点判别值	CLR　C	
MOV　A,52H		MOV　A,52H	
SUBB　A,4EH		SUBB　A,＃01H	
MOV　54H,A		MOV　52H,A	
MOV　A,51H		MOV　A,51H	
SUBB　A,4DH		SUBB　A,＃00H	
MOV　53H,A		MOV　51H,A	$x_i-1\to x_i$
CLR　C		RP4:CLR　C	
MOV　A,4CH		MOV　A,54H	
SUBB　A,50H		SUBB　A,＃01H	
MOV　20H,C	暂存借位位	MOV　54H,A	
ADD　A,54H		MOV　A,53H	
MOV　21H,C	暂存进位位	SUBB　A,＃00H	
MOV　A,4BH		MOV　53H,A	终值减 1
MOV　C,20H		ORL　A,54H	
SUBB　A,4FH		JNZ　RP2	判零,未完继续
MOV　C,21H		LJMP　0000	插补结束返回
ADD　A,53H		RP6:ACALL　YMP	Y 方向进给一步 $+\Delta y$;YMP 为 Y 向进给子程序
MOV　53H,A	终点判定值为起点至终点的总数 $\sum=\lvert x_e-x_i\rvert+\lvert y_e-y_i\rvert$	MOV　R6,＃02H	置循环次数为 2
RP2:ACALL　DL0	DL0	RP7:MOV　A,4AH	
MOV　A,49H		ADD　A,50H	
JB　ACC7,RP6	$F<0$,转 Y 向进给处理程序	MOV　4AH,A	
ACALL　XMP	X 方向进给一步 $-\Delta x$;XMP 为 X 向进给子程序	MOV　A,49H	
CLR　C		ADDC　A,4FH	
MOV　A,4AH		MOV　49H,A	
SUBB　A,52H		DJNZ　R6,RP7	$F+2y_i$
XCH　A,B		MOV　A,4AH	
MOV　A,49H		ADD　A,＃01H	
SUBB　A,51H	$F-x$	MOV　4AH,A	
XCH　A,B	低位在 A,高位在 B	MOV　A,49H	
CLR　C		ADDC　A,＃00H	
SUBB　A,52H		MOV　49H,A	完成 $F+2y_i+1\to F$
XCH　A,B		MOV　A,50H	
SUBB　A,51H		ADD　A,＃01H	
XCH　A,B	$F-2x$	MOV　50H,A	
ADD　A,＃01H		MOV　A,4FH	
MOV　4AH,A		ADDC　A,＃00H	
		MOV　4FH,A	$y_i+1\to y_i$
		AJMP　RP4	

第三节　刀具半径补偿原理

一、刀具半径补偿的概念

数控机床在加工过程中，它所控制的是刀具中心的轨迹。用户总是按照零件轮廓编制加工程序的，为了加工所需的零件轮廓，在进行内轮廓加工时，刀具中心必须向零件的内侧偏移一个偏置量 r（粗加工时，其偏置量是刀具半径与加工余量之和）；在进行外轮廓加工时，刀具中心必须向零件的外侧偏移一个偏置量，如图 4-15 所示。这种按照零件轮廓编制的程序和预先设定的偏置参数，数控装置能够实时自动生成刀具中心轨迹的功能，称为刀具半径补偿功能。在零件加工过程中，采用刀具半径补偿功能可以大大简化编程的工作量。

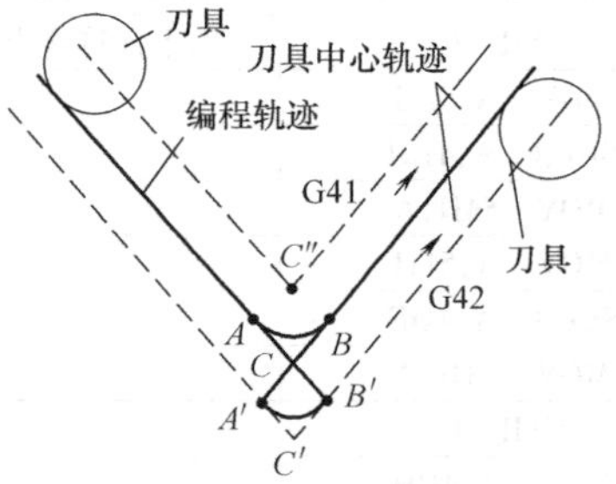

图 4-15　刀具半径补偿示意图

应用刀具补偿功能，CNC 系统可对刀具半径进行自动校正，使编程人员可以直接根据零件图样进行编程，而不必考虑刀具的尺寸因素。它的优点体现在以下两个方面：第一，当刀具的磨损或因换刀而引起的刀具半径变化时，不必重新编程，只需修改相应的偏置参数即可；第二，当轮廓加工需要多个工序完成时，在粗加工时要为精加工工序预留加工余量，加工余量的预留可以通过修改偏置参数实现，而不必为粗、精加工各编制一个程序，即粗、精加工程序一样，只需要输入新的刀具参数即可。

在图 4-15 中，实线为所需加工的零件轮廓，虚线为刀具中心轨迹。根据 ISO 标准，当刀具中心轨迹在编程轨迹（零件轮廓）前进方向的右边时，称为右刀具补偿，用 G42 指令实现；反之称为左刀具补偿，用 G41 指令实现。

二、刀具半径补偿的工作过程和常用方法

1. 刀具半径补偿的工作过程

刀具半径补偿执行的过程一般可分为三步，如图 4-16 所示。

（1）刀具半径补偿的建立　刀具从起刀点接近工件，并在原来编程轨迹的基础上，刀具中心向左（G41）或向右（G42）偏移一个偏置量（见图 4-16 中的粗虚线）。在这个过程中不能进行零件的加工。

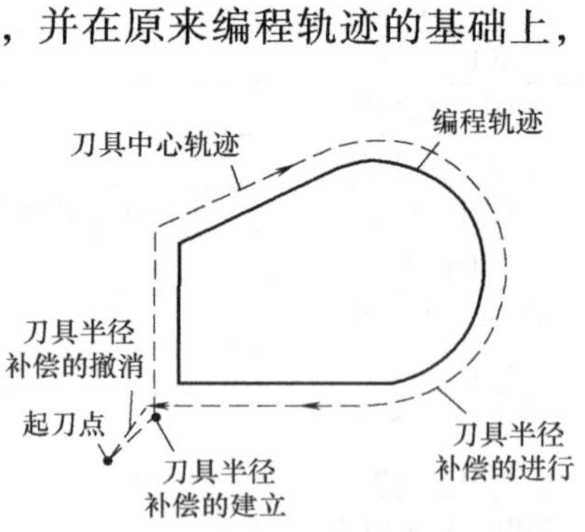

图 4-16　刀具半径补偿的工作过程

（2）刀具半径补偿的进行　刀具中心轨迹（见图 4-16 中的虚线）与编程轨迹（见图 4-16 中的实线）始终偏离一个刀具偏置量的距离。

（3）刀具半径补偿的撤消　刀具撤离工件，使刀具中心轨迹终点与编程轨迹的终点（如起刀点）重合（见图 4-16 中的粗虚线），它是刀具半径补偿建立的

逆过程。同样，在这个过程中不能进行零件的加工。

2. 刀具半径补偿的常用方法

（1）B 功能刀具半径补偿　该方法的特点是刀具中心轨迹的段间连接都是以圆弧方式进行的。其计算方法简单，实现容易（见图 4-15）。由于段间过渡采用圆弧，这就产生了一些无法避免的缺点。首先，当加工外轮廓尖角时，由于刀具中心通过连接圆弧轮廓尖角处始终处于切削状态，要求的尖角往往会被加工成小圆角。其次，在内轮廓加工时，要由程序员人为地编进一个辅助加工的过渡圆弧（见图 4-15 中的圆弧$\widehat{AB}$）；并且还要求这个过渡圆弧的半径必须大于刀具的半径，这就给编程工作带来了麻烦，一旦疏忽，使过渡圆弧的半径小于刀具半径时，就会因刀具干涉而产生过切削现象，使加工的零件报废。这些缺点限制了这个方法在一些复杂的、要求较高的数控系统（例如仿型数控系统）中的应用。

（2）C 功能刀具半径补偿　该方法的特点是相邻两段轮廓的刀具中心轨迹之间用直线进行连接，由数控系统根据工件轮廓的编程轨迹和刀具偏置量直接计算出刀具中心轨迹的转接交点 C' 点和 C'' 点（见图 4-15）。然后再对刀具中心轨迹作伸长或缩短的修正，这就是 C 功能刀具半径补偿。它的主要特点是采用直线作为轮廓之间的过渡，因此这个刀具半径补偿方法的尖角工艺性较 B 功能刀具半径补偿的方法要好；其次在内轮廓加工时，它可实现过切（干涉）自动预报，从而避免过切的产生。

两种刀具半径补偿的处理方法有很大的区别。B 功能刀具半径补偿方法在确定刀具中心轨迹时，采用的是读一段，算一段，再走一段的处理方法，这样就无法预计到由于刀具半径所造成的下一段加工轨迹，对本段加工轨迹的影响。于是，对于给定的加工轮廓轨迹来说，当加工内轮廓时，为了避免刀具干涉，合理地选择刀具的半径以及在相邻加工轨迹转接处选用恰当的过渡圆弧等问题，就不得不靠程序员来处理。在解决下一段加工轨迹对本段加工轨迹是否有影响时，C 功能刀具半径补偿采用的方法是，一次对两段进行处理，即先预处理本段，再根据下一段的方向来确定其刀具中心轨迹的段间过渡状态，从而完成本段的刀具半径补偿运算处理，然后从程序段缓冲器再读一段，用于计算第二段的刀具半径补偿轨迹。以后按照这种方法进行下去，直到程序结束为止。

三、程序段间转接情况分析

在普通的 CNC 系统中，实际所能控制的轮廓只有直线段和圆弧。随着前后两段编程轨迹的连接方式不同，相应有直线与直线转接、直线与圆弧转接、圆弧与圆弧转接等转接方式。

根据两段程序轨迹的矢量夹角 α（两编程轨迹在交点处非加工侧的夹角）和刀具补偿方向的不同，可以有缩短型、伸长型、插入型转接等过渡方式。

1. 直线与直线转接

如图 4-17 所示，是直线与直线转接进行左刀具半径补偿（G41）的情况。图 4-17a 和图 4-17b 为缩短型转接，图 4-17c 为伸长型转接，图 4-17d 和图 4-17e 为插入型转接。图中的编程轨迹为 $OA \to AF$。

如图 4-18 所示，是直线与直线转接进行右刀具半径补偿（G42）的情况。图 4-18a 为伸长型转接，图 4-18b 和图 4-18c 为缩短型转接，图 4-18d 和图 4-18e 为插入型转接。

在同一坐标平面内直线转接直线时，当第一段编程矢量逆时针方向旋转到第二段编程矢

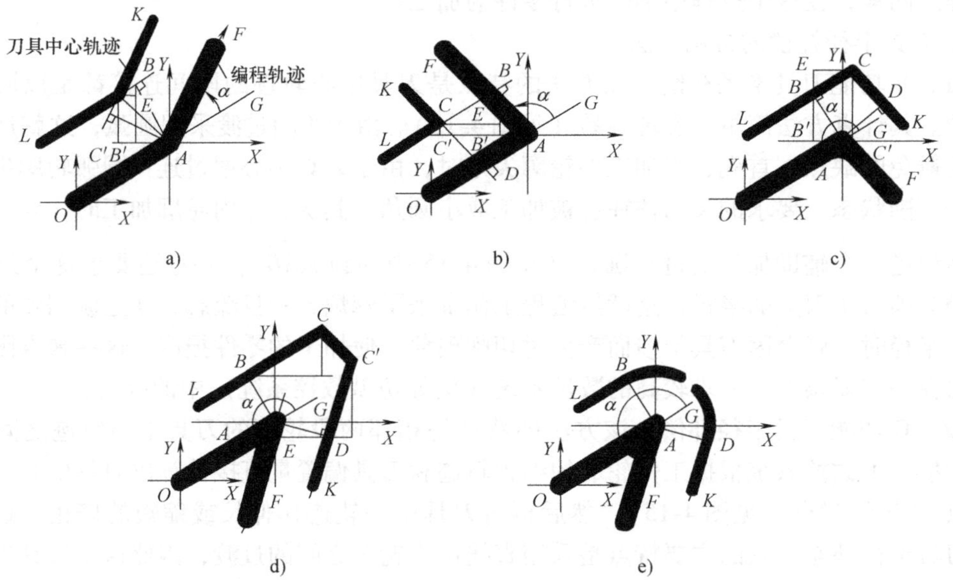

图 4-17　G41 直线与直线转接情况

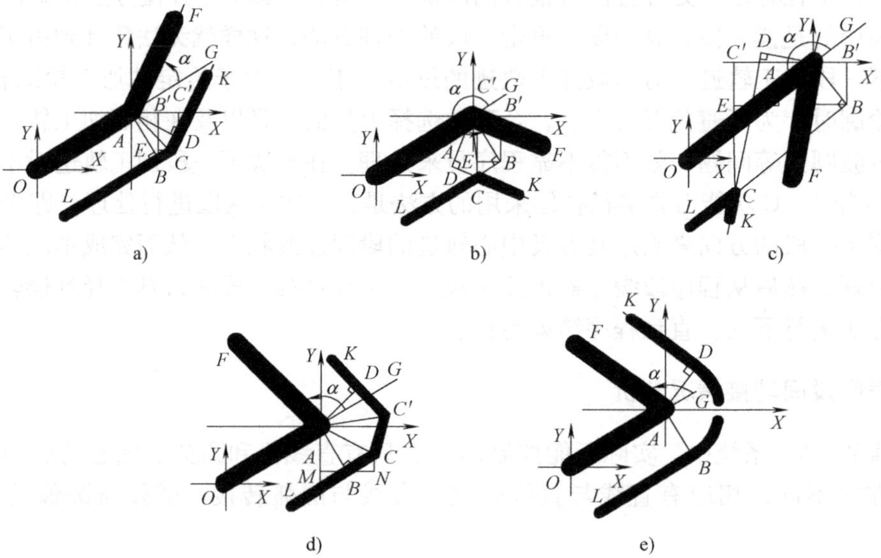

图 4-18　G42 直线与直线转接情况

量的夹角 α 在 0 ~ 360°范围内变化时，相应刀具中心轨迹的转接将顺序地按上述三种类型的方式进行。

2. 圆弧和圆弧转接

同直线接直线时一样，圆弧接圆弧时转接类型的区分也可通过两圆的起点和终点半径矢量的夹角 α 的大小来判断。但是，为了分析方便，往往将圆弧等效于直线处理。

在图 4-19 中，当编程轨迹为圆弧 $\widehat{PA}$ 接圆弧 $\widehat{AQ}$ 时，$\overline{O_1A}$、$\overline{O_2A}$ 分别为起点和终点半径矢量，若为 G41（左）刀具半径补偿，α 角将为 $\angle GAF$，即

$$\alpha = \angle XO_2A - \angle XO_1A = \angle XO_2A - 90^\circ - (\angle XO_1A - 90^\circ) = \angle GAF$$

比较图 4-17 和图 4-18，其转接形式的分类和判别是完全相同的，即当左刀具半径补偿顺圆接顺圆 G41G02/G41G02 时，其转接类型的判别等效于左刀具半径补偿直线接直线 G41G01/G41G01。

3. 直线和圆弧的转接

图 4-19 还可以看做是直线与圆弧的转接，即 G41G01/G41G02（直线 OA 接圆弧$\overset{\frown}{AQ}$）和 G41G02/G41G01（圆弧$\overset{\frown}{PA}$接直线 AF）。因此，其转接类型的判别也等效于直线接直线 G41G01/G41G01。

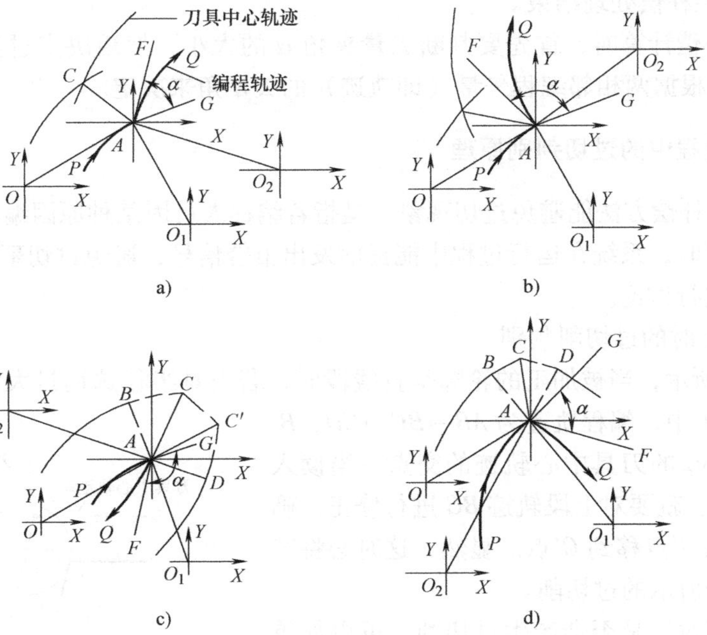

图 4-19　G41 圆弧接圆弧的转接情况

按以上分析可知，以刀具补偿方向、等效规律及 α 角的变化三个条件，各种轨迹间的转接形式分类是不难区分的。

四、刀具半径补偿实例

如图 4-20 所示，是刀具半径补偿工作过程的一个实例。数控系统完成从 O 点到 E 点的编程轨迹的加工步骤如下。

① 读入 OA，判断出是刀具半径补偿的建立，继续读下一段。

② 读入 AB，因为矢量夹角 $\angle OAB < 90^\circ$，且又是右刀具半径补偿（G42），由图 4-18e 可知，这个段间转接的过渡形式是插入型。则计算出 a、b、c 点的坐标值，

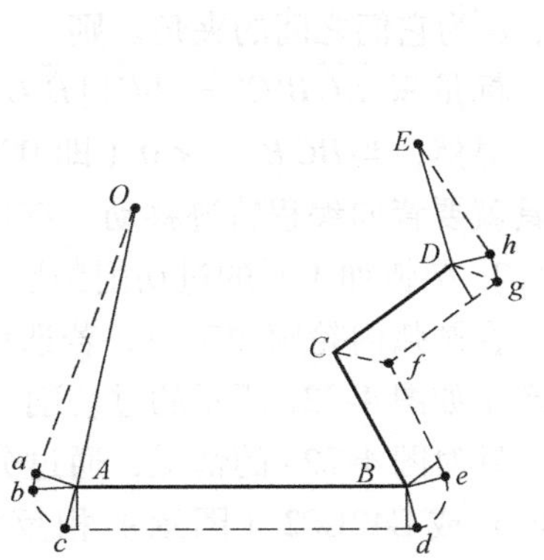

图 4-20　刀具半径补偿的实例

并输出直线段 Oa、ab、bc，供插补程序运行。

③ 读入 BC，因为矢量夹角 $\angle ABC < 90°$，同理，由图 4-18e 可知，该段间转接的过渡形式也是插入型。则计算出 d、e 点的坐标值，并输出直线段 cd、de。

④ 读入 CD，因为矢量夹角 $\angle BCD > 180°$，由图 4-18c 可知，该段间转接的过渡形式是缩短型。则计算出 f 点的坐标值，由于是内侧加工，必须进行过切判别（过切判别的原理和方法后述），若过切则报警，并停止输出，否则输出直线段 ef。

⑤ 读入 DE（假定设置有撤消刀具半径补偿的 G40 命令），因为矢量夹角 $\angle CDE$ 满足了 $90° < \angle CDE < 180°$，尽管是刀具半径补偿撤消段，由图 4-18a 可知，该段间转接的过渡形式是伸长型。则计算出 g、h 点的坐标值，然后输出直线段 fg、gh、hE。

⑥ 刀具半径补偿处理结束。

刀具半径补偿计算时，首先要判断矢量夹角 α 的大小，然后决定过渡方式和计算交点坐标。α 角可以根据两相邻编程矢量（即轨迹）的矢量角来决定。

五、加工过程中的过切判别原理

C 刀具半径补偿方法能避免过切现象，是指若编程人员因某种原因编制出了肯定要产生过切的加工程序时，系统在运行过程中能提前发出报警信号，避免过切事故的发生。下面就过切判别原理进行讨论。

1. 直线加工时的过切削判别

如图 4-21 所示，当被加工的轮廓是直线段时，若刀具半径选用过大，就将产生过切削现象。在图 4-21 中，编程轨迹为 $AB \to BC \to CD$，B' 为对应于 AB、BC 的刀具中心轨迹的交点。当读入编程轨迹 CD 时，就要对上段轨迹 BC 进行修正，确定刀具中心应从 B'点移到 C'点。显然，这时必将产生如图阴影部分所示的过切削。

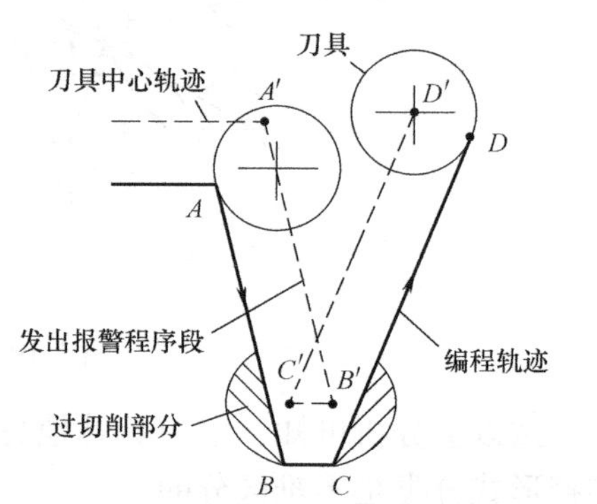

图 4-21　直线加工时的过切削

在直线加工时，是否会产生过切削，可以简单地通过编程矢量与其相对应的刀具中心矢量的标量积的正、负来进行判别。具体做法为：在图 4-21 中，$\overline{BC}$为编程矢量，$\overline{B'C'}$为$\overline{BC}$相对应的刀具中心矢量，α 为它们之间的夹角。则

标量积 $\overline{BC}\,\overline{B'C'} = |\overline{BC}|\,|\overline{B'C'}|\cos\alpha$

显然，当$\overline{BC}\,\overline{B'C'} < 0$（即 $90° < \alpha < 270°$）时，刀具就要背向编程轨迹移动，造成过切削。图 4-21 中，$\alpha = 180°$，所以必定产生过切削。

2. 圆弧加工时的过切削判别

在圆弧内轮廓加工时，若选用的刀具半径过大，超过了所需要加工的圆弧半径，那么就会产生如图 4-22a 所示的过切削。

针对图 4-22a 的情况，通过分析可知，只有当圆弧加工的命令为 G41G03（图示的加工方向）或 G42G02（图示的相反方向）时，才会产生过切削现象；若命令为 G41G02 或 G42G03，即进行外轮廓切削时，就不会产生过切削的现象。分析这两种情况，可得到刀具半径大于所需要加工的圆弧半径时的过切削判别流程，如图 4-22b 所示。

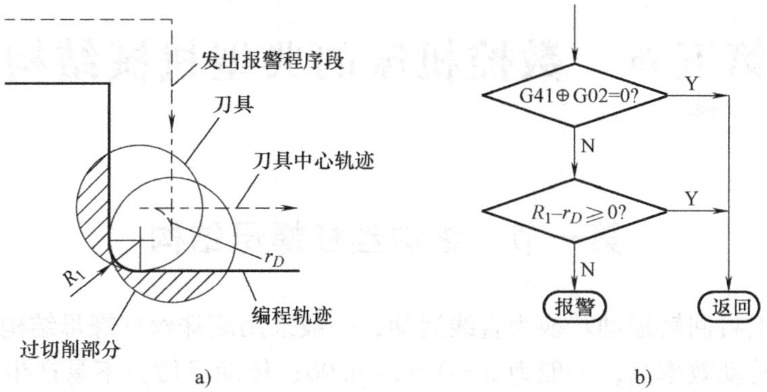

图 4-22　圆弧加工时的过切削

在实际加工中，还有各种各样的过切削情况。通过上面的分析可知，过切削现象都发生在过渡形式为缩短型的情况下，因而可以根据这一原则来判断发生过切削的条件，并据此设计过切削判别程序。

思考题与习题

4-1　什么是插补？就加工曲线轮廓说明插补的作用和原理。

4-2　试述脉冲增量插补和数据采样插补的特点。

4-3　数控加工与数控编程理论是什么？

4-4　试述基点和节点的定义，并举例说明。

4-5　导出求两直线交点坐标（X_C、Y_C）的计算公式：L_1：$y=k_1x+b_1$　L_2：$y=k_2x+b_2$。

4-6　求直线 L：$y=x+2$ 与圆 $x^2+y^2=4x+6$ 的交点坐标，并作图。

4-7　若直线 L 的方程为 $y=kx+b$，而圆的方程为 $x^2+y^2=4x+6$，问当参数 k、b 为何值时直线 L 与圆相切？

4-8　设零件轮廓曲线方程为 $y=x^3+2x^2-5x+4$，允许误差 $\delta^*=0.03$，曲线的起点 a 为（1，2），求该曲线的最小曲率半径 R_{min} 及允许步长 h。若采用等程序法按等步长 h 分割该曲线，试求出所得到的各节点（至少计算两个节点）。

4-9　欲加工直线的起点在坐标原点 $O(0,0)$，终点 E 的坐标分别为：①$E(9,4)$、②$E(5,10)$。试用逐点比较法为直线进行插补，并画出插补轨迹。

4-10　欲加工第一象限逆圆 AE，起点 $A(5,0)$，终点 $E(0,5)$。用逐点比较法为圆弧进行插补，并画出插补轨迹。

4-11　什么是刀具半径补偿？其执行过程如何？

4-12　刀具半径补偿常用的方法有哪些？C 刀具半径补偿方法有什么特点？

4-13　程序段间的转接方式有哪几种？各在什么情况下发生？

4-14　什么情况下会产生过切削？应采取什么措施避免过切削？

第五章　数控机床的典型机械结构

第一节　滚珠丝杠螺母结构

在数控机床上将回转运动转换为直线运动，一般采用滚珠丝杠螺母结构。滚珠丝杠螺母结构的特点是：传动效率高，一般为 $\eta = 0.92 \sim 0.96$；传动灵敏，不易产生爬行；使用寿命长，不易磨损；具有可逆性，不仅可以将旋转运动转变为直线运动，也可将直线运动变成旋转运动；施加预紧力后，可消除轴向间隙，反向时无空行程；成本高，价格昂贵；不能自锁，垂直安装时需要有平衡装置。

一、滚珠丝杠螺母副的结构和工作原理

滚珠丝杠螺母的结构有内循环和外循环两种方式。图 5-1 所示为外循环方式的滚珠丝杠螺母结构，由丝杠 1、滚珠 2、回珠管 3 和螺母 4 组成。在丝杠 1 和螺母 4 上各加工有圆弧形螺旋槽，将它们套装起来便形成了螺旋形滚道，在滚道内装满滚珠 2。当丝杠相对于螺母旋转时，丝杠的旋转面经滚珠推动螺母轴向移动，同时滚珠沿螺旋形滚道滚动，使丝杠和螺母之间的滑动摩擦转变为滚珠与丝杠、螺母之间的滚动摩擦。螺母螺旋槽的两端用回珠管 3 连接起来，使滚珠能够从一端重新回到另一端，构成一个闭合的循环回路。

图 5-2 所示为内循环方式的滚珠丝杠螺母结构。在螺母的侧孔中装有圆柱凸轮式反向器，反向器上铣有 S 形回珠槽，将相邻两螺纹滚道连接起来。滚珠从螺纹滚道进入反向器，借助反向器迫使滚珠越过丝杠牙顶进入相邻滚道，实现循环。

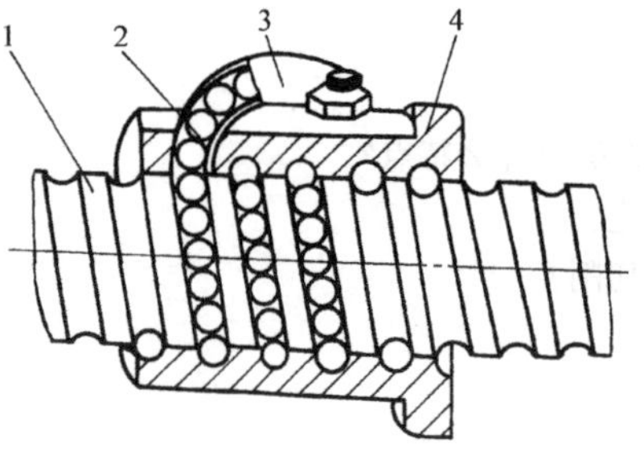

图 5-1　外循环滚珠丝杠副

1—丝杠　2—滚珠　3—回珠管　4—螺母

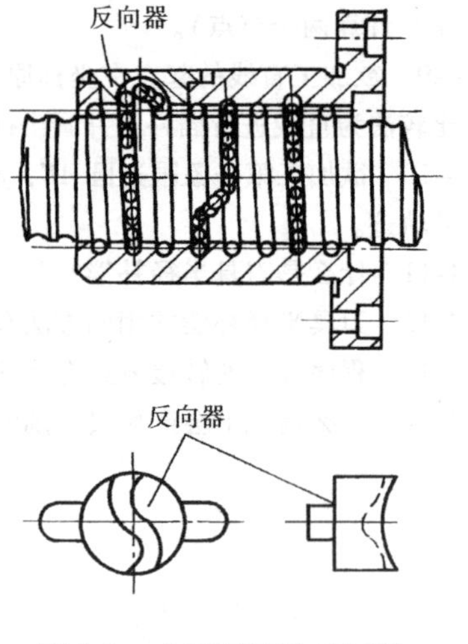

图 5-2　内循环滚珠丝杠副

二、滚珠丝杠螺母副间隙的调整方法

为了保证滚珠丝杠副的反向传动精度和轴向刚度，必须消除轴向间隙。常采用双螺母施加预紧力的办法消除轴向间隙，但必须注意预紧力不能太大，预紧力过大会造成传动效率降低、摩擦力增大，磨损增大，使用寿命降低。常用的双螺母消除间隙的方法有如下几种。

（1）垫片调整间隙法 如图 5-3 所示，调整垫片 4 的厚度，使左右两螺母 1、2 产生轴向位移，从而消除滚珠丝杠螺母副的间隙和产生预紧力。这种方法简单、可靠，但调整费时，适用于一般精度的传动。

（2）齿差调整间隙法 如图 5-4 所示，两个螺母 1、2 的凸缘为圆柱外齿轮，齿数差为 1，两个内齿轮 3、4 用螺钉、定位销紧固在螺母座上。调整时先将内齿轮卸下，根据间隙大小使两个螺母分别向相同方向转过 1 个齿或几个齿，然后再插入内齿轮，使螺母在轴向相互移动了相应的距离，从而消除两个螺母的轴向间隙。这种方法的结构复杂，尺寸较大，适用于高精度的传动。

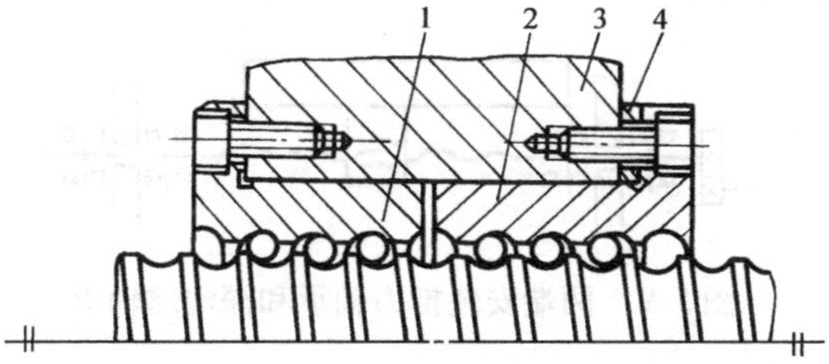

图 5-3 垫片调整间隙法

1、2—螺母 3—螺母座 4—垫片

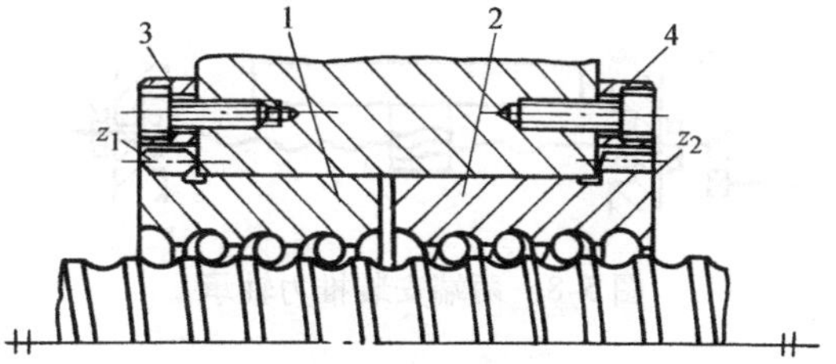

图 5-4 齿差调整间隙法

1、2—螺母 3、4—内齿轮

（3）螺纹调整间隙法 如图 5-5 所示，右螺母 2 外圆上有普通螺纹，并用两螺母 4、5 固定。当调整圆螺母 4 时，即可调整轴向间隙，然后用锁紧螺母 5 锁紧。这种方法结构紧凑，工作可靠，滚道磨损后可随时调整，但预紧力不准确。

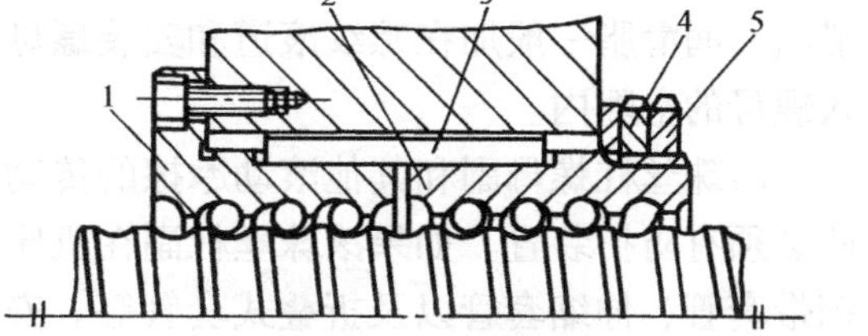

图 5-5 螺纹调整间隙法

1、2—螺母 3—平键 4—圆螺母 5—锁紧螺母

三、滚珠丝杠螺母副的支承

数控机床的进给系统要获得较高的传动刚度，除了加强滚珠丝杠螺母副本身的刚度外，滚珠丝杠螺母副的正确安装及支承结构的刚度也是不可忽视的因素。例如，为减少受力后的变形，螺母座应有加强肋，增大螺母座与机床的接触面积，并且要连接可靠。同时，也可以采用高刚度的推力轴承来提高滚珠丝杠的轴向承载能力。

图 5-6 所示是一端安装推力轴承的方式。这种安装方式只适用于行程小的短丝杠，其承载能力小，轴向刚度低，一般用于数控机床的调整环节或升降台式数控铣床的垂直进给传动结构。

图 5-7 所示为一端安装推力轴承，另一端安装深沟球轴承的方式。这种方式用于丝杠较长的情况，当热变形造成丝杠伸长时，其一端固定，另一端能作微量的轴向移动。为减少丝杠热变形的影响，安装时应使电动机热源和丝杠工作时的常用段远离止推端。

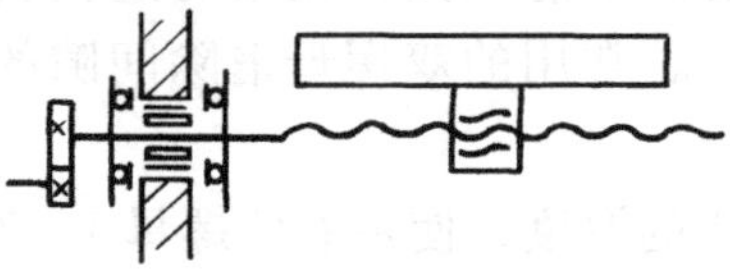

图 5-6 仅一端安装推力轴承

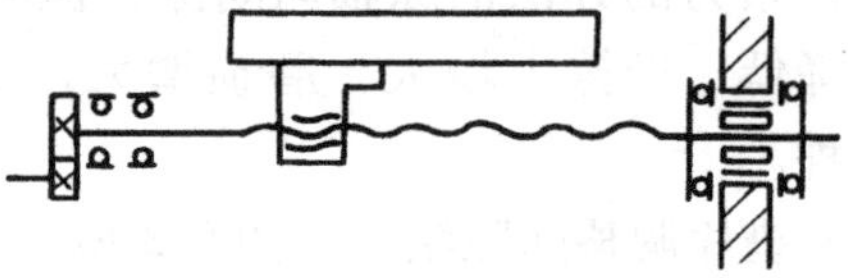

图 5-7 一端安装推力轴承，另一端安装深沟球轴承

图 5-8 所示为两端安装推力轴承的方式。把推力轴承安装在滚珠丝杠的两端，并施加预紧力，可以提高轴向刚度，但这种安装方式对丝杠的热变形较为敏感。

图 5-9 所示为两端安装推力轴承和深沟球轴承的方式。它的两端均采用双重支承并施加预紧力，使丝杠具有较大的刚度。这种方式还可使丝杠的温度变形转化为推力轴承的预紧力，但设计时要求提高推力轴承的承载能力和支架的刚度。

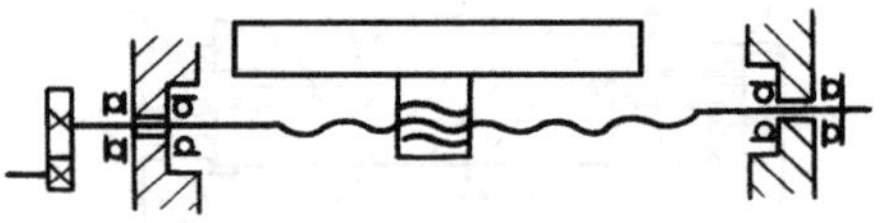

图 5-8 两端安装推力轴承

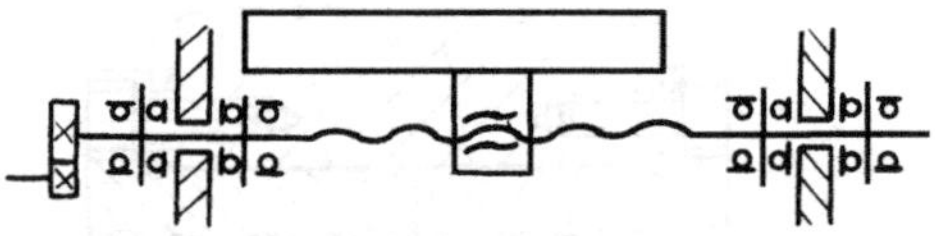

图 5-9 两端安装推力轴承和深沟球轴承

四、滚珠丝杠螺母副的保护

滚珠丝杠螺母副也可用润滑剂来提高耐磨性能及传动效率，润滑剂可分为润滑油和润滑脂两大类。润滑油一般为机械油或 90 ~ 180 号透平油或 140 号主轴油；润滑脂可采用锂基润滑脂。润滑脂一般加在螺纹滚道和安装螺母的壳体空隙内，而润滑油则经过壳体上的油孔注入螺母的空隙内。

滚珠丝杠螺母副和其他滚动摩擦的传动元件一样，应避免灰尘或切屑污物进入滚道，因此必须有防护装置。如果滚珠丝杠副在机床上外露，应采用封闭的防护罩，如采用螺旋弹簧钢带套管、伸缩套管以及折叠式套管等。安装时将防护罩的一端连接在滚珠螺母的端面，另一端固定在滚珠丝杠的支承座上。如果滚珠丝杠副在机床上处于隐蔽的位置，则可采用密封圈防护，密封圈安装在滚珠螺母的两端。接触式的弹性密封圈用耐油橡胶或尼龙制成，其内孔做成与丝杠螺纹滚道相吻合的形状。接触式密封圈的防尘效果好，但因有接触压力，使摩擦力矩略有增加。非接触式的密封圈又称迷宫式密封圈，是用硬质塑料制成，其内孔做成与丝杠螺纹滚道相配合的形状，并稍有间隙，这样可避免摩擦力矩，但防尘效果差。

五、滚珠丝杠螺母副的自动平衡装置

因为滚珠丝杠螺母副无自锁作用，在一般情况下，垂直放置的滚珠丝杠螺母副会因为部件的自重作用而自动下降，所以必须有阻尼或锁紧机构。图 5-10 所示是数控铣床升降台的自动平衡装置结构，由摩擦离合器和单向超越离合器构成。其工作原理为：当锥齿轮 1 转动时，通过锥销带动单向超越离合器的星轮2。升降台上升时，星轮2的转向是使滚子3和超越离合器的外壳4脱开的方向，外壳4不转动，摩擦片不起作用。当升降台下降时，星轮2的转向使滚子3楔在星轮2和超越离合器的外壳4之间，由于摩擦力的作用，外壳4随着锥齿轮1一起转动。经过花键与外壳连在一起的内摩擦片和固定的外摩擦片之间产生相对运动，由于内、外摩擦片之间由弹簧压紧，有一定摩擦阻力，所以起到了阻尼作用，上升与下降的力得以平衡。阻尼力的大小即摩擦离合器的松紧，可由螺母5调整，调整前应先松开螺母5的锁紧螺钉6。

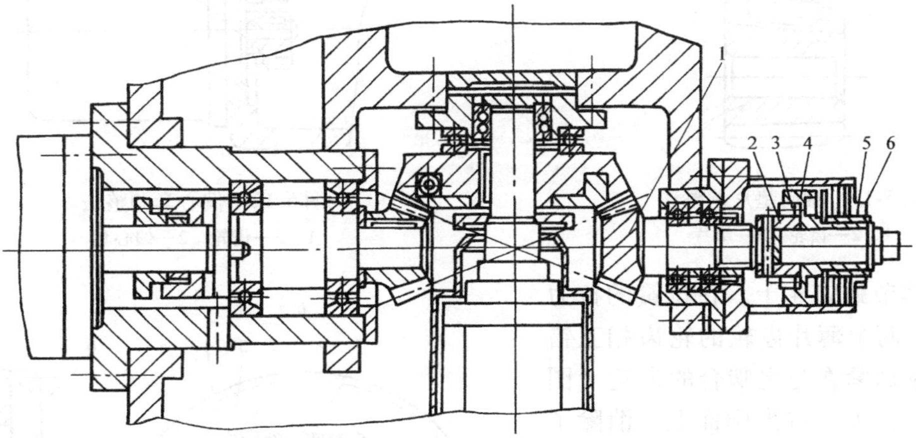

图5-10　滚珠丝杠螺母副的自动平衡装置

1—锥齿轮　2—星轮　3—滚子　4—外壳　5—螺母　6—锁紧螺钉

第二节　齿轮传动间隙消除结构

在数控机床上，齿侧间隙会造成进给运动反向时丢失指令脉冲，并产生反向死区，影响加工精度，因此在齿轮传动中必须消除间隙。

一、直齿圆柱齿轮传动间隙的消除

直齿圆柱齿轮传动间隙的消除方法主要有轴向垫片调整法、偏心套调整法和双片薄齿轮错齿调整法等。

（1）轴向垫片调整法　如图5-11所示，两个齿轮沿齿宽方向制造成稍有锥度，当齿轮1不动时，调整轴向垫片3的厚度，使齿轮2作轴向位移从而减小啮合间隙。这种方法的结构简单，传动刚性好，但调整后的间隙不能自动补偿。

（2）偏心套调整法　如图5-12所示，电动机通过偏心套2安装在壳体上。转动偏心套2就能调整两圆柱齿轮的中心距，从而减小齿轮的侧隙。这种方法同样是结构简单，传动刚性好，调整后的间隙也不能自动补偿。

（3）双片薄齿轮错齿调整法　如图5-13所示，相互啮合的一对齿轮中的一个做成两个薄片齿轮7和8，两薄片齿轮套装在一起，彼此可作相对转动。两个薄片齿轮的端面上，分别装有螺纹凸耳5和螺纹凸耳6，拉簧1的一端钩在螺纹凸耳5上，另一端钩在穿过螺纹凸

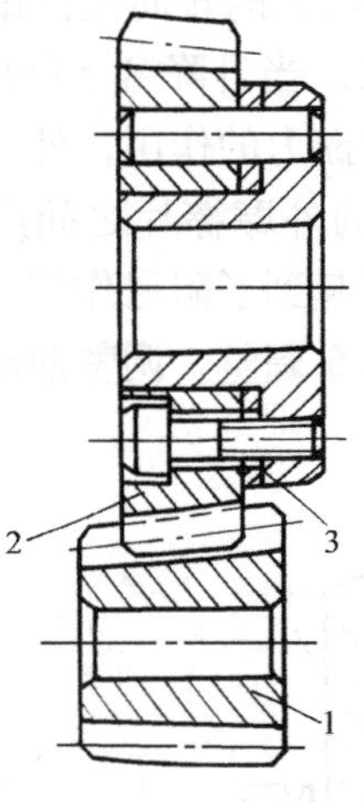

图 5-11 轴向垫片调整法
1、2—齿轮 3—垫片

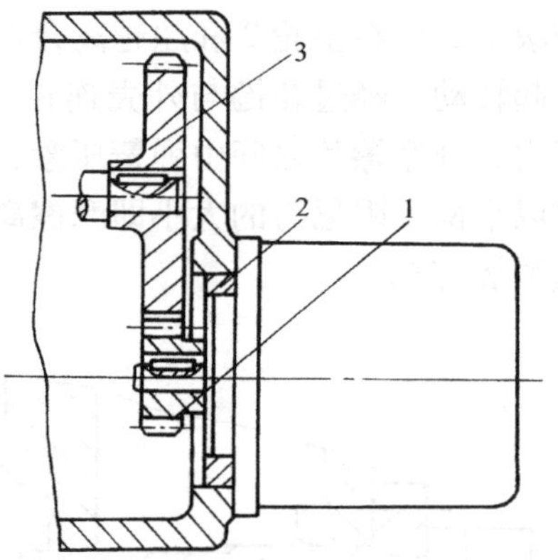

图 5-12 偏心套调整法
1、3—齿轮 2—偏心套

耳 6 的调节螺钉 4 上。在拉簧的拉力作用下，两个薄片齿轮的轮齿相互错位，分别贴紧在与之啮合的齿轮（图中未画出）左、右齿廓面上，消除了它们之间的齿侧间隙。拉簧 1 的拉力大小，可由螺母 2 调整，螺母 3 为锁紧螺母。这种方法能自动补偿间隙，但结构复杂，且传动刚性差，能传递的转矩较小。

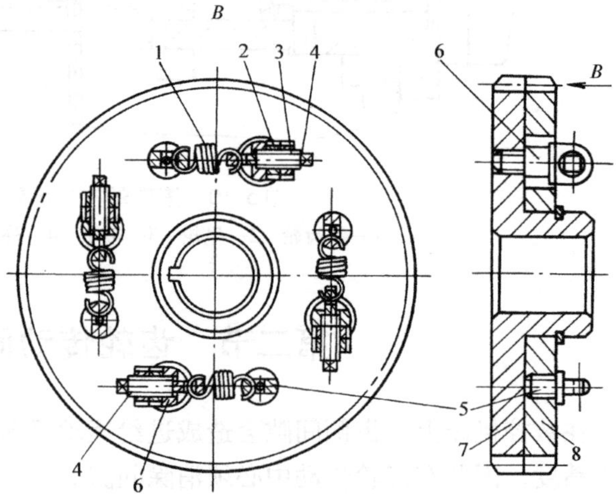

图 5-13 双片薄齿轮错齿调整法
1—拉簧 2—调整螺母 3—锁紧螺母 4—调节螺钉 5、6—螺纹凸耳 7、8—薄片齿轮

二、斜齿圆柱齿轮传动间隙的消除

斜齿圆柱齿轮传动间隙的消除方法主要有垫片调整法、轴向压簧调整法等。

（1）垫片调整法 如图 5-14 所示，在两个薄片斜齿轮 3 和 4 中间，加一个垫片 2，垫片 2 使齿轮 3 和 4 的螺旋线错位，从而消除齿侧间隙。

（2）轴向压簧调整法 如图 5-15 所示，两个薄片斜齿轮 1 和 2 用滑键套在轴 5 上，螺母 4 可调整弹簧 3 对齿轮 2 的轴向压力，使齿轮 1 和 2 的齿侧分别贴紧宽齿轮 6 的齿槽两侧面以消除间隙。

三、锥齿轮传动间隙的消除

锥齿轮传动间隙可以采用轴向压簧法消除。如图 5-16 所示，锥齿轮 1 和 2 相啮合，在装锥齿轮 1 的轴 5 上装有压簧 3，螺母 4 用来调整压簧 3 的弹力，锥齿轮 1 在弹簧力作用下稍有轴向移动，就能消除锥齿轮 1 和 2 的间隙。

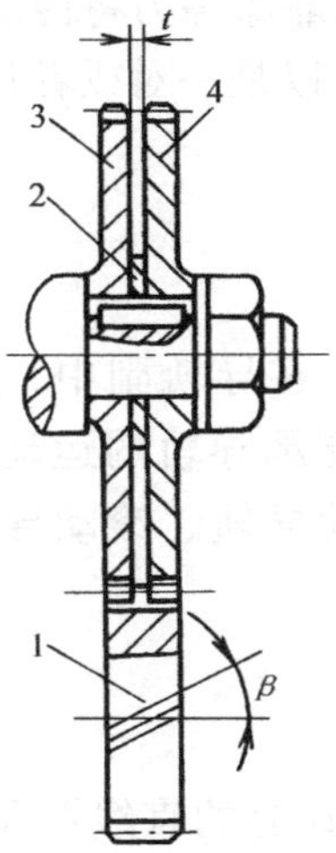

图 5-14　斜齿轮垫片调整间隙法
1—宽齿轮　2—垫片　3、4—薄片斜齿轮

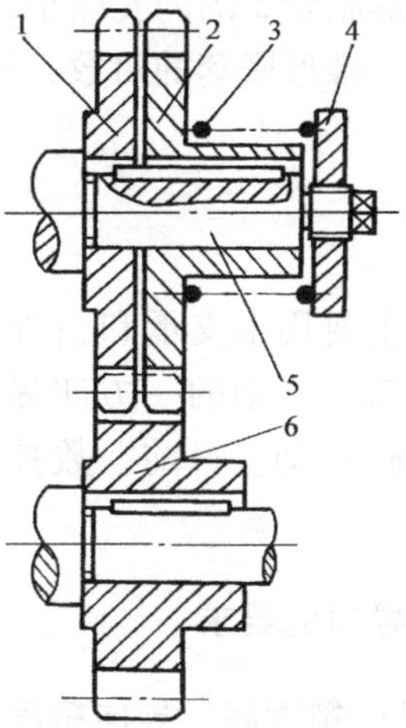

图 5-15　斜齿轮压簧法调整间隙
1、2—薄片斜齿轮　3—弹簧　4—螺母
5—轴　6—宽齿轮

四、键联接间隙的消除

数控机床进给传动装置中，齿轮等传动件与轴键的配合间隙，如同齿侧间隙一样，也会影响零件的加工精度，需要将其消除。

图 5-17 所示为消除键联接间隙的两种方法。图 5-17a 为双键联接结构，用紧定螺钉压紧以消除间隙。图 5-17b 为楔形销联接结构，用螺母拉紧楔形销以消除间隙。

图 5-18 所示为一种可获得无间隙传动的无键联接结构。零件 5 和 6 是一对相互配研接触良好的弹性锥形胀套，拧紧螺钉 2，通过圆环 3 和 4 将它们压紧

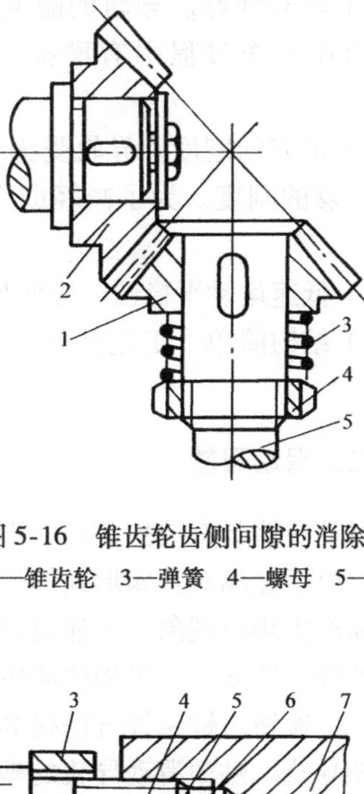

图 5-16　锥齿轮齿侧间隙的消除
1、2—锥齿轮　3—弹簧　4—螺母　5—轴

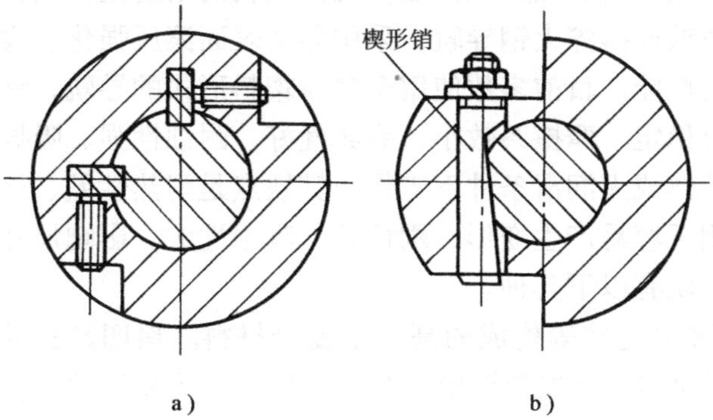

图 5-17　键联接间隙消除方法

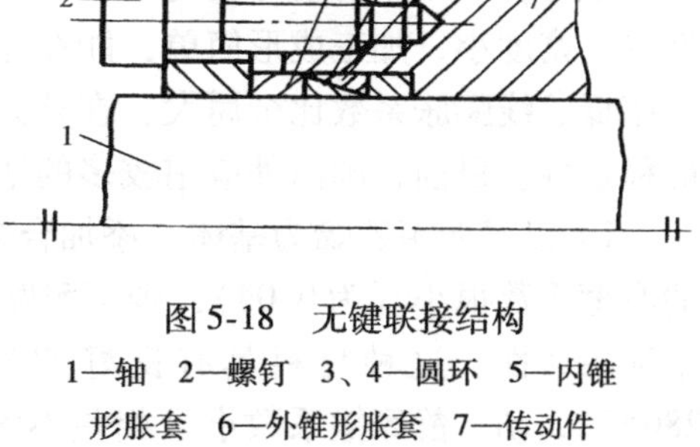

图 5-18　无键联接结构
1—轴　2—螺钉　3、4—圆环　5—内锥形胀套　6—外锥形胀套　7—传动件

时，内锥形胀套5的内孔缩小，外锥形胀套6的外圆胀大，依靠摩擦力将传动件7和轴1连接在一起。锥形胀套的对数，根据所需要传递转矩的大小，可以是一对或者几对。

第三节　机床导轨

导轨主要用来支承和引导运动部件沿一定的轨道运动。在导轨副中，运动的一方叫做运动导轨，不动的一方叫做支承导轨。运动导轨相对于支承导轨的运动，通常是直线运动或回转运动。目前，数控机床上的导轨形式主要有滑动导轨、滚动导轨和液体静压导轨。

一、导轨的要求

1）导向精度高。导向精度是指机床的运动部件沿导轨移动时的直线性和与有关基准面之间的相互位置的准确性。无论在空载或切削状态下导轨都应有足够的导向精度。影响导轨精度的主要原因除制造精度外，还有导轨的结构形式、装配质量、导轨及其支承件的刚度和热变形等。

2）耐磨性好。导轨的耐磨性是指导轨在长期使用过程中能否保持一定的导向精度。因导轨在工作过程中有磨损，故应力求减少磨损量，并在磨损后能自动补偿或便于调整。

3）足够的刚度。导轨受力变形会影响部件之间的导向精度和相对位置，故要求导轨应有足够的刚度。为了减轻或平衡外力的影响，数控机床常采用加大导轨面的尺寸提高刚度。

4）低速运动平稳性。应使导轨的摩擦阻力小，运动轻便，低速运动时无爬行现象。

5）结构简单、工艺性好。所设计的导轨应使制造和维修方便，在使用时便于调整和维护。

二、滑动导轨

滑动导轨具有结构简单、制造方便、刚度好、抗振性高等优点，在数控机床上应用广泛。但对于金属对金属形式的导轨，静摩擦系数大，动摩擦系数随速度变化而变化，在低速时容易产生爬行现象。可通过选用合适的导轨材料、热处理方法，提高导轨的耐磨性，改善摩擦特性。例如，可采用优质铸铁、耐磨铸铁或镶淬火钢导轨，采用导轨表面滚压强化、表面淬硬、镀铬、镀钼等方法提高导轨的耐磨性能。目前多数使用金属对塑料形式的导轨，称为贴塑导轨。贴塑滑动导轨的塑料化学成分稳定、摩擦系数小、耐磨性好、耐蚀性强、吸振性好、密度小、加工成形简单，能在任何液体或无润滑条件下工作。其缺点是耐热性差、热导率低、线膨胀系数比金属大、在外力作用下容易产生变形、刚性差、吸湿性大、影响尺寸的稳定性。目前，国内外应用较多的塑料导轨有以下几种。

1）以聚四氟乙烯为基体，添加合金粉和氧化物等构成的高分子复合材料。聚四氟乙烯的摩擦系数很小（为0.04），则不耐磨，因而需要添加青铜粉、石墨、MoS_2、铅粉等填充料增加耐磨性。这种材料具有良好的耐磨、吸振性能，适用工作温度范围广（$-200\sim280$℃），动、静摩擦系数小且相差不大，防爬行性能好，可在干摩擦下使用，能吸收外界进入导轨面的硬粒，使配对金属导轨不至拉伤和磨损。这种材料可制成塑料软带的形式。目前我国已有 TSF、F4S 等标准软带产品，产品厚度有 0.8mm、1.1mm、1.4mm、1.7mm、2mm 等几种，宽度有 150mm、300mm 两种，长度有 500mm 以上几种规格。

2）以环氧树脂为基体，加入 MoS_2、胶体石墨、TiO_2 等制成的抗磨涂层材料，这种涂料附着力强，可用涂敷工艺或压注成形工艺涂到预先加工成锯齿形状的导轨上，涂层厚度 1.5～2.5mm。我国已生产有环氧树脂耐磨涂料（HNT），它与铸铁的导轨副中，摩擦系数为 0.1～0.12，在无润滑油情况下仍有较好的润滑和防爬行性能。

贴塑导轨主要用于大型及重型数控机床上，塑料导轨副的塑料软带一般贴在短的动导轨上，不受导轨形式的限制，各种组合形式的滑动导轨均可粘贴，图 5-19 所示为几种贴塑导轨的结构。

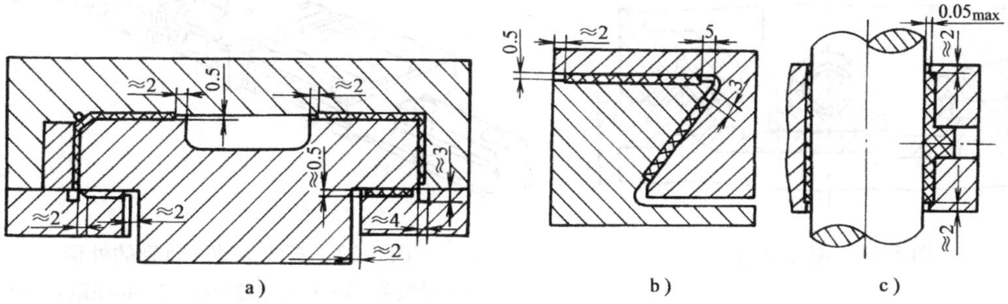

图 5-19　贴塑导轨的结构

a）矩形导轨　b）燕尾导轨　c）圆柱导轨

三、滚动导轨

滚动导轨是在导轨面之间放置滚珠、滚柱或滚针等滚动体，使导轨面之间为滚动摩擦而不是滑动摩擦。滚动导轨的灵敏度高，摩擦因数小，且其动、静摩擦因数相差很小，因而运动均匀。尤其是在低速移动时，不易出现爬行现象；定位精度高，重复定位精度可达 0.2μm；牵引力小，移动轻便；磨损小，精度保持性好，使用寿命长。但滚动导轨的抗振性差，对防护要求高，结构复杂，制造困难，成本较高。根据滚动体的种类，可以分为下列几种类型。

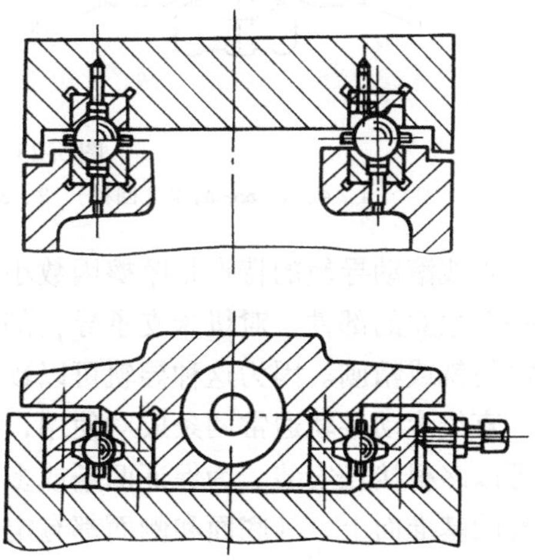

图 5-20　滚珠导轨

1）滚珠导轨。这种导轨的承载能力小，刚度低。为了防止在导轨面上产生压坑，导轨面一般采用淬火钢制成。滚珠导轨适用于运动部件重量轻，切削力不大的数控机床，如图 5-20 所示。

2）滚柱导轨。这种导轨的承载能力和刚度都比滚珠导轨大，适用于载荷较大的数控机床。但对于安装的偏斜反应大，支承的轴线与导轨的平行度误差不大时也会引起偏移和侧向滑动，从而使导轨磨损加快、精度降低。小滚柱（小于 ϕ10mm）比大滚柱（大于 ϕ25mm）对导轨面不平行敏感些，但小滚柱的抗振性高，如图 5-21 所示。

3）滚针导轨。滚针导轨的滚针比滚柱的长径比大，滚针导轨的特点是尺寸小、结构紧凑，主要适用于导轨尺寸受限制的数控机床。

4）直线滚动导轨（简称为直线导轨）。如图 5-22 所示，是直线滚动导轨副的外形图，直线滚动导轨由一根长导轨（导轨条）和一个或几个滑块组成。图 5-23 是直线滚动导轨副的结构图，当滑块 10 相对于导轨条 9 移动时，每一组滚珠（滚柱）都在各自的滚道内循环运动，其所受的载荷形式与滚动轴承类似。

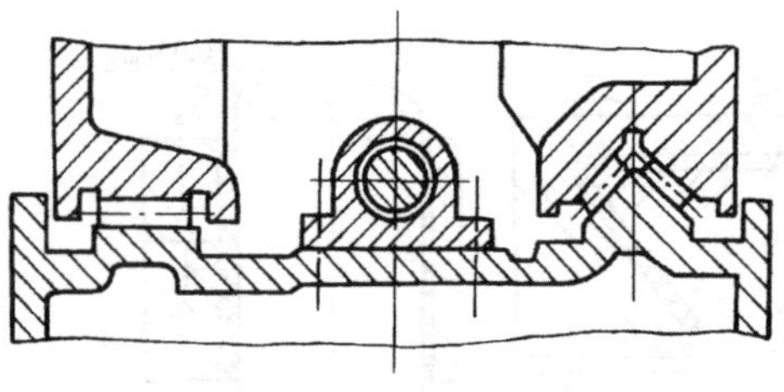

图 5-21　滚柱导轨

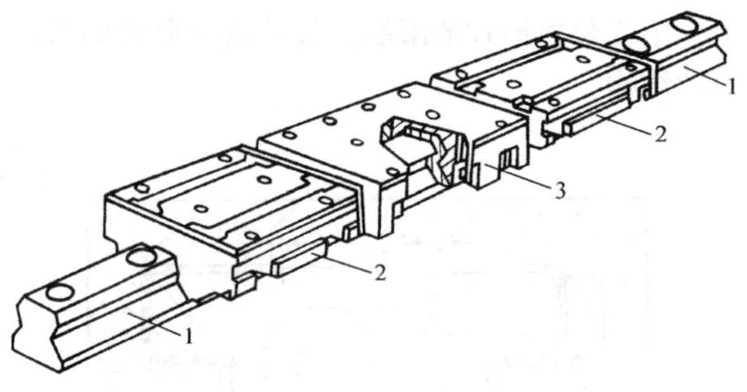

图 5-22　直线滚动导轨副的外形

1—导轨条　2—循环滚柱滑座　3—抗振阻尼滑座

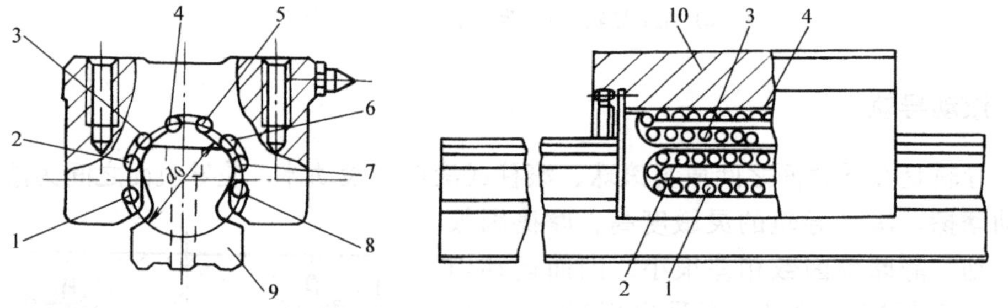

图 5-23　直线滚动导轨副的结构

1、4、5、8—回珠（回柱）　2、3、6、7—负载滚珠（滚柱）　9—导轨条　10—滑块

直线滚动导轨的特点是摩擦因数小，精度高，安装和维修都很方便。由于直线滚动导轨是一个独立的部件，对机床支承导轨部分的要求不高，既不需要淬硬也不需要磨削或刮研，只需精铣或精刨。因为这种导轨可以预紧，所以其刚度高。

直线滚动导轨通常两条成对使用，可以水平安装，也可以竖直或倾斜安装。当长度不够时可以多根接长安装。为保证两条或多条导轨平行，通常把一条导轨作为基准导轨，安装在床身的基准面上，其底面和侧面都有定位面。另一条导轨为非基准导轨，床身上没有侧面定位面。这种安装形式称为单导轨定位，如图 5-24 所示。单导轨定位容易安装，便于保证平行，对床身没有侧面定位面的平行要求。

当振动和冲击较大，精度要求较高时，两条导轨的侧面都要定位，称双导轨定位，双导轨定位要求定位面平行度高，如图 5-25 所示。

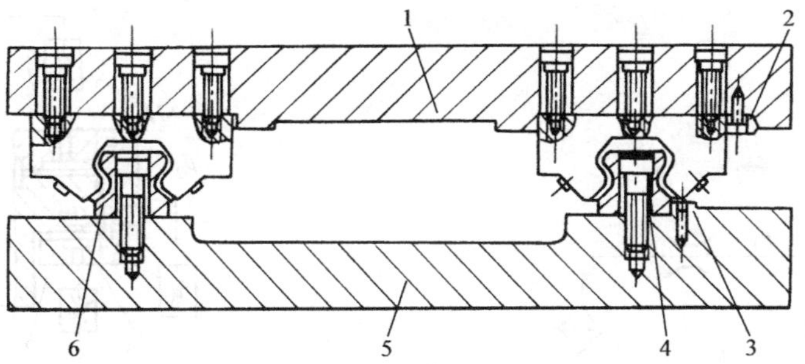

图 5-24　单导轨定位的安装
1—工作台　2、3—楔块　4—基准导轨　5—床身　6—非定位导轨

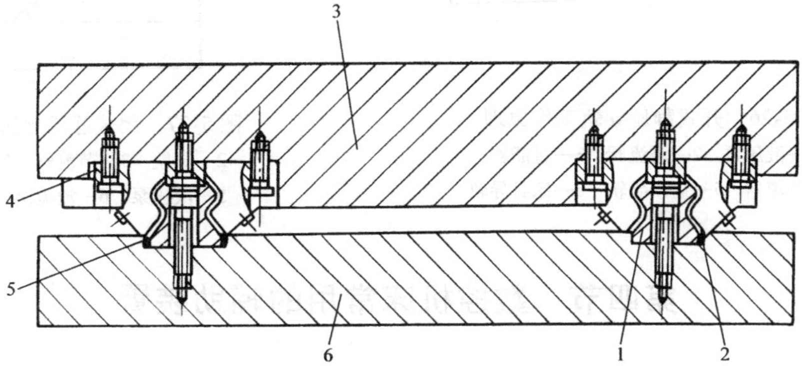

图 5-25　双导轨定位的安装
1—基准导轨　2、4、5—调整垫　3—工作台　6—床身

四、静压导轨

液体静压导轨是将具有一定压力的油液，经节流器输送到导轨面上的油腔中，形成承载油膜，将相互接触的导轨表面隔开，实现液体摩擦。这种导轨的摩擦因数小（一般为 0.0005 ~0.001），机械效率高，能长期保持导轨的导向精度。承载油膜有良好的吸振性，低速下不容易产生爬行。这种导轨的缺点是结构复杂，且需一套液压系统，成本高，油膜厚度难以保持恒定不变。

静压导轨可以分为开式和闭式两种。如图 5-26 所示，为开式静压导轨的工作原理图。来自液压泵的压力油（压力 p_0）经节流阀 4，压力降至 p_1，进入导轨面，借助压力将动导轨浮起，使导轨面间以一层厚度为 h_0 的油膜隔开，油腔中的油不断地经过各封油间隙流回油箱。当动导轨受到外负荷 F 作用时，使动导轨向下产生一个位移，导轨间隙由 h_0 减小至 h，使油腔回油阻力增大，油压增大，以平衡负载，使导轨仍在纯液体摩擦下工作。

图 5-27 所示为闭式静压导轨的工作原理图。闭式静压导轨的各个方向的导轨面上均加工有油腔，所以闭式静压导轨具有承受各方向载荷的能力。设油腔各处的压力分别为 p_1、p_2、p_3、p_4、p_5、p_6，当受到力矩 M 时，p_1、p_6 处间隙变小，则 p_1、p_6 压力增大，p_3、p_4 处间隙变大，则 p_3、p_4 压力变小，这样形成一个与力矩 M 反向的力矩，从而使导轨保持平衡。

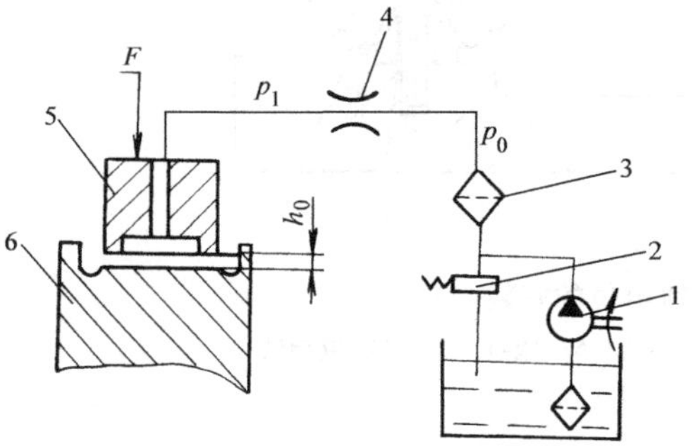

图 5-26 开式静压导轨工作原理
1—液压泵 2—溢流阀 3—过滤器
4—节流器 5—运动导轨 6—床身导轨

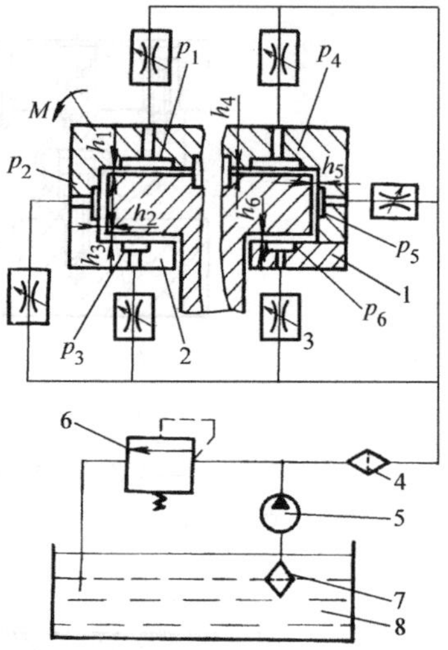

图 5-27 闭式静压导轨工作原理
1、2—导轨 3—节流阀 4、7—过滤器
5—液压泵 6—溢流阀 8—油箱

第四节 数控机床常用的辅助装置

为了扩大数控机床的工艺范围，数控机床除了沿 *X*、*Y*、*Z* 三个坐标轴作直线进给外，往往还需要有绕 *X*、*Y* 或 *Z* 轴的圆周进给运动。数控机床的圆周进给运动一般由回转工作台来实现。回转工作台除了用于进行各种圆弧加工与曲面加工外，还可以实现精确的自动分度。对于加工中心，回转工作台已成为一个不可缺少的部件。数控机床中常用的回转工作台有分度工作台和数控回转工作台。

一、分度工作台

分度工作台只能完成分度运动，不能实现圆周进给，它是按照数控系统的指令，在需要分度时将工作台连同零件回转一定的角度（分度工作台一般只能回转规定的角度，如 90°、60°和 45°等）。分度时也可以采用手动分度。数控机床中，分度工作台按定位机构的不同，分为定位销式分度工作台和鼠牙盘式分度工作台。

（1）定位销式分度工作台　图 5-28 所示为某型加工中心的分度工作台，这种工作台依靠定位销实现分度。分度工作台 2 的两侧有长方形工作台 11，当不单独使用分度工作台时，可以作为整体工作台使用。分度工作台 2 的底部均匀分布着八个削边定位销 8，在底座 12 上有一个定位衬套 7 及供定位销移动的环形槽。因为定位销之间的分布角度为 45°，因此工作台只能作二、四、八等分的分度（定位销式分度工作台的定位精度取决于定位销和定位孔的精度，最高可达 ±5″）。

分度时，由数控系统发出指令，由电气控制的液压阀使六个均布的锁紧液压缸 9 中的压力油经环形槽流回油箱，活塞 22 被弹簧 21 顶起，工作台处于松开状态。同时消除间隙液压

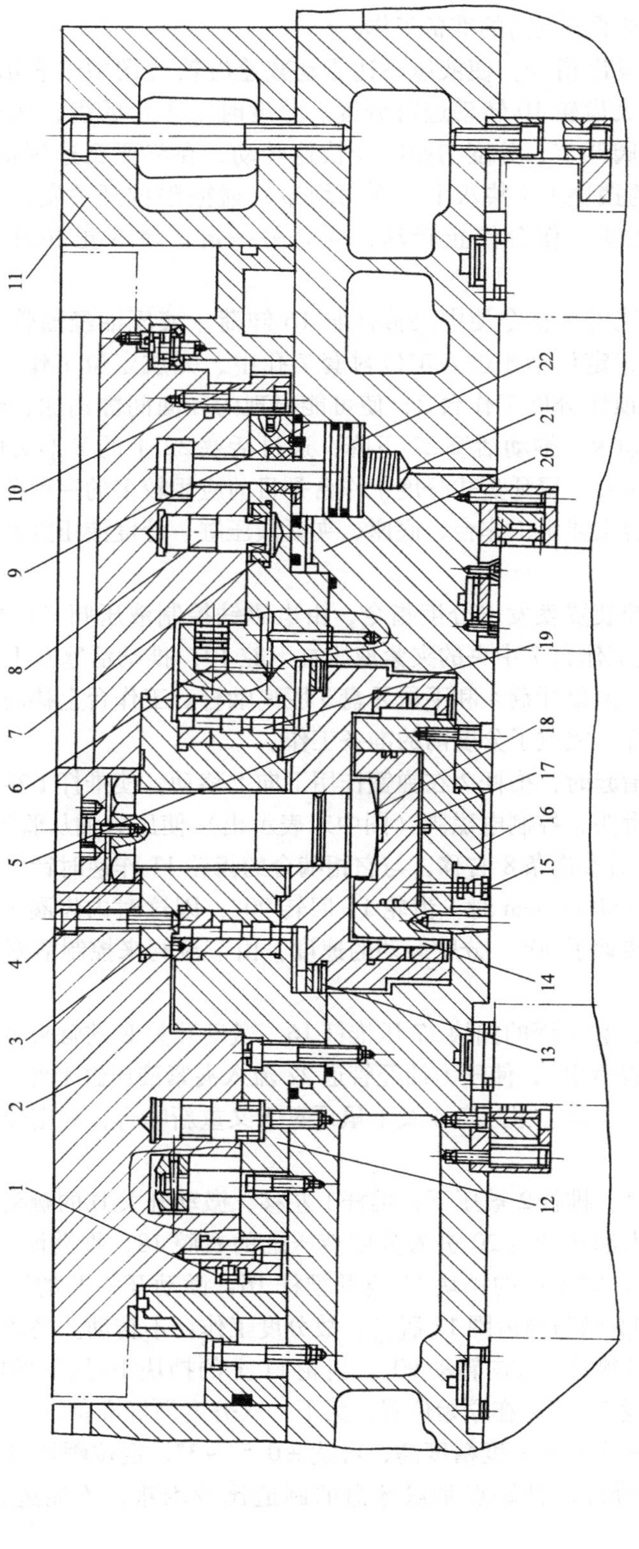

图 5-28 定位销式分度工作台

1—挡块 2—分度工作台 3—锥套 4—螺钉 5—支座 6—间隙消除液压缸 7—定位衬套 8—定位销 9—锁紧液压缸 10—大齿轮 11—长方形工作台 12—底座 13、14、19—轴承 15—油管 16—中央液压缸 17—活塞 18—螺柱 20—下底座 21—弹簧 22—活塞

缸 6 卸荷，液压缸中的压力油流回油箱。油管 15 中的压力油进入中央液压缸 16 使活塞 17 上升，并通过螺柱 18，支座 5 把推力轴承 13 向上抬起 15mm。固定在工作台面上的定位销 8 从定位衬套 7 中拔出，完成了分度前的准备工作。

然后，再由数控系统发出指令，使液压马达驱动减速齿轮（图中未表示出），带动固定在分度工作台 2 下面的大齿轮 10 转动进行分度。分度时工作台的旋转速度由液压马达和液压系统中的单向节流阀调节，分度初始时作快速转动，在将要到达规定位置前减速，减速信号由大齿轮 10 上的挡块 1（共八个，周向均布）碰撞限位开关发出。当挡块 1 碰撞第二个限位开关时，分度工作台停止转动，同时另一定位销 8 正好对准定位衬套 7 的孔。

分度完毕后，数控系统发出指令使中央液压缸 16 卸荷。液压油经油管 15 流回油箱，分度工作台 2 靠自重下降，定位销 8 进入定位衬套 7 孔中，完成定位工作。定位完毕后，消除间隙液压缸 6 的活塞顶住分度工作台 2，使可能出现的径向间隙消除，然后再进行锁紧。压力油进入锁紧液压缸 9，推动活塞 22 下降，通过活塞 22 上的 T 形头压紧工作台。

（2）鼠牙盘式分度工作台　鼠牙盘式分度工作台是目前应用较多的一种精密的分度定位机构，鼠牙盘式分度工作台主要由工作台、底座、夹紧液压缸、分度液压缸及鼠牙盘等零件组成，如图 5-29 所示。

机床需要分度时，数控装置就发出分度指令，由电磁铁控制液压阀（图中未表示出），使压力油经管道 23 至分度工作台 7 中央的夹紧液压缸下腔 10，推动活塞 6 上移，经推力轴承 5 使分度工作台 7 抬起，上鼠牙盘 4 和下鼠牙盘 3 脱离啮合。工作台上移的同时带动内齿圈 12 上移并与齿轮 11 啮合，完成了分度前的准备工作。

当分度工作台 7 向上抬起时，推杆 2 在弹簧作用下向上移动，使推杆 1 在弹簧的作用下右移。松开微动开关 S 的触头，控制电磁阀（图中未表示出）使压力油从管道 21 进入分度液压缸的左腔 19 内，推动活塞齿条 8 右移，与它相啮合的齿轮 11 作逆时针方向转动。根据设计要求，当活塞齿条 8 移动 113mm 时，齿轮 11 回转 90°，因这时内齿圈 12 已与齿轮 11 啮合，故分度工作台 7 也转动了 90°。分度运动的速度，由节流阀来控制活塞齿条 8 的运动速度来实现。

当齿轮 11 转过 90°时，它上面的挡块 17 压推杆 16，微动开关 E 的触头被压紧。通过电磁铁控制液压阀（图中未表示出），使压力油经管道 22 流入夹紧液压缸上腔 9，活塞 6 向下移动，分度工作台 7 下降，于是上鼠牙盘 4 及下鼠牙盘 3 又重新啮合，并定位夹紧，分度工作完毕。

当分度工作台 7 下降时，推杆 2 被压下，推杆 1 左移，微动开关 D 的触头被压下，通过电磁铁控制液压阀，使压力油从管道 20 进入分度液压缸的右腔 18，推动活塞齿条 8 左移，使齿轮 11 顺时针方向旋转。它上面的挡块 17 离开推杆 16，微动开关 E 的触头被放松。因工作台下降，夹紧后齿轮 11 已与内齿圈 12 脱开，故分度工作台不转动。当活塞齿条 8 向左移动 113mm 时，齿轮 11 就顺时针方向转动 90°，齿轮 11 上的挡块 14 压下推杆 15，微动开关 C 的触头又被压紧，齿轮 11 停止在原始位置，为下一次分度做好准备。

鼠牙盘式分度工作台的优点是分度精度高，可达 ±0.5″～3″，定位刚性好，只要分度数能除尽鼠牙盘齿数，都能分度。其缺点是鼠牙盘的制造比较困难，不能进行任意角度的分度。

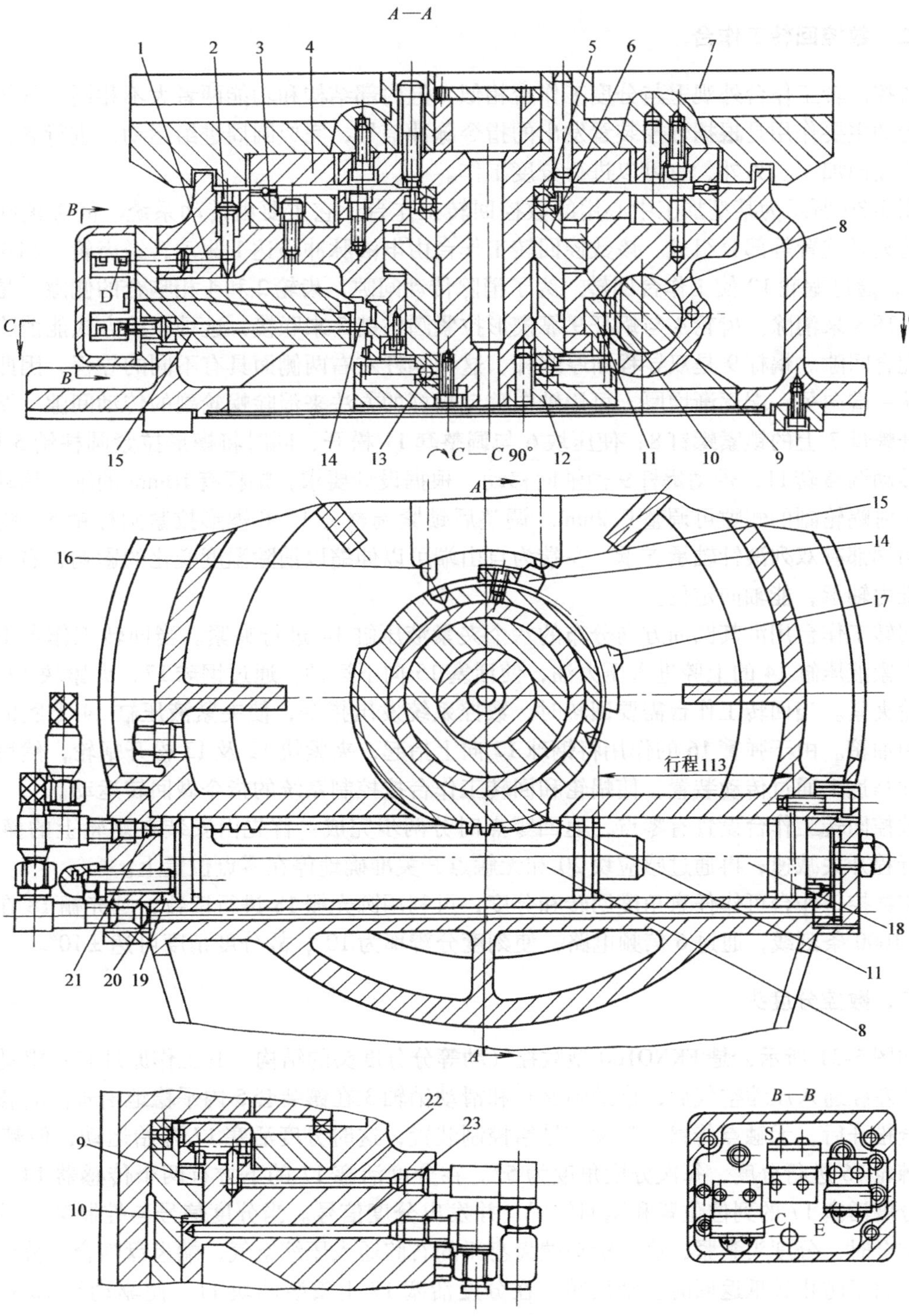

图 5-29　鼠牙盘式分度工作台

1、2、15、16—推杆　3—下鼠牙盘　4—上鼠牙盘　5、13—推力轴承　6—活塞　7—分度工作台　8—活塞齿条　9—夹紧液压缸上腔　10—夹紧液压缸下腔　11—齿轮　12—内齿圈　14、17—挡块　18—分度液压缸右腔　19—分度液压缸左腔　20、21—分度液压缸进回油管道　22、23—升降液压缸进回油管道

二、数控回转工作台

数控回转工作台外观上与分度工作台相似，但内部结构和功能两者大不相同。数控回转工作台的主要作用是根据数控装置发出的指令脉冲信号，完成圆周进给运动，进行各种圆弧加工或曲面加工。另外，也可以进行分度工作。

图 5-30 所示为某型加工中心用的数控回转工作台，它主要由传动系统、间隙消除装置和蜗轮夹紧装置等部分组成。该数控回转工作台由电液脉冲马达 1 驱动，经齿轮 2 和 4 带动蜗杆 9，通过蜗轮 10 使工作台回转。为了消除传动间隙，齿轮 2 和 4 相啮合的侧隙，是靠调整偏心环 3 来消除。齿轮 4 与蜗杆 9 靠楔形拉紧圆柱销 5 来联接，这种联接方式能消除轴与套的配合间隙。蜗杆 9 是双导程渐厚蜗杆，这种蜗杆左右两侧面具有不同的导程，因此蜗杆齿厚从一端向另一端逐渐增厚，可用轴向移动蜗杆的方法来消除蜗轮副的传动间隙。调整时先松开螺母 7 上的锁紧螺钉 8，使压块 6 与调整套 11 松开，同时将楔形拉紧圆柱销 5 松开，然后转动调整套 11，带动蜗杆 9 做轴向移动。根据设计要求，蜗杆有 10mm 的轴向移动调整量，这时蜗轮副的侧隙可调整 0. 2mm。调整后锁紧调整套 11 和楔形拉紧圆柱销 5，蜗杆的左右两端都有双列滚针轴承支承。左端为自由端可以伸缩以消除温度变化的影响，右端装有双列推力轴承，能轴向定位。

回转工作台用沿其圆周方向分布的八个夹紧液压缸 14 进行夹紧。当回转工作台不回转时，夹紧液压缸 14 的上腔进入压力油，使活塞 15 向下运动，通过钢球 17、夹紧块 13 及 12 将蜗轮夹紧。当回转工作台需要回转时，数控系统发出指令，使夹紧液压缸 14 上腔的压力油流回油箱。由于弹簧 16 的作用将钢球 17 向上抬起，夹紧块 12 及 13 松开蜗轮，然后由电液脉冲马达 1 通过传动装置，使蜗轮和回转工作台按控制系统的指令做回转运动。

数控回转工作台设置有零点，返回零点时分两步完成：首先由安装在蜗轮上的撞块 19 撞击行程开关减速；再通过感应块 20 和无触点开关准确地停在零点位置上。

该数控工作台可作任意角度回转和分度，可利用圆光栅 18 进行读数，圆光栅 18 在圆周上有 21600 条刻线，通过 6 倍频电路，使刻度分辨率为 10″，故分度精度可达 ±10″。

三、数控分度头

如图 5-31 所示，是 FKNQ160 型数控气动等分分度头的结构。其工作原理是：滑动端齿盘 4 的左腔通入压缩空气后，借助弹簧 6 和滑动销轴 3 在镶装套 5 内平稳地沿轴向右移。齿盘完全松开后，无触点传感器 7 发信号给控制装置，这时分度活塞 17 开始运动，使棘爪 15 带动棘轮 16 进行分度，每次分度角度为 5°。在分度活塞 17 的下方有两个传感器 14，用于检测分度活塞 17 的到位位置和返回位置，并发出分度信号。当分度信号与控制装置的预置信号重合时，分度头刹紧，这时滑动端齿盘 4 的右腔通入压缩空气，端齿盘啮合，分度过程结束。为了防止棘爪返回时主轴反转，在分度活塞 17 上安装凸块 11，使驱动销 10 在返回过程中插入定位轮 9 的槽中，以防转过位。

四、高速动力卡盘

在数控机床中，高速动力卡盘一般只用于数控车床。在金属切削加工中，为提高数控车床的生产率，对其主轴转速提出越来越高的要求，以实现高速、甚至超高速切削。现在数控

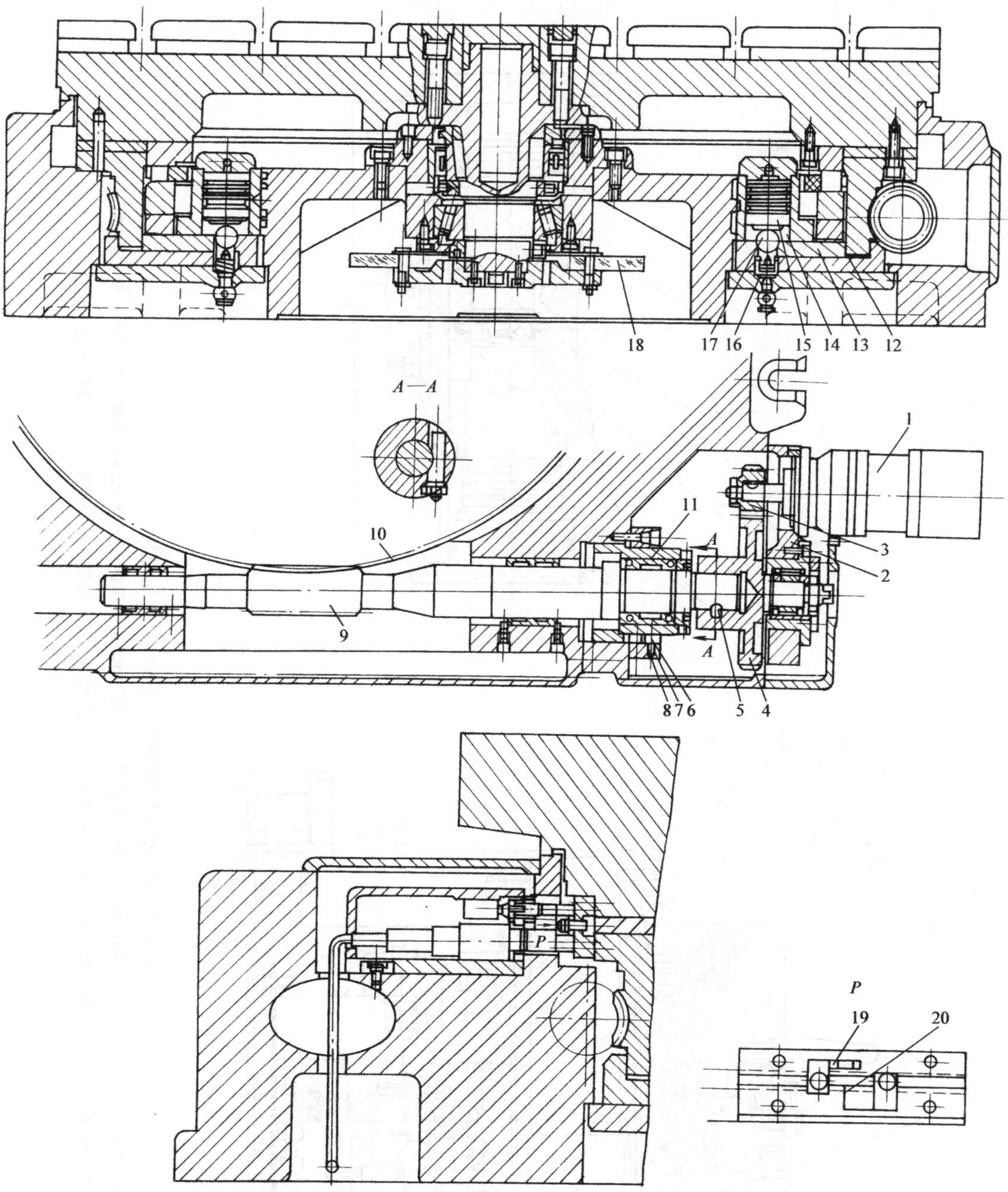

图 5-30　数控回转工作台

1—电液脉冲马达　2、4—齿轮　3—偏心环　5—楔形拉紧圆柱销　6—压块　7—螺母　8—锁紧螺钉　9—蜗杆　10—蜗轮　11—调整套　12、13—夹紧块　14—夹紧液压缸　15—活塞　16—弹簧　17—钢球　18—圆光栅　19—撞块　20—感应块

车床的最高转速已由 1000～2000r/min，提高到每分钟数千转，有的数控车床甚至达到 10000r/min。对于这样高的转速，一般的卡盘已不适用，而必须采用高速动力卡盘才能保证安全可靠地进行加工。

如图 5-32 所示，为中空式动力卡盘结构图。图中下方为 KEF250 型卡盘，上方为 P24160A

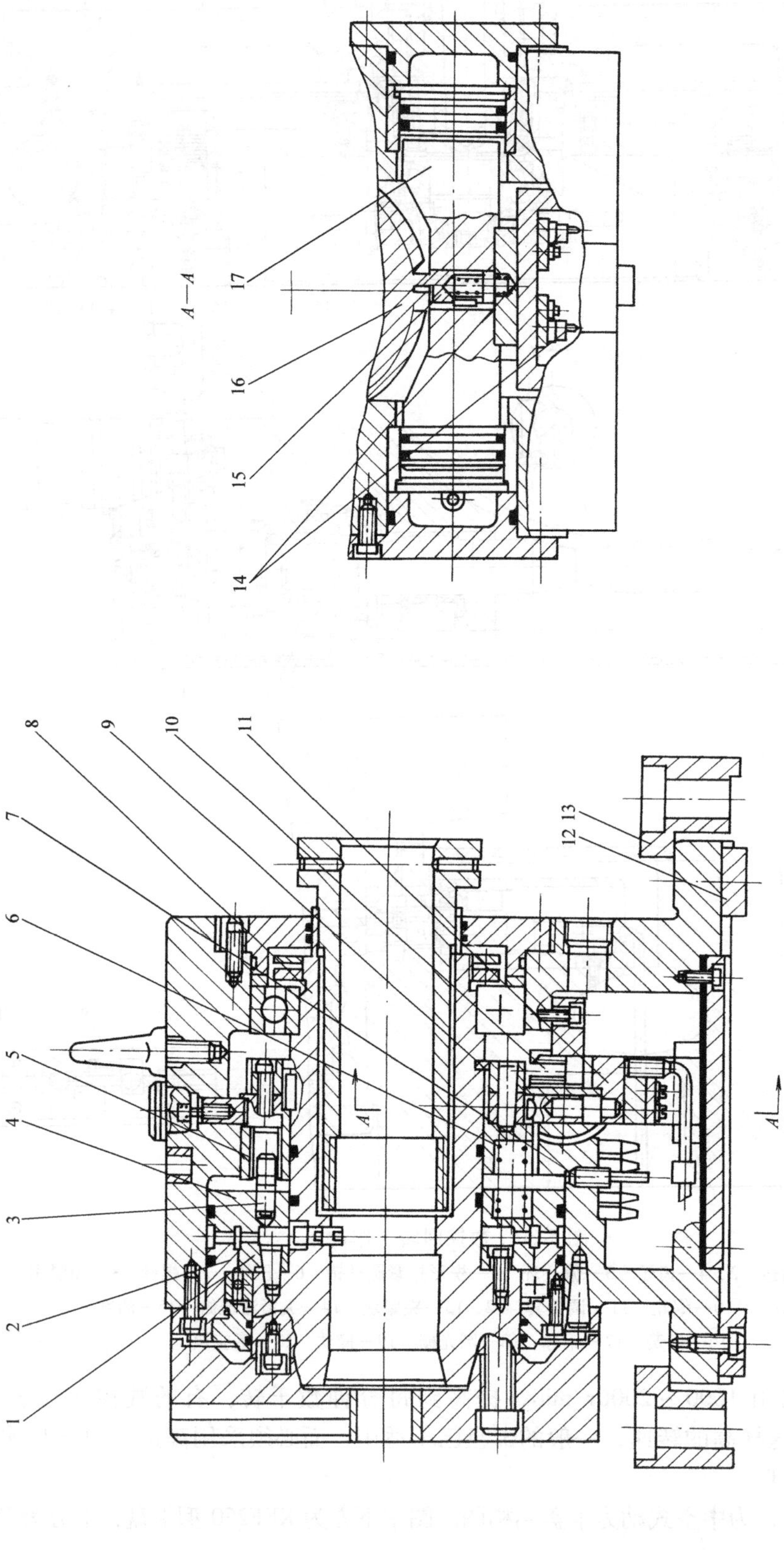

图 5-31 FKNQ160 型数控气动等分分度头结构

1—转动端齿盘 2—定位端齿盘 3—滑动销轴 4—滑动端齿盘 5—镶装套 6—弹簧 7—无触点传感器 8—主轴 9—定位轮 10—驱动销 11—凸块 12—定位键 13—压板 14—传感器 15—棘爪 16—棘轮 17—分度活塞

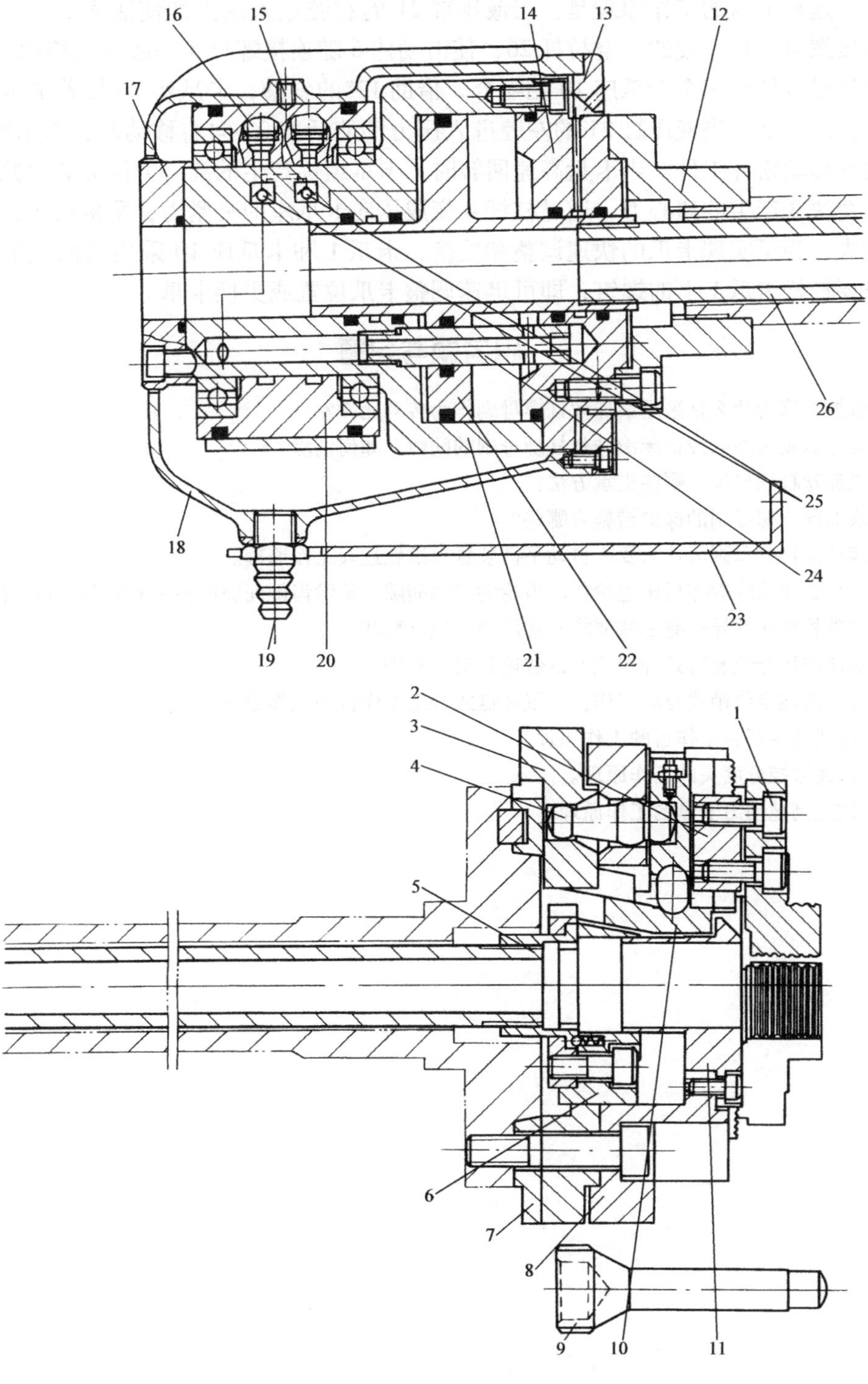

图 5-32　KEF250 型中空式动力卡盘结构

1—卡爪　2—T 形块　3—平衡块　4—杠杆　5—连接螺母　6—滑动体　7—法兰盘　8—盘体　9—扳手　10—卡爪座　11—防护盖　12—法兰盘　13—前盖　14—油缸盖　15—紧定螺钉　16—压力管接头　17—后盖　18—罩壳　19—漏油管接头　20—导油套　21—液压缸　22—活塞　23—防转支架　24—导向杆　25—安全阀　26—中空拉杆

型液压缸。这种卡盘的工作原理是：当液压缸 21 的右腔进入压力油使活塞 22 向左移动时，通过与连接螺母 5 相连接的中空拉杆 26，使滑动体 6 随连接螺母 5 一起向左移动，滑动体 6 上有三组斜槽分别与三个卡爪座 10 相啮合，借助 10°的斜槽，卡爪座 10 带着卡爪 1 向内移动夹紧工件。反之，当液压缸 21 的左腔进入压力油使活塞 22 向右移动时，卡爪座 10 带着卡爪 1 向外移动松开工件。当卡盘高速回转时，卡爪组件产生的离心力使夹紧力减小。与此同时，平衡块 3 产生的离心力，通过杠杆 4 变成压向卡爪座的夹紧力，平衡块 3 越重，其补偿作用越大。为了实现卡爪的快速调整和更换，卡爪 1 和卡爪座 10 采用端面梳形齿的活爪连接，只要拧松卡爪 1 上的螺钉，即可迅速调整卡爪位置或更换卡爪。

思考题与习题

5-1　数控机床为什么常采用滚珠丝杠螺母副作为传动元件？

5-2　为什么要消除数控机床滚珠丝杠螺母副的间隙？如何消除？

5-3　滚珠丝杠螺母副有哪些支承方法？

5-4　滚珠丝杠螺母副的保护措施有哪些？

5-5　滚珠丝杠螺母副为什么要有自动平衡装置？试叙述其工作原理。

5-6　为什么要消除数控机床进给传动齿轮的齿侧间隙？消除齿侧间隙的措施有哪些？各有何优缺点？

5-7　对数控机床的导轨有哪些要求？常用的导轨有哪些？

5-8　液体静压导轨有哪几种形式？试叙述其工作原理。

5-9　分别叙述定位销式分度工作台、鼠牙盘式分度工作台的工作原理。

5-10　试述数控回转工作台的工作原理。

5-11　试述数控分度头的工作原理。

5-12　试述高速动力卡盘的工作原理。

第六章　数控车床的机械结构

第一节　组成数控车床的机械结构

一、数控车床的结构组成

由于进给伺服驱动、主轴伺服驱动和CNC技术的发展，以及为适应高生产率的需要，数控机床的机械结构已从初期对普通机床局部结构的改进，逐步发展为数控机床的独特机械结构。尽管如此，普通机床的构成模式仍适应于现代数控机床，其零部件的设计方法和普通机床的设计理论和计算方法基本一样。

1. 数控车床机械结构的主要组成

数控车床的机械结构，除机床基础部件外，还由下列各部分组成：①主传动系统；②进给传动系统；③实现工件回转、定位装置和附件；④实现某些部件动作和辅助功能的系统和装置，如液压、气动、润滑、冷却等系统和排屑、防护等装置；⑤刀架；⑥特殊功能装置，如刀具破损监控、精度检测和监控装置；⑦为完成自动化控制功能的各种反馈信号装置及元件。

机床基础件称为机床大件，通常是指床身、底座、立柱、横梁、滑座、工作台等。它是整台机床的基础和框架。机床的其他零、部件，或者固定在基础件上，或者工作时在它的导轨上运动。其他机械结构的组成则按机床的功能需要选用。如一般的数控车床除基础件外，还有主传动系统、进给传动系统以及液压、润滑、冷却等其他辅助装置，这是数控车床机械结构的基本构成。数控车床可根据自动化程度、可靠性要求和特殊功能需要，选用各类破损监控、机床与工件精度检测、补偿装置和附件等。数控车床用的刀具，虽不是数控车床本体的组成部分，但它是数控车床实现切削功能不可分割的部分，对提高数控车床的生产率有重大影响。

2. CK7815型数控车床的组成

CK7815型数控车床是长城机床厂的产品，配有FANUC-6T CNC系统。用于加工圆柱形、圆锥形和各种成型回转表面，可车削各种螺纹，以及对盘形零件进行钻、扩、铰和镗孔加工。其外形如图6-1所示。

CK7815型数控车床为机、电、液、气四位一体的结构，按照人机工程学宜人化进行布局设计，全封闭防护，操作简便，维修方便。

CK7815型数控车床为两坐标联动半闭环控制。在床体1上的导轨5为60°倾斜布置，以利于排屑。导轨截面为矩形，刚性很好。床体左端是主轴箱，主轴由直流或交流调速电动机驱动，因此箱体内部结构十分简单，可以无级调速和进行恒线速度切削，有利于提高端面加工时的表面质量，也便于选取最能发挥刀具切削性能的切削速度。为了快速装夹工件，主轴尾端带有液压夹紧液压缸。

床身右边是尾座8，床身上的床鞍溜板导轨与床身导轨横向平行，也为60°布置。上面

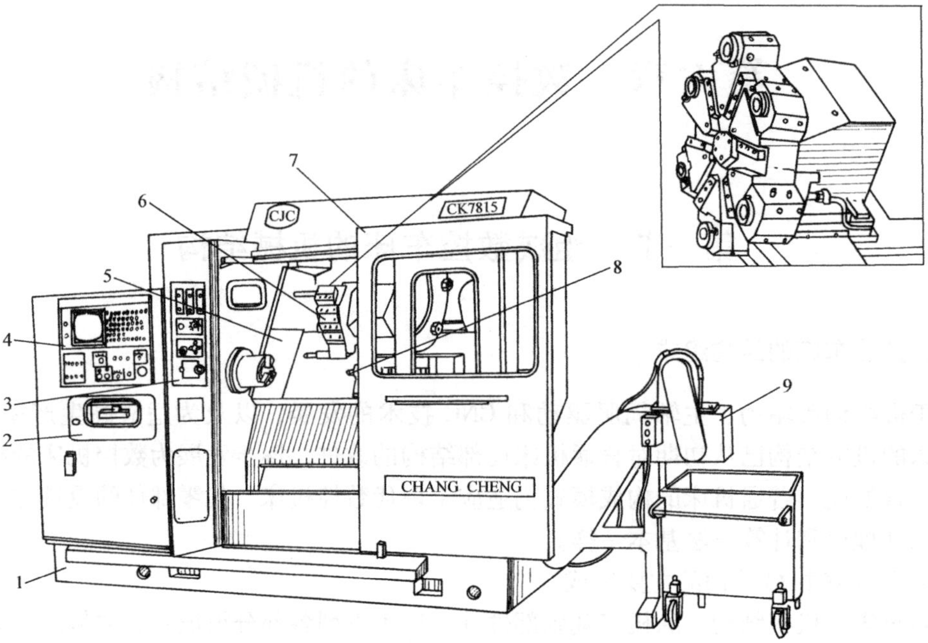

图 6-1　CK7815 型数控车床

1—床体　2—光电阅读机　3—机床操纵台　4—数控系统操作面板

5—导轨　6—刀盘　7—防护门　8—尾座　9—排屑装置

装有横向进给伺服驱动装置和转塔刀架。转塔刀架见右上角放大部分。刀盘 6 有三种：8 位、12 位小刀盘和 12 位大刀盘，可以选样订货。

纵向进给伺服驱动装置安装在纵向床身导轨之间，纵、横向进给伺服驱动系统采用直流伺服电动机带动滚珠丝杠，使刀架作进给运动。2 为光电阅读机，3 和 4 是机床操纵台和数控系统操作面板。防护门 7 可以手动或液动开闭。液压泵及操纵板，位于该数控车床后面的油箱上。该数控车床具有良好的功能扩展性，配备有排屑装置 9 和封闭式防护罩。若再配置上下料的工业机器人，就可以形成一个柔性制造单元（FMC）或柔性制造系统（FMS）。

该数控车床还配有自动对刀仪，通过接触式传感器，可以快而准地测出刀具安装调整时的偏差值，并将测得的数据存储在计算机中，在加工中自动进行补偿。该装置也可以用于检测刀具磨损与破损并给予自动补偿或及时报警。

二、数控车床配置与加工能力

机床的布局是满足总体设计要求的具体实施办法的重要一步。因此，布局也是一种总体的优化设计。

1. 机床布局和结构特点

数控车床布局形式受到工件尺寸、质量和形状、机床生产率、机床精度、操纵方便运行要求和安全与环境保护的要求的影响。

随着工件尺寸、质量和形状的变化，数控车床的布局可有卧式车床、落地式车床、单立柱立式车床、双立柱立式车床和龙门移动式立式车床的变化，如图 6-2 所示。

随着生产率要求的不同，数控车床的布局可以产生单主轴单刀架、单主轴双刀架、双主轴双刀架等不同的结构变化。图 6-3 是某公司 CNC 车床和车削加工系列布局图。

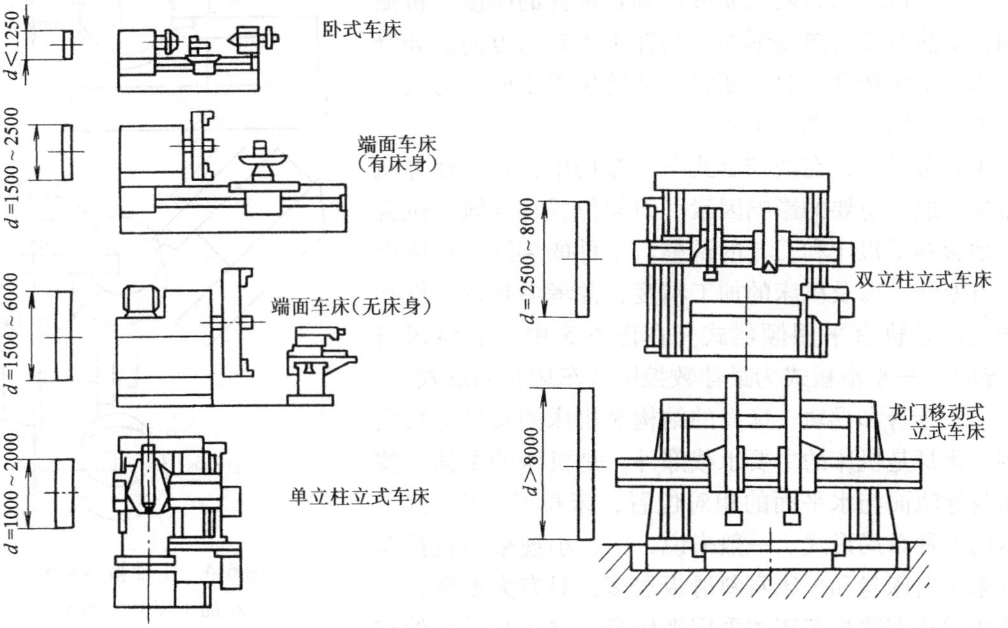

图 6-2　工件尺寸、质量对车床布局的影响

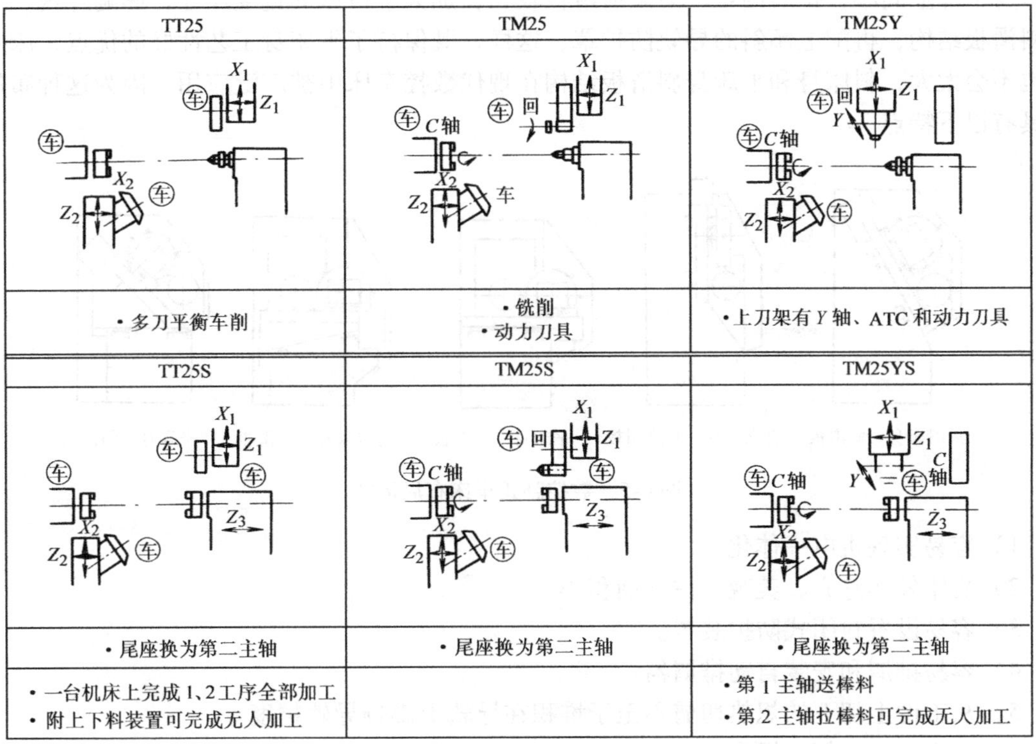

图 6-3　某公司 CNC 车床系列布局图

随着机床精度的不同，数控车床的布局要考虑到切削力、切削热和切削振动的影响。要使这些因素对精度影响最小，机床的布局就要考虑到各部件的刚度、抗振性和在受热时使得热变形的影响在不敏感的方向。如卧式车床主轴箱热变形时，随着刀架的位置不同，对尺寸的影响而不同，如图 6-4 所示。

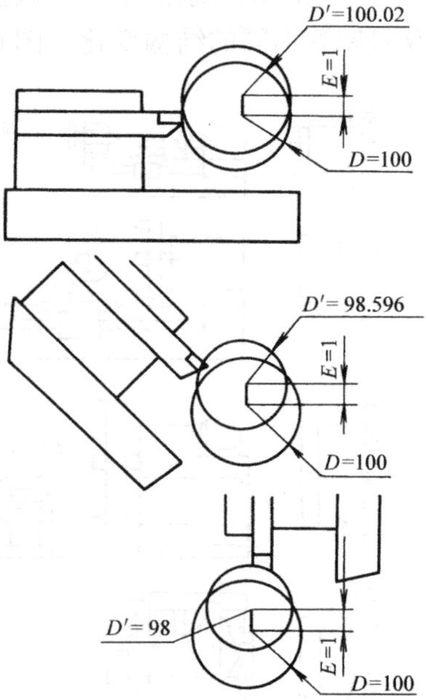

图 6-4　主轴箱热变形对加工尺寸的影响

由此可看出，在数控卧式车床布局中，刀架和导轨的布局已成为重要的影响因素。刀架位置和导轨的位置较大地影响了机床和刀具的调整。工件的装卸、机床操作的方便性，以及机床的加工精度，并考虑到排屑性和抗振性，导轨宜采用倾斜式。在图 6-5 中，以斜床身（斜导轨）—平滑板式为最佳数控卧式车床布局形式。

（1）床身和导轨　床身的结构对机床的布局有很大影响。床身是机床的主要承载部件，是机床的主体。按照床身导轨面与水平面的相对位置，床身可分为图 6-5 所示的五种布局形式。一般来说，中、小规格的数控车床都采用斜床身和平床身斜滑板居多，只有大型数控车床或小型精密数控车床才采用平床身，立床身采用的较少。平床身工艺性好，容易加工制造。由于刀架水平放置，对提高刀架的运动精度有好处，但床身下部空间小，排屑困难。刀架横滑板较长，加大了机床的宽度尺寸，影响外观。平床身斜滑板结构，再配上倾斜的导轨防护罩，这样，既保持了平床身工艺性好的优点，床身宽度也不会太大，斜床身和平床身斜滑板结构在现代数控车床中被广泛应用，因为这种布局形式具有以下特点。

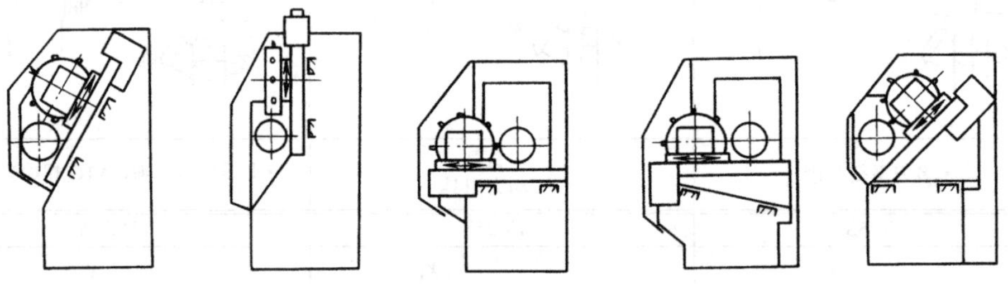

后斜床身—斜滑板　直立床身—直立滑板　平床身—平滑板　前斜床身—平滑板　平床身—斜滑板

图 6-5　数控卧式车床布局形式

1）容易实现机电一体化。

2）机床外形整齐、美观，占地面积小。

3）容易设置封闭式防护装置。

4）容易排屑和安装自动排屑器。

5）从工件上切下的炽热切屑不至于堆积在导轨上影响导轨精度。

6）宜人性好，便于操作。

7）便于安装机械手，实现单机自动化。

斜床身按导轨相对于地面倾斜角度不同，可分为30°、45°、60°、75°和90°（即立式床身）。其中，30°、45°多为小型数控车床采用；60°形式适于中等规格数控车床，90°形式多为大型数控车床采用。倾斜角的大小将影响到刚度、排屑，也影响到占地面积、宜人性、外形尺寸高度的比例，以及刀架质量作用于导轨面垂直分力的大小等。选用时，应结合机床的规格、精度等选择合适的倾斜角。

图6-6是具有可编程尾座双刀架数控车床，床身为倾斜形状，位于后侧，有两个数控回转刀架，可实现多刀加工，尾座可实现编程运动，也可安装刀具加工。

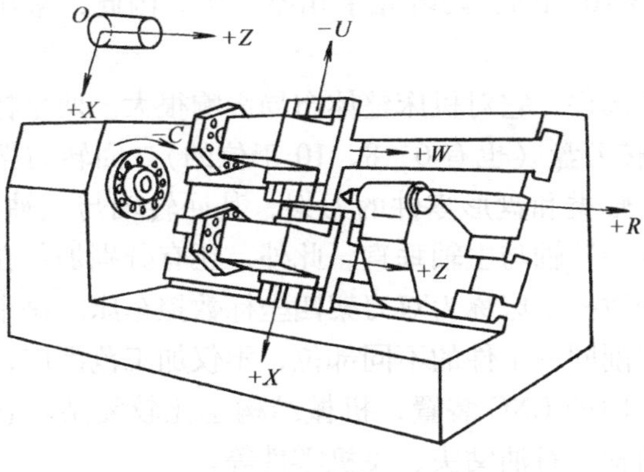

图6-6　具有可编程尾座双刀架数控车床

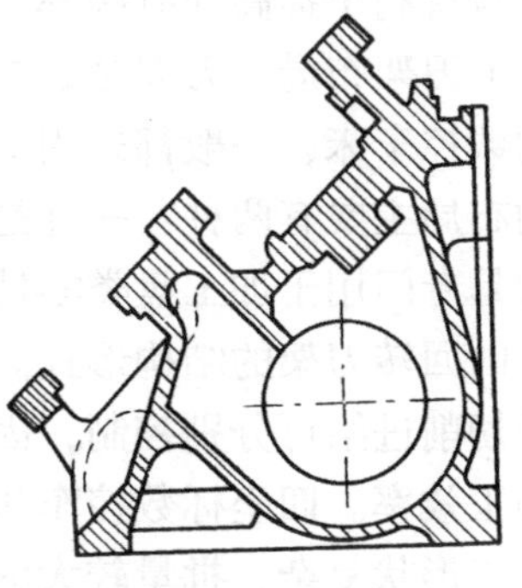
图6-7　数控车床床身截面

数控车床与普通车床比较，具有功率大、精度高、兼做粗精加工的优点。所以，对支承件的刚度和抗振性提出更高的要求。为此，床身和导轨除采用倾斜结构外，还有下述一些结构形式。

1）床身采用封闭式箱形结构，具有很高的刚度，如图6-7所示。

2）在床身或底座内腔填充泥芯和混凝土等阻尼材料。当发生振动时，利用阻尼材料之间的相对摩擦耗散振动能量。例如图6-8所示的两种车床床身动态特性比较的结果，显示充填泥芯的床身阻尼显著增加。再如图6-9所示数控车床底座和床身的结构示意图，充填有混

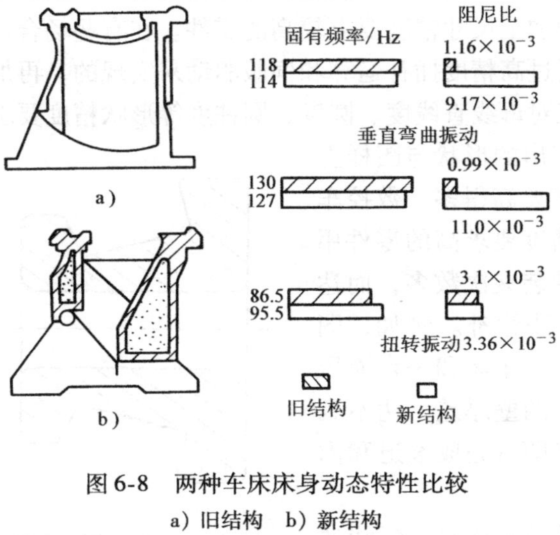

图6-8　两种车床床身动态特性比较

a）旧结构　b）新结构

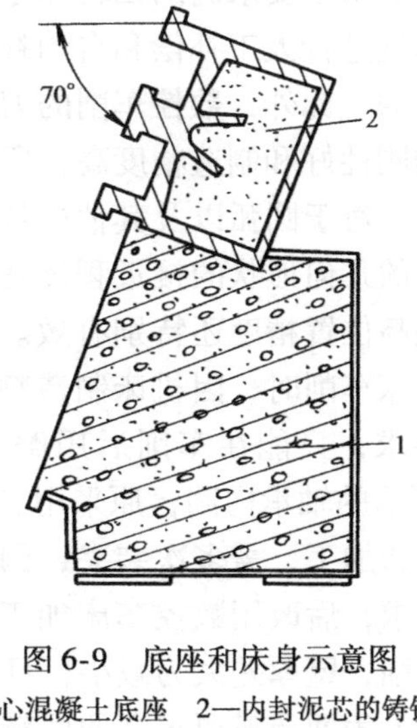

图6-9　底座和床身示意图

1—实心混凝土底座　2—内封泥芯的铸铁床身

凝土的底座内摩擦阻尼较高，再配以封沙的床身，使机床有较高的抗振性。该床身为四面封闭结构，中间导轨后有纵向肋，纵向每隔 250mm 有一横隔板，这样的结构，床身封闭截面可提高抗弯和抗扭刚度，纵向肋可提高中间导轨的局部刚度，横隔板可减少截面的畸变。

3）采用钢板焊接结构，其突出的优点是制造周期短，省去了制作木模和铸造工序，不容易出废品；焊接件在设计上自由度大，便于产品更新、扩大规格和改进结构，焊接件已可以达到与铸件相同，甚至更好的结构特性。因为它容易采用最有利于提高刚度的隔板和肋板布置形式，能充分发挥隔板和肋板的承载及抵抗变形的作用；另外，钢板的弹性模量 E 为 2×10^5MPa，而铸铁的弹性模量 E 仅为 1.2×10^5MPa，两者几乎相差一倍。因此，采用钢板焊接床身有利于提高固有频率。

（2）刀架布局　刀架是数控车床的重要部件，它对机床整体布局影响很大。两坐标连续控制的数控车床，一般都采用 12 工位的回转刀盘（也有 6、8、10 工位的）。回转刀架在机床上的布局主要有两种：一种是适用于加工轴类和盘形零件的刀架，其回转轴与主轴平行；另一种是专门用于加工盘类零件的刀架，其回转轴与主轴垂直。此外，还有分别加装在两个滑板上的回转刀架的结构形式。这种结构的数控车床称为双刀架四坐标数控车床。每个独立刀架的切削进给可分别控制，因而可同时切削同一工件的不同部位，不仅加工范围广，还能提高加工效率。四坐标数控车床需要配置专门的 CNC 装置，机械结构也比较复杂。它主要用于加工形状复杂、批量较大的零件，如曲轴、石油钻头、飞机零件等。

2. 数控车床的主要加工对象

数控车削是数控加工中用得最多的加工方法之一。由于数控车床具有加工精度高、能作直线和圆弧插补以及在加工过程中能自动变速的特点，因此，其工艺范围较普通机床宽得多。数控车床加工零件的公差等级可达 IT5 ~ IT6，表面粗糙度轮廓值 Ra 可达 $1.6\mu m$ 以下。

数控车床的种类很多，各类卧式车床都有数控化的。数控车床主要可分为数控卧式车床、数控立式车床和数控专用车床（如数控凸轮车床、数控曲轴车床、数控丝杠车床等）；或分为普通数控车床和车削加工中心。

针对数控车床的特点，下列几种零件最适合数控车削加工。

（1）精度要求高的回转体零件　由于数控车床刚性好，制造和对刀精度高，以及能方便和精确地进行人工补偿和自动补偿，所以能加工尺寸精度要求较高的零件。在有些场合可以以车代磨。此外，数控车削的刀具运动是通过高精度插补运算和伺服驱动来实现的，再加上机床的刚性好和制造精度高，所以它能加工对母线直线度、圆度、圆柱度等形状精度要求高的零件。对于圆弧以及其他曲线轮廓，加工出的形状与图样上所要求的几何形状的接近程度比用仿形车床要高得多。数控车削对提高位置精度还特别有效。不少位置精度要求高的零件用普通车床车削时，因机床制造精度低，工件装夹次数多，而达不到要求，只能在车削后用磨削或其他方法弥补。例如，图 6-10 所示的轴承内圈，原采用三台液压半自动车床和一台液压仿形车床加工，需多次装夹，因而造成较大的壁厚差，达不到图样要求，后改用数控车床加工，一次装夹即可完成滚道和内孔的车削，壁厚差大为减小，且加工质量稳定。

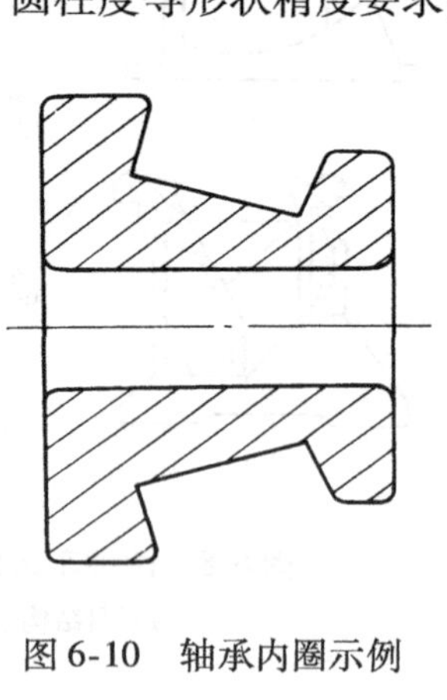

图 6-10　轴承内圈示例

（2）表面质量要求高的回转体零件　数控车床具有恒线速

切削功能，能加工出表面粗糙度轮廓值小而均匀的零件。在材质、精车余量和刀具已定的情况下，表面粗糙度轮廓取决于进给量和切削速度。在普通车床上车削锥面和端面时，由于转速恒定不变，致使车削后的表面粗糙度轮廓不一致，只有某一直径处的表面粗糙度轮廓值最小。使用数控车床的恒线速切削功能，就可选用最佳线速度来切削锥面和端面，使车削后的表面粗糙度轮廓值既小又一致。数控车削还适合于车削各部位表面粗糙度轮廓值要求不同的零件。表面粗糙度轮廓值要求大的部位选用大的进给量，要求小的部位选用小的进给量。

（3）表面形状复杂的回转体零件 由于数控车床具有直线和圆弧插补功能，所以可以车削由任意直线和曲线组成的形状复杂的回转体零件。如图6-11所示的壳体零件封闭内腔的成型面，在普通车床上是无法加工的，而在数控车床上则很容易加工出来。

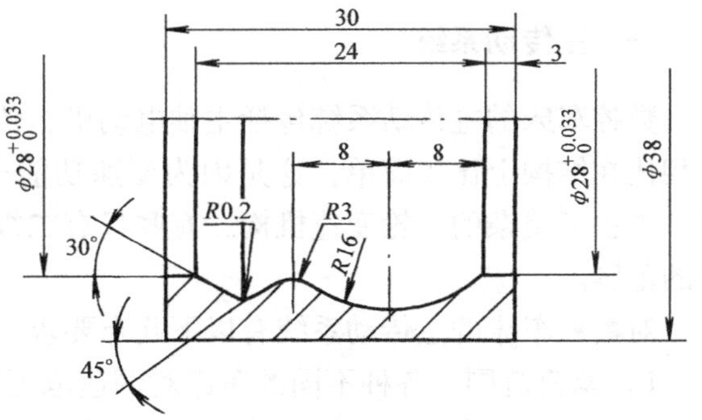

图6-11 成型内腔零件示例

组成零件轮廓的曲线可以是数学方程式描述的曲线，也可以是列表曲线。对于由直线或圆弧组成的轮廓，直接利用数控车床的直线或圆弧插补功能，对于由非圆曲线组成的轮廓应先用直线或圆弧去逼近，然后再用直线或圆弧插补功能进行插补切削。

（4）带特殊螺纹的回转体零件 卧式车床所能车削的螺纹相当有限，它只能车削等导程的直、锥面米制、英制螺纹，而且一台车床只能限定加工若干种导程。数控车床不但能车削任何等导程的直、锥和端面螺纹，而且能车削增导程、减导程，以及要求等导程与变导程之间平滑过渡的螺纹。数控车床车削螺纹时主轴转向不必像普通车床那样交替变换，它可以一刀又一刀不停顿地循环，直到完成，所以它车削螺纹的效率很高。数控车床可以配备精密螺纹切削功能，再加上一般采用硬质合金成形刀片，以及可以使用较高的转速，所以车削出来的螺纹精度高、表面粗糙度轮廓值小。

三、数控车床的特点

数控车床与普通车床相比，有以下几个特点。

1）高精度。数控车床控制系统的性能不断提高，机械结构不断完善，机床精度日益提高。

2）高效率。随着新刀具材料的应用和机床结构的完善，数控车床的加工效率、主轴转速、传动功率不断提高，使得新型数控车床的空转动时间大为缩短。其加工效率比普通车床高2~5倍。加工零件形状越复杂，越体现出数控车床的高效率加工特点。

3）高柔性。数控车床具有高柔性，适应70%以上的多品种、小批量零件的自动加工。

4）高可靠性。随着数控系统的性能提高，数控车床的无故障工作时间迅速提高。

5）工艺能力强。数控车床既能用于粗加工又能用于精加工，可以在一次装夹中完成零件全部或大部分工序。

6）模块化设计。数控车床的设计多采用模块化原则设计。

随着数控系统、机床结构和刀具材料的技术发展，数控车床将向高速化发展，进一步提高主轴转速、刀架快速移动以及转位换刀速度；工艺和工序将更加复合化和集中化；数控车床向多主轴、多刀架加工方向发展；为实现长时间无人化全自动操作，数控车床向全自动化方向发展；机床的加工精度向更高方向发展。同时，数控车床也向简易型发展。

第二节　数控车床的主轴部件

一、主传动系统

数控车床的主传动系统包括主轴电动机、传动系统和主轴组件。与普通车床的主传动系统相比在结构上比较简单，这是因为变速功能全部或大部分由主轴电动机的无级调速来承担，省去了繁杂的齿轮变速机构，有些只有二级或三级齿轮变速系统用以扩大电动机无级调速的范围。

对数控车床的主传动系统有以下几点要求。

1）调速范围。各种不同的车床对调速范围的要求不同。多用途、通用性大的车床要求主轴的调速范围大，不但有低速大转矩功能，而且还要有较高的速度，如车削加工中心；而对于普通数控车床就不需要较大的调速范围。

2）热变形。电动机、主轴及传动件都是热源。低温升、小的热变形是对主传动系统要求的重要指标。

3）主轴的旋转精度和运动精度。主轴的旋转精度是指装配后，在无载荷、低速转动条件下测量主轴前端和300mm处的径向和轴向跳动值。主轴在工作速度旋转时测量上述两项精度称为运动精度。数控车床要求有高的旋转精度和运动精度。

4）主轴的静刚度和抗振性。由于数控车床加工精度较高，主轴的转速又很高，因此对主轴的静刚度和抗振性要求较高。主轴的轴颈尺寸、轴承类型及配置方式，轴承预紧量大小，主轴组件的质量分布是否均匀及主轴组件的阻尼等对主轴组件的静刚度和抗振性都会产生影响。

5）主轴组件的耐磨性。主轴组件必须有足够的耐磨性，使之能够长期保持精度。凡有机械摩擦的部件，如轴承、锥孔等都应有足够高的硬度，轴承处还应有良好的润滑。

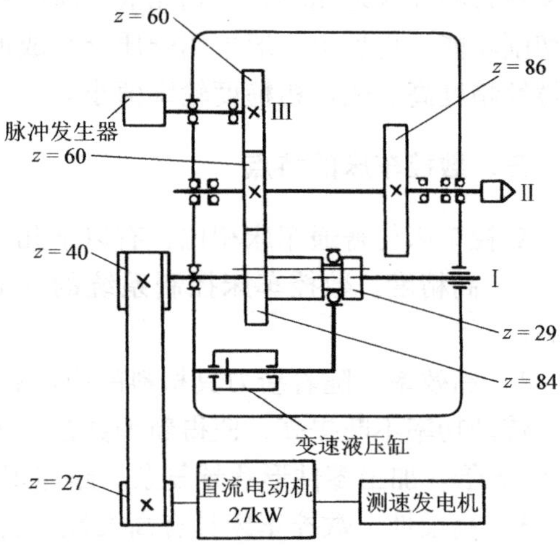

图 6-12　TND360 型数控车床主传动系统

图6-12所示为TND360型数控车床主传动系统。它由带测速发电机的直流电动机驱动，电动机的额定转速为2000r/min，最高转速为4000r/min，最低转速为35r/min。电动机通过同步齿形带使主轴箱Ⅰ轴旋转。主轴箱内有两对传动齿轮，经过齿轮84/60传动时，使主轴Ⅱ得到800～3150r/min的高速段，经过齿轮29/86传动时，使主轴获得7～760r/min的低速段，高速段和低速段的变换由液压拨叉推动滑移齿轮实现。主轴通过齿轮60/60带动主轴脉冲发生器，与主轴同步旋转，发出脉

冲，主轴每转一转脉冲发生器可发出1024个脉冲。这些脉冲送给CNC装置作为坐标轴向进给的脉冲源，经CPU对节距计算后，发给坐标轴的位置伺服系统，使进给量与主轴的转速保持要求的比率，可以车削螺纹。

数控机床的主传动要求具有较宽的调速范围，以保证在加工时能选用合理的切削用量，以获得最佳的表面加工质量、精度和生产率。数控机床的调速是按照控制指令自动进行的，因此变速机构必须适应自动操作要求。在主传动系统中，目前多采用交流主轴电动机和直流主轴电动机无级调速系统，为扩大调速范围，适应低速大转矩的要求，也经常采用齿轮有级调速和电动机无级调速相结合的调速方式。

数控机床主传动系统主要有四种配置方式，如图6-13所示。

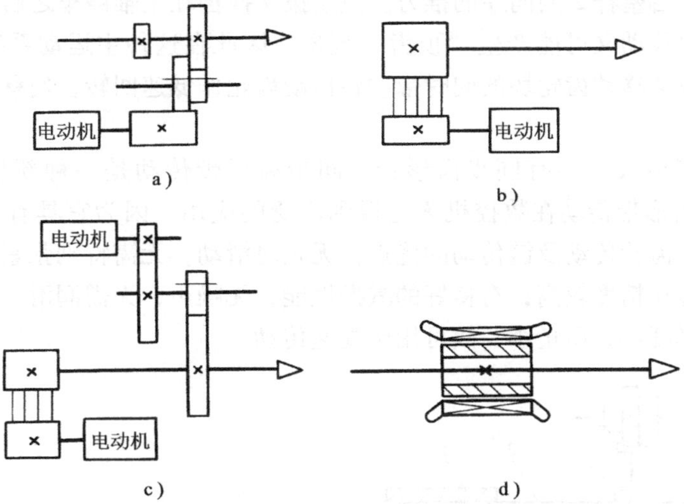

图6-13　数控机床主传动的四种配置方式

a）齿轮变速　b）带传动　c）两个电动机分别驱动　d）内装电动机主轴传动结构

（1）带有变速齿轮的主传动（见图6-13a）　这是大中型数控机床较常采用的配置方式，通过少数几对齿轮传动，扩大变速范围，由于电动机在额定转速以上的恒功率调速范围为2～5，当需扩大这个调速范围时常用变速齿轮的办法来扩大调速范围，滑动齿轮的移位大都采用液压拨叉或直接由液压缸带动齿轮来实现。

（2）通过带传动的主传动（见图6-13b）　这种传动主要用在转速较高、变速范围不大的数控机床，电动机本身的调速就能够满足要求，不用齿轮变速，可以避免由齿轮传动时所引起的振动和噪声。它适用于高速、低转矩特性有要求的主轴。常用的是同步齿形带。

（3）用两个电动机分别驱动主轴（见图6-13c）　这是上述两种方式的混合传动，具有上述两种性能，高速时由一个电动机通过带传动，低速时由另一个电动机通过齿轮传动，齿轮起到降速和扩大变速范围的作用，这样就使恒功率区增大，扩大了变速范围，避免了低速时转矩不够且电动机功率不能充分利用的问题。但两个电动机不能同时工作，也是一种浪费。

（4）内装电动机主轴传动结构（见图6-13d）　主轴和电动机转子装到一起，省去了电动机和主轴的传动件，主轴只承受转矩而没有弯矩。用于变速范围不大的高速主轴，但电动机发热对主轴的影响较大，需专门有一套主轴冷却装置冷却。

在带有齿轮传动的主传动系统中，齿轮的换挡主要都靠液压拨叉来完成，图 6-14 是三位液压拨叉的原理图。

通过改变不同的通油方式可以使三联齿轮块获得三个不同的变速位置。该机构除液压缸和活塞杆外，还增加了套筒 4。当液压缸 1 通入压力油，而液压缸 5 卸压时（见图 6-14a），活塞杆 2 便带动拨叉 3 向左移动到极限位置，此时拨叉带动三联齿轮块移动到左端。当液压缸 5 通压力油，而液压缸 1 卸压时（见图 6-14b），活塞杆 2 和套筒 4 一起向右移动，在套筒 4 碰到液压缸 5 的端部后，活塞杆 2 继续右移到极限位置，此时，三联齿轮块被拨叉 3 移动到右端。当压力油同时进入液压缸 1 和 5 时（见图 6-14c），由于活塞杆 2 的两端直径不同，使活塞杆处在中间位置。在设计活塞杆 2 和套筒 4 的截面直径时，应使套筒 4 的圆环面上的向右推力大于活塞杆 2 的向左的推力。液压拨叉换挡在主轴停车之后才能进行，但停车时拨叉带动齿轮块移动又可能产生“顶齿”现象，因此在这种主运动系统中通常设有一台微电动机，它在拨叉移动齿轮块的同时带动各传动齿轮作低速回转，使移动齿轮与主动齿轮顺利啮合。

传动主轴的带形式主要有同步齿形带。同步齿形带传动是一种新型的带传动，如图 6-15 所示。同步齿形带传动在数控机床上得到广泛的应用。因为它具有如下优点：同步齿形带兼有带传动、齿轮传动及链传动的优点，无相对滑动，无需特别张紧，传动效率高；平均传动比准确，传动精度较高；有良好的减振性能，无噪声，无需润滑，传动平稳。同步齿形带的强度高、厚度小、质量小，故可用于高速传动。

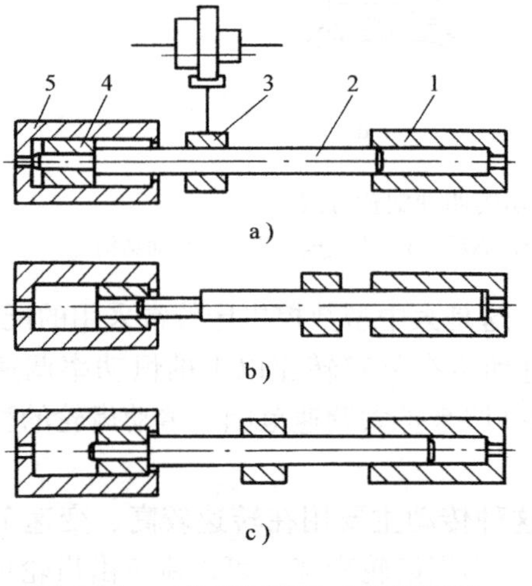

图 6-14　三位液压拨叉工作原理图

1、5—液压缸　2—活塞杆　3—拨叉　4—套筒

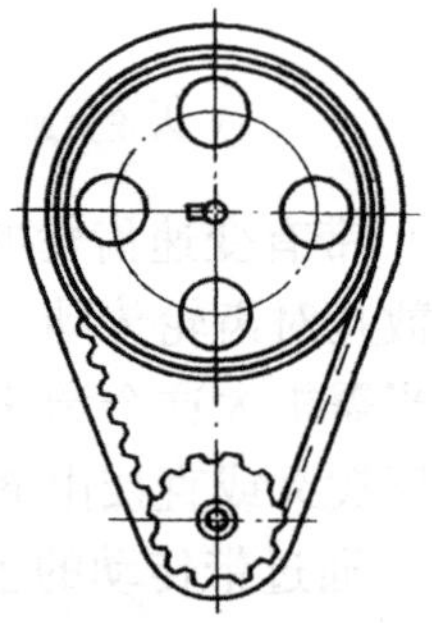

图 6-15　同步齿形带传动

同步齿形带根据齿形的不同又分为梯形齿同步带和圆弧齿同步带，图 6-16 是这两种同步齿形带的纵截面图。梯形齿同步带在传递功率时由于应力集中在齿根部位，使功率传递能力下降，且与轮齿啮合时由于受力状况不好，会产生噪声和振动。而圆弧齿同步带均化了应力，改善了啮合条件。所以带传动时，总是优先选用圆弧齿同步带。而梯形齿同步带，一般仅在转速不高的或小功率的动力传动中使用。同步齿形带的结构如图 6-17 所示，由强力层和带体两部分组成。

同步齿形带的主要参数：节距 t 为相邻两齿在节线上的距离。强力层的中心线规定为同

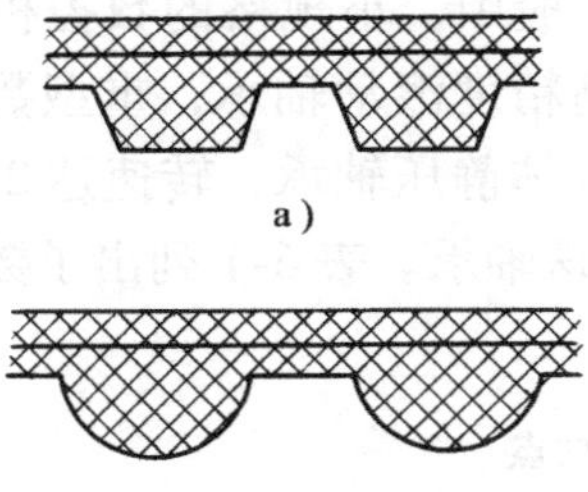

a)

b)

图 6-16　同步齿形带
a) 梯形齿　b) 圆弧齿

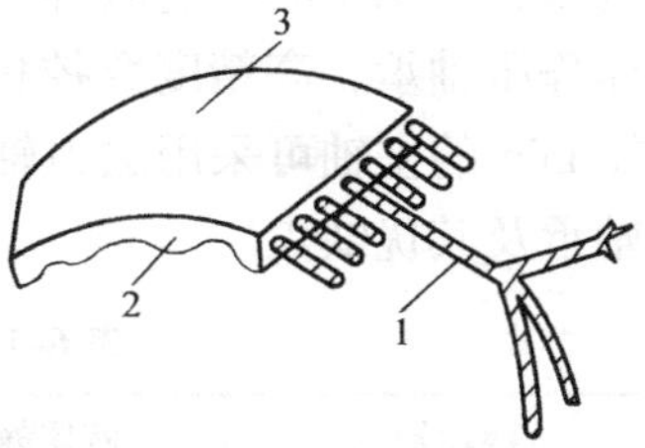

图 6-17　同步齿形带的结构
1—强力层　2—带齿　3—带背

步齿形带的节线（中性层），并以节线的周长 L 作为同步齿形带的公称长度。模数 m 是节距 t 与 π 之比，即 $m=t/\pi$，它代表带的基本特性尺寸，是同步齿形带尺寸计算的一个主要依据，一般取 $m=1\sim10$mm。其他参数可查有关手册。同步齿形带的标注方法为：模数×宽度×齿数，即 $m\times b\times z$。

同步齿形带带轮除轮缘表面需制出轮齿之外，其他结构与平带带轮相似。为了防止工作时同步齿形带的脱落，一般在小带轮两边装有挡边，如图 6-18a 所示；或在两带轮的不同侧边上装有挡边，如图 6-18b 所示；当带轮轴垂直安装时，两轮一般都需有挡边，或至少主动轮的两侧和从动轮下侧装有挡边，如图 6-18c 所示。

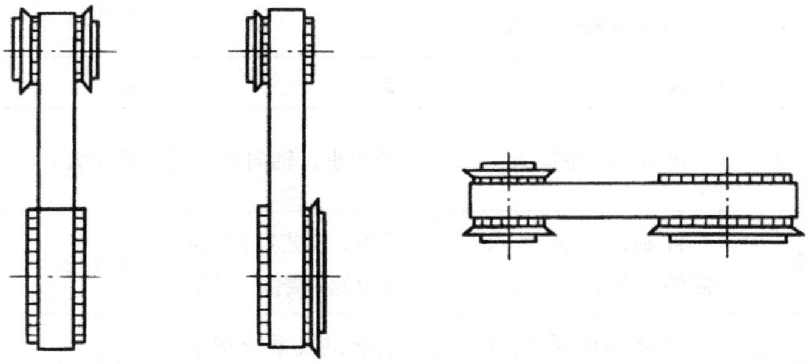

a)　b)　c)

图 6-18　带轮的结构

为了保证同步齿形带与带轮的正确啮合和良好的接触，必须满足：带轮沿节圆度量的齿距必须与同步齿形带的齿距相等，或带与带轮的模数相等；带轮的齿槽角应与同步齿形带的齿形角相等（$\alpha=40°$）。带轮的参数和尺寸可参阅有关手册。

二、主轴部件的支承

数控机床主轴部件是影响数控机床加工精度的主要部件，它的回转精度影响工件的加工精度；它的功率大小与回转速度影响加工效率；它的自动变速、准停等动作影响数控机床的自动化程度。因此要求主轴部件具有与本数控机床工作性能相适应的高的回转精度、刚度、抗振性、耐磨性和低温升；在结构上，必须很好地解决刀具或工件的装夹、轴承的配置、轴承间隙调整、润滑密封等问题。

主轴应根据数控机床的规格、精度采用不同的轴承。一般中、小规格的数控机床（如车床、铣床、加工中心、磨床等）的主轴部件多采用成组高精度滚动轴承，重型数控机床采用液体静压轴承，高精度数控机床（如坐标磨床）采用气体静压轴承，转速达 2×10^4 ~ 10×10^4r/min 的主轴可采用磁力轴承或氮化硅材料的陶瓷滚珠轴承。表 6-1 列出了数控机床的主轴轴承及其优缺点。

表 6-1　数控机床的主轴轴承及其优缺点

性能	滚动轴承	液体静压轴承	气体静压轴承	磁力轴承	陶瓷轴承
旋转精度	一般或较高，在预紧无间隙时较高	高 精度保持性好	高 精度保持性好	一般	同滚动轴承
刚度	一般或较高 预紧后较高，取决于所用轴承形式	高 与节流阀形式有关，薄膜反馈或滑阀反馈很高	较差 因空气可压缩，与承载力大小有关	不及一般的滚动轴承	比一般滚动轴承差
抗振性	较差 阻尼比 ξ：0.02 ~ 0.04	好 阻尼比 ξ：0.045 ~ 0.065	好	较好	同滚动轴承
速度性能	用于中、低速，特殊轴承可用于较高速	用于各种速度	用于超高速	用于高速 30 ~ 50kr/min	用于中、高速，热传导率低，不易发热
摩擦损耗	较小 $\mu=0.002\sim0.008$	小 $\mu=0.0005\sim0.001$	小	很小	同滚动轴承
寿命	疲劳强度限制	长	长	长	较长
结构尺寸	径向大，轴向小	径向小，轴向大	径向小，轴向大	径向大	径向大，轴向小
制造难易	专业化，标准化	自制，工艺要求高，需供油设备	自制，工艺要求较液压系统低，需供气设备	较复杂	比滚动轴承差
使用维修	简单，用油脂润滑	要求供油系统清洁，较难	要求供气系统清洁度高，较易	较难	较难
成本	低	较高	较高	高	较高

数控机床主轴的转速高，为减少主轴的发热，必须改善轴承的润滑方式。润滑的作用是在摩擦副表面形成一层薄油膜，以减少摩擦发热。在数控机床上的润滑一般采用高级油脂封入方式润滑，每加一次油脂可以使用 7 ~ 10 年。也有用油气润滑，除在轴承中加入少量润滑油外，还引入压缩空气，使滚动体上包有油膜，起到润滑作用，再用空气循环冷却。表 6-2 是几种高速主轴的布置形式及其润滑方式。

表 6-2　高速主轴的布置形式及其润滑方式

轴承布置	最高转速/（r/min）	润滑方式
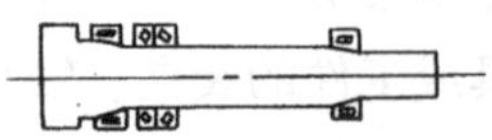	6000	油脂

（续）

轴承布置	最高转速/（r/min）	润滑方式
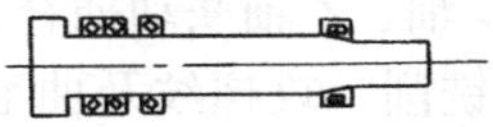	10000	油脂
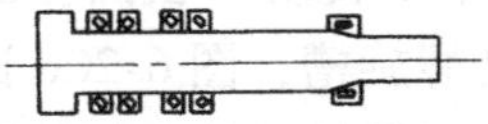	15000	油雾
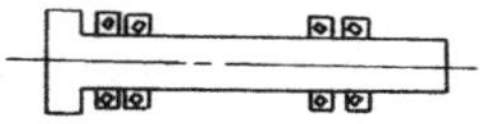	20000	油雾

三、主轴部件的结构

主轴是机床的重要部件，其结构的先进性已成为衡量机床水平的标志之一。因此，合理选择主轴结构十分重要。具体来说，应当满足传动精度高，刚性好，旋转时轴向和径向跳动小，高转速温升低，热变形小，噪声要降低到最低限度。为此，国内外设计者们在主轴设计和试验研究中花费了很大精力，企图从无数个试验数据中找出合理的结构。由于受诸多因素的影响，主轴结构的理想方案不可能是唯一的。而机床规格、转速和加工要求又是影响主轴结构的重要因素。

1. TND360 型数控车床主轴部件

TND360 型数控车床主轴部件结构，如图 6-19 所示。因主轴在切削时承受较大的切削力，所以其轴径较大，刚性好。前轴承为三个一组结构，均为角接触球轴承，前面两个轴承 4、5 大口朝向主轴前端，以承受轴向切削力，后面一个轴承 3 大口朝里。主轴前轴承的内外圈轴向由轴肩和箱体孔的台阶固定，以承受轴向载荷。后轴承 1、2 也由一对背对背的角接触球轴承组成，只承受径向载荷，并由后压套进行预紧。轴承预紧量预先配好，直接装配，不需修磨。主轴为空心主轴，通过棒料的直径可达 60mm。

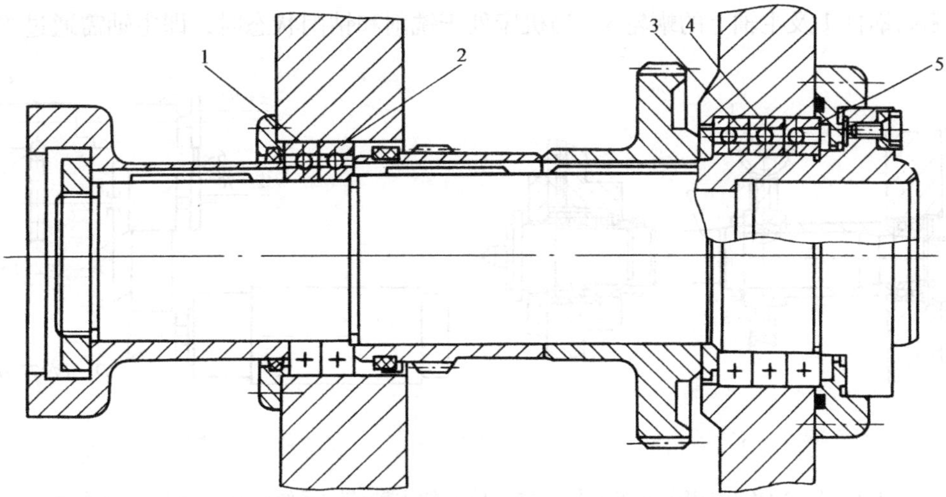

图 6-19　TND360 型车床主轴

1、2—后轴承　3—轴承　4、5—前轴承

2. 车削中心的主轴部件

车削中心的主传动系统与数控车床基本相同，只是增加了主轴的 C 轴坐标功能，以实现主轴的定向停车和圆周进给，并在数控装置控制下实现 C 轴、Z 轴联动插补，或 C 轴、X 轴联动插补，以进行圆柱面上或端面上任意部位的钻削、铣削、攻螺纹及曲面铣加工，图 6-20 为 C 轴功能的示意图。图 6-20a 让 C 轴分度定位（主轴不转动）在圆柱面或端面上铣直槽；图 6-20b 让 C 轴、Z 轴实现插补进给，在圆柱面上铣螺旋槽；图 6-20c 让 C 轴、X 轴实现插补进给在端面上铣螺旋槽；图 6-20d 让 C 轴、X 轴实现插补进给在圆柱面或端面上铣直线和平面。

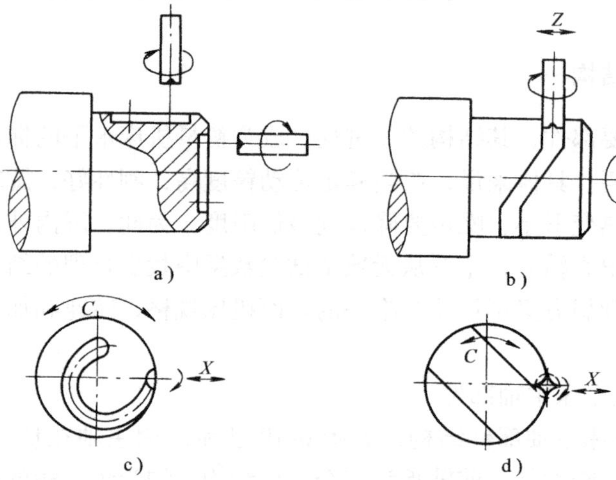

图 6-20　C 轴功能的示意图

a）在圆柱面或端面上铣直槽　b）在圆柱面上铣螺旋槽　c）在端面上铣螺旋槽　d）铣直线和平面

C 轴传动有多种结构形式。图 6-21 为 MOC200MS3 型车削柔性加工单元的主轴传动系统结构和 C 轴传动及主传动系统简图。C 轴分度采用可啮合和脱开的精密蜗轮蜗杆副结构，由伺服电动机驱动蜗杆 1 及主轴上的蜗轮 3，当机床处于铣削和钻削状态时，即主轴需通过 C 轴回转

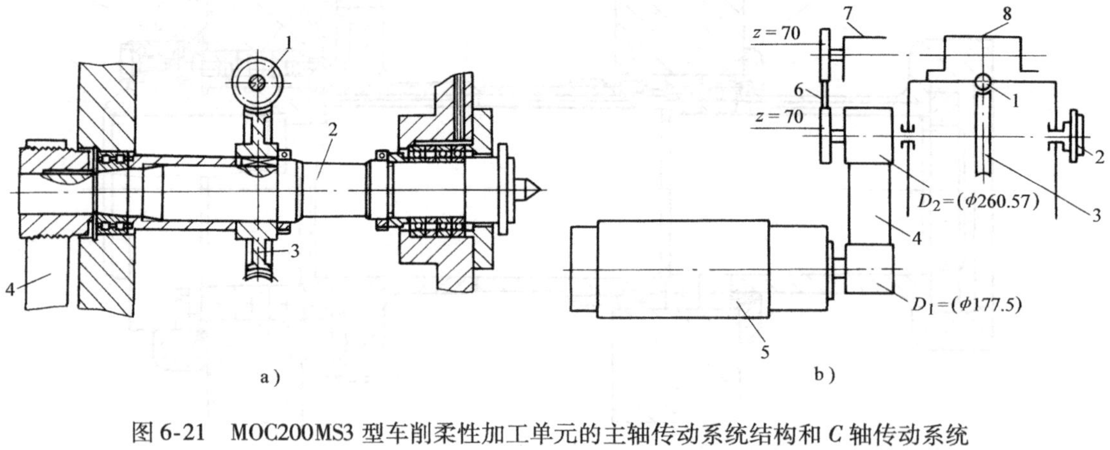

图 6-21　MOC200MS3 型车削柔性加工单元的主轴传动系统结构和 C 轴传动系统

a）主轴结构简图　b）C 轴传动及主传动系统简图

1—蜗杆　2—主轴　3—蜗轮　4—齿形带　5—主轴电动机　6—同步带　7—脉冲编码器　8—C 轴伺服电动机

或分度时，蜗杆与蜗轮啮合。C 轴的分度精度由脉冲编码器 7 保证，分度精度为 0.01°。

图 6-22 是 CH6144 型车削中心的 C 轴传动系统简图。该部件由主轴箱和 C 轴控制箱两部分组成。当主轴处在一般工作状态时，换位液压缸 6 使滑移齿轮 5 与主轴齿轮 7 脱离啮合，制动液压缸 10 脱离制动，主轴电动机通过 V 带轮 11 带动齿轮使主轴 8 旋转。当主轴需要 C 轴控制作分度或回转时，主轴电动机处于停止工作状态，齿轮 5 与齿轮 7 啮合。在制动液压缸未制动状态下，C 轴伺服电动机根据指令脉冲值旋转，通过 C 轴变速箱变速，经齿轮 5、7 使主轴分度，然后制动液压缸工作制动主轴。进行铣削时，除制动液压缸不制动主轴外，其他运行与上述相同，此时主轴按指令作缓慢地连续旋转进给运动。

图 6-23 为 S3—317 型车削中心的 C 轴传动系统简图。C 轴的传动是通过安装在伺服电动机轴上的滑移齿轮带动主轴旋转，可实现主轴旋转进给和分度。当不使用 C 轴传动时，伺服电动机轴上的滑移齿轮脱开，主轴由主电动机带动（图中未画）。为了防止主传动和 C 轴传动之间产生干涉，在伺服电动机上的滑移齿轮的啮合位置装有检测开关（图中未画），利用开关的检测信号，以识别主轴的工作状态，当 C 轴工作时，主电动机就不能起动。主轴分度是采用安装在主轴上的三个 120 齿的分度齿轮来实现的。在安装时三个齿轮分别错开一个齿，以实现主轴的最小分度值 1°。主轴定位依靠带齿的连杆完成，定位后通过液压缸压紧。三个液压缸分别配合三个连杆协调动作，用电气实现自动定位控制。

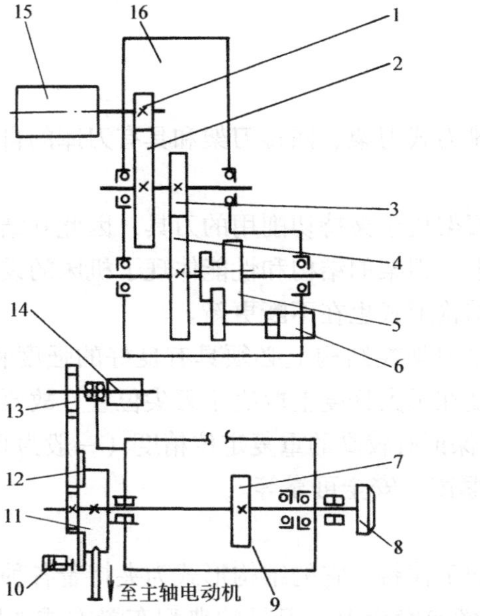

图 6-22　CH6144 型车削中心的 C 轴传动系统
1～4—传动齿轮　5—滑移齿轮　6—换位液压缸　7—主轴齿轮　8—主轴　9—主轴箱　10—制动液压缸　11—V 带轮　12—主轴制动盘　13—同步带轮　14—脉冲编码器　15—C 轴伺服电动机　16—C 轴控制箱

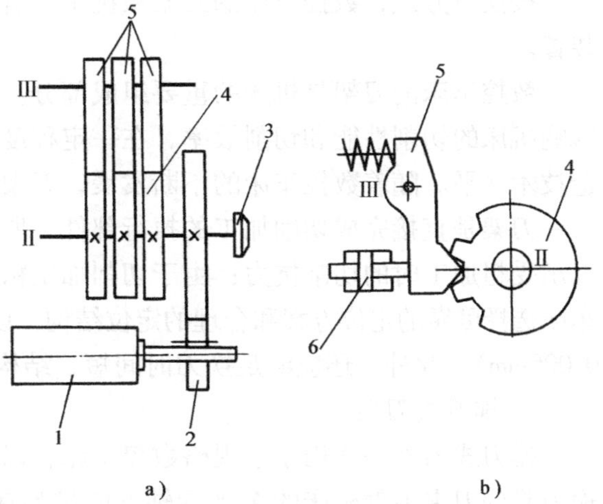

图 6-23　S3—317 的 C 轴传动系统
1—C 轴伺服电动机　2—滑移齿轮　3—主轴　4—分度齿轮　5—插销连杆　6—压紧液压缸

四、主轴端部的结构形状

主轴端部系指主轴前端，它的形状决定于机床的类型、安装夹具或刀具的形式，并应保证夹具或刀具安装可靠，装卸方便，具有较高的定位精度和连接刚度，并能传递足够的转矩。轴端结构应使悬伸长度尽量短，以便于提高主轴刚度。由于刀具、卡盘或夹具已经标准化，机床的主轴端部结构形状和尺寸也已标准化。如图 6-24 所示，为数控车床常用的主轴端部结构。

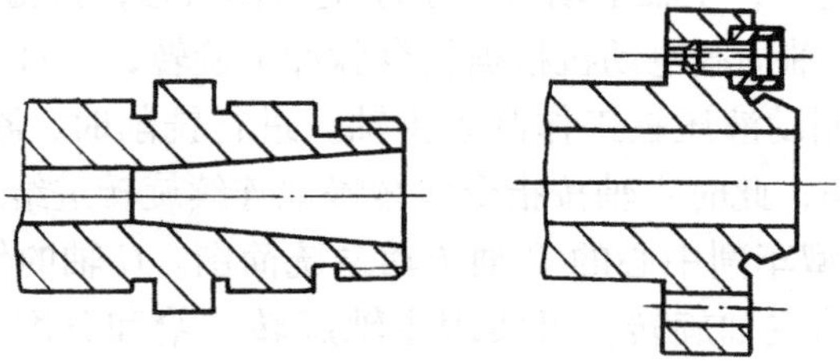

图 6-24　数控车床常用的主轴轴端结构

第三节　数控车床的辅助装置

一、自动换刀机构

按换刀方式，数控车床的刀架系统主要有排刀式刀架、回转刀架和具有刀库的自动换刀装置。

数控车床的刀架是机床的重要组成部分。刀架用于夹持切削用的刀具，因此其结构直接影响机床的切削性能和切削效率，在一定程度上，刀架的结构和性能体现了机床的设计和制造技术水平。随着数控车床的不断发展，刀架结构形式也在不断更新。

刀架是直接完成切削加工的执行部件，所以刀架在结构上必须具有良好的强度和刚度，以承受粗加工时的切削抗力；由于切削加工精度在很大程度上取决于刀尖位置，故要求数控车床选择可靠的定位方案和合理的定位结构，以保证有较高的重复定位精度（一般为 0.001 ~ 0.005mm）。此外，还应满足换刀时间短、结构紧凑、安全可靠等。

1. 排刀式刀架

排刀式刀架一般用于小规格数控车床，以加工棒料。它的结构形式为夹持着各种不同用途刀具的刀夹沿着机床的 X 坐标轴方向排列在横向滑板上。刀具的典型布置方式如图 6-25 所示。这种刀架在刀具布置和机床调整等方面都较方便，可以根据具体工件的车削工艺要求，任意组合各种不同用途的刀具，一把刀完成车削任务后，横向滑板只要按程序沿 X 轴向移动预先设定的距离后，第二把刀就到达加工位置，这样就完成了机床的换刀动作。这种换刀方式迅速省时，有利于提高机床的生产率。若使用图 6-26 所示的快换台板实现成组刀具的机外预调，可使换刀时间大为缩短。另外，还可以安装各种不同用途的动力刀具来完成一些简单的钻、铣、攻螺纹等二次加工工序，以使机床在一次装夹中完成工件的全部或大部分加工工序。

2. 回转刀架

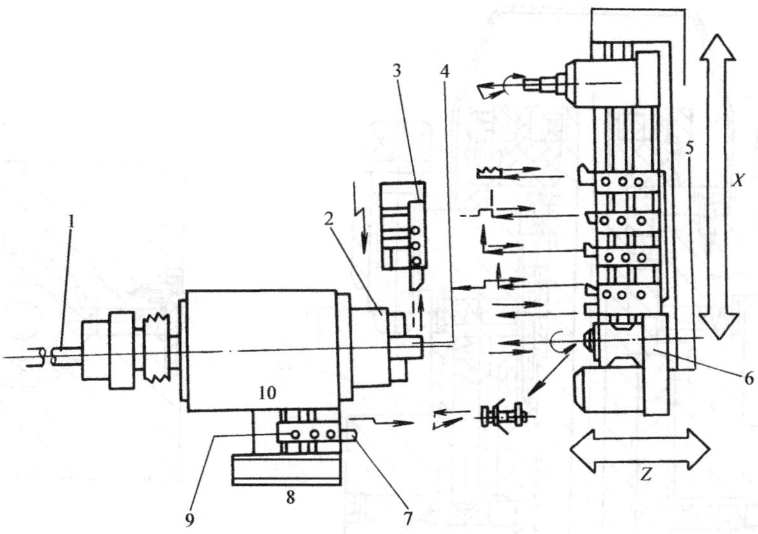

图6-25　排刀式刀架布置图

1—棒料送进装置　2—卡盘　3—切断刀架　4—工件　5—刀具　6—附加主轴头
7—去毛刺和背面加工刀具　8—工件托料盘　9—切向刀架　10—主轴箱

（1）经济型数控车床方刀架　经济型数控车床方刀架是在普通车床四方刀架的基础上发展的一种自动换刀装置，其功能和普通四方刀架一样：有四个刀位，能装夹四把不同功能的刀具，方刀架回转90°时，刀具变换一个刀位，但方刀架的回转和刀位号的选择是由加工程序指令控制。换刀时方刀架的动作顺序是：刀架抬起→刀架转位→刀架定位→夹紧刀架。WZD4型刀架的具体结构，如图6-27所示。

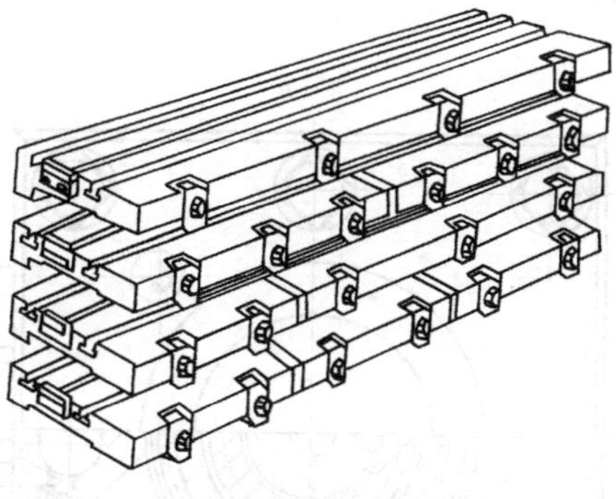

图6-26　快换台板

该刀架可以安装四把不同的刀具，转位信号由加工程序指定。当换刀指令发出后，小型电动机1起动正转，通过平键套筒联轴器2使蜗杆轴3转动，从而带动蜗轮4转动。蜗轮4的上部外圆柱加工有外螺纹，故又称该零件为蜗轮丝杠。刀架体7内孔加工有内螺纹，与蜗轮丝杠旋合。蜗轮丝杠内孔与刀架中心轴外圆是间隙配合，在转位换刀时，中心轴固定不动，蜗轮丝杠环绕中心轴旋转。当蜗轮开始转动时，由于在刀架底座5和刀架体7上的端面齿处在啮合状态，且蜗轮丝杠轴向固定，这时刀架体7抬起。当刀架体抬至一定距离后，端面齿脱开。转位套9用销与蜗轮丝杠联接，随蜗轮丝杠一同转动，当端面齿完全脱开，转位套9正好转过160°（如图中*A*—*A*剖视所示），球头销8在弹簧力的作用下进入转位套9的槽中，带动刀架体转位。刀架体7转动时带着电刷座10转动，当转到程序指定的刀号时，粗定位销15在弹簧的作用下进入粗定位盘6的槽中进行粗定位，同时电刷13、14接触导通，使电动机1反转，由于粗定位槽的限制，刀架体7不能转动，使其在该位置垂直落下，刀架体7和刀架底座5上的端面齿啮合，实现精确定位。电动机继续反转，此时蜗轮停止转动，蜗杆轴3

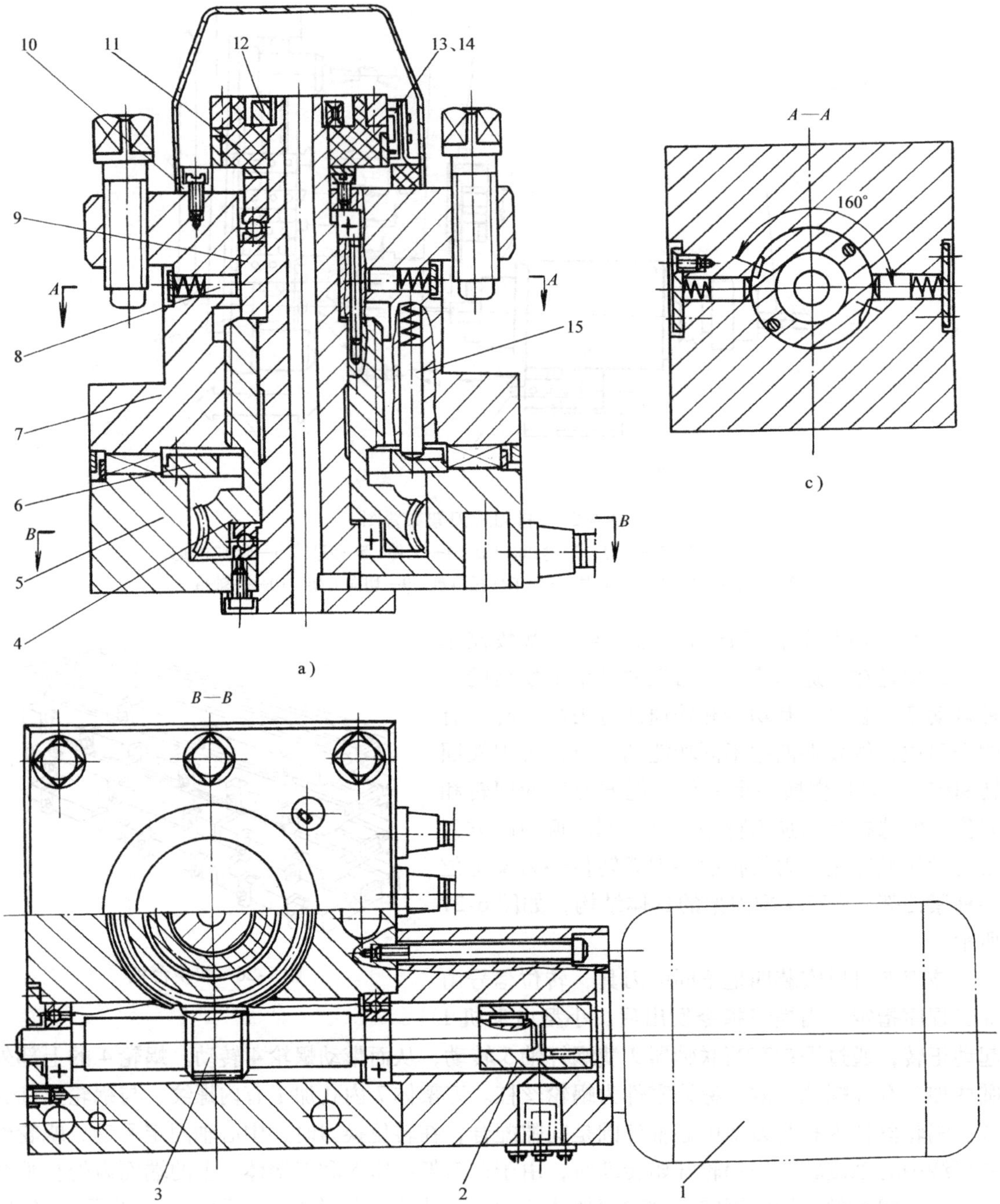

图 6-27　WZD4 型数控车床方刀架结构

1—电动机　2—联轴器　3—蜗杆轴　4—蜗轮丝杠　5—刀架底座　6—粗定位盘　7—刀架体
8—球头销　9—转位套　10—电刷座　11—发信体　12—螺母　13、14—电刷　15—粗定位销

继续转动，随夹紧力增加，转矩不断增大时，达到一定值时，在传感器的控制下，电动机 1 停止转动。

译码装置由发信体 11、电刷 13、14 组成，电刷 13 负责发信，电刷 14 负责位置判断。当刀架定位出现过位或不到位时，可松开螺母 12 调好发信体 11 与电刷 14 的相对位置。这种刀架在经济型数控车床及普通车床的数控化改造中得到广泛的应用。

（2）盘形自动回转刀架　图 6-28 为 CK7815 型数控车床采用的 BA200L 盘形自动回转刀

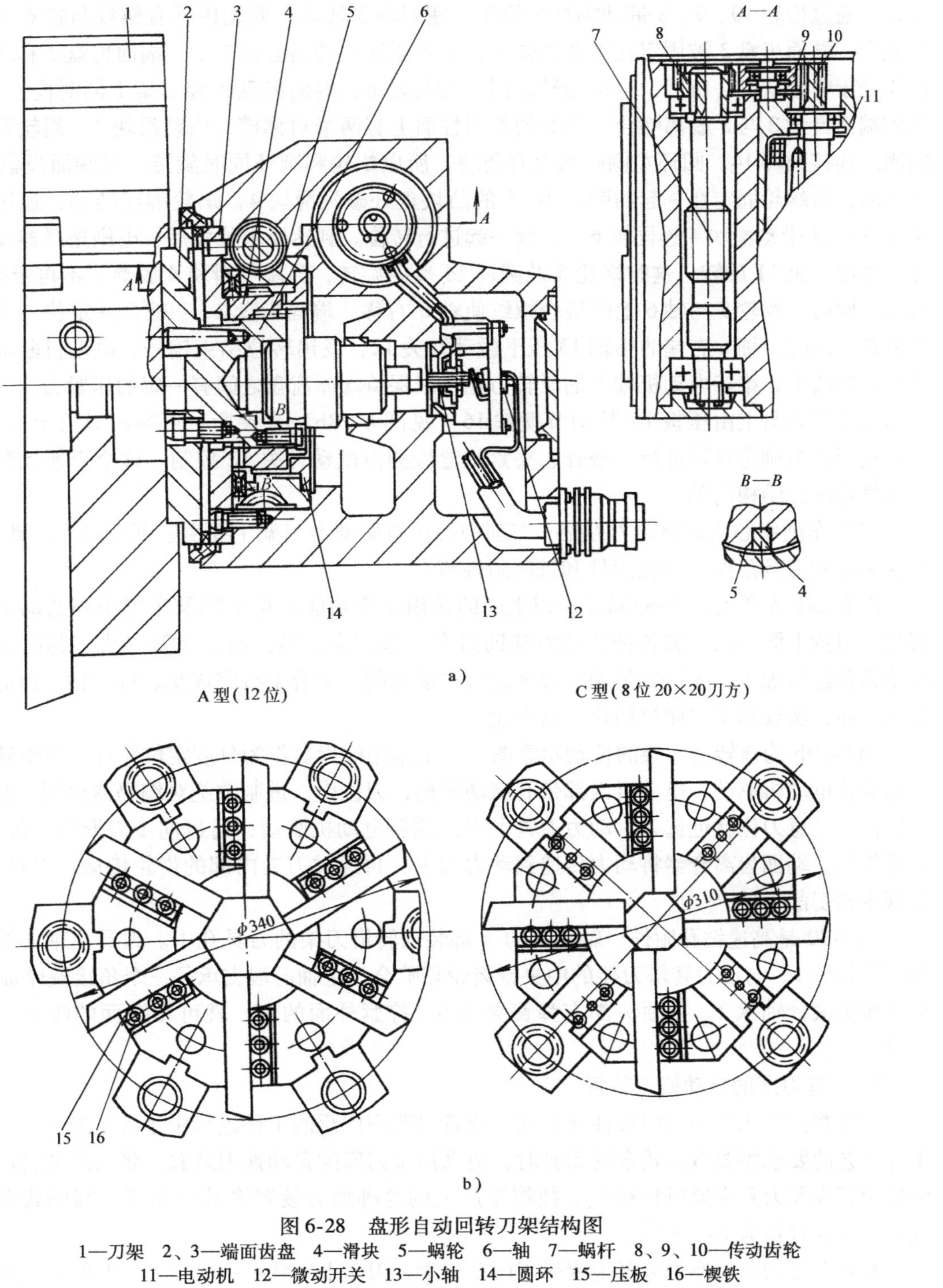

图 6-28　盘形自动回转刀架结构图

1—刀架　2、3—端面齿盘　4—滑块　5—蜗轮　6—轴　7—蜗杆　8、9、10—传动齿轮　11—电动机　12—微动开关　13—小轴　14—圆环　15—压板　16—楔铁

架结构图。该刀架可配置12位（A型或B型）、8位（C型）刀盘。A、B型回转刀盘的外切刀可使用25mm×150mm标准刀具和刀杆截面为25mm×25mm的可调工具，C型可用尺寸为20mm×20mm×125mm的标准刀具。镗刀杆直径最大为32mm。

刀架转位为机械传动，端面齿盘定位。转位开始时，电磁制动器断电，电动机11通电转动，通过齿轮10、9、8带动蜗杆7旋转，使蜗轮5转动。蜗轮内孔有螺纹与轴6上的螺纹配合。端面齿盘3被固定在刀架箱体上，轴6固连在端面齿盘2上，端面齿盘2和端面齿盘3处于啮合状态，所以，当蜗轮转动时，使得轴6、端面齿盘2和刀架1同时向左移动，直到端面齿盘2与3脱离啮合。轴6的外圆柱面上有两个对称槽，内装滑块4。蜗轮5的右侧固定连接圆环14，圆环左侧端面上有凸块，所以蜗轮和圆环同时旋转。当端面齿盘2、3脱开后，与蜗轮固定在一起的圆环14上的凸块正好碰到滑块4，蜗轮继续转动，通过圆环14上的凸块带动滑块4连同轴6、刀盘一起进行转位。到达要求位置后，电刷选择器发出信号，使电动机11反转，这时蜗轮5及圆环14反向旋转，凸块与滑块4脱离，不再带动轴6转动；同时，蜗轮5与轴6上的旋合螺纹使轴6右移，端面齿盘2、3啮合并定位。压紧端面齿盘的同时，轴6右端的小轴13压下微动开关12，发出转位结束信号，电动机断电，电磁制动器通电，维持电动机轴上的反转力矩，以保持端面齿盘之间有一定的压紧力。

刀具在刀盘上由压板15及调节楔铁16（见图6-28b）来夹紧，更换和对刀十分方便。刀位选择由电刷选择器进行，松开、夹紧位置检测由微动开关12控制。整个刀架控制是一个电气系统，结构简单。

（3）车削中心用自驱动力刀架　车削中心用自驱动力刀架主要由三部分组成：动力源、变速装置和刀具附件（钻孔附件和铣削附件等）。

图6-29a为意大利Baruffaldi公司生产的适用于全功能数控车床及车削中心的动力转塔刀架。刀盘上既可以安装各种非动力辅助刀夹（车刀夹、镗刀夹、弹簧夹头、莫氏刀柄），夹持刀具进行加工，还可安装动力刀夹进行主动切削，配合主机完成车、铣、钻、镗等各种复杂工序，实现加工程序自动化、高效化。

图6-29b为该转塔刀架的传动示意图。刀架采用端齿盘作为分度定位元件，刀架转位由三相异步电动机驱动，电动机内部带有制动机构，刀位由二进制数绝对编码器识别，并可双向转位和任意刀位就近选刀。动力刀具由交流伺服电动机驱动，通过同步齿形带、传动轴、传动齿轮、端面齿离合器将动力传递到动力刀夹，再通过刀夹内部的齿轮传动，刀具回转，实现主动切削。

图6-30是高速钻孔附件。轴套4的A部装入转塔刀架的刀具孔中。刀具主轴3的右端装有锥齿轮1，与动力转塔刀架的中央锥齿轮相啮合。主轴前端支承是三个角接触球轴承5，后支承为滚针轴承2。主轴头部有弹簧夹头6。拧紧外面的套，就可靠锥面的收紧力夹持刀具。

3. 具有刀库的自动换刀装置

随着数控车床进一步向柔性化发展，或者对范围广泛的工件进行中小批量加工，或根据工件工艺的要求需要数量较多的刀具时，应采用带刀库的自动换刀装置。带刀库的自动换刀装置由刀库和刀具交换机构组成。数控车床上的这种换刀装置多数采用刀具编码式选刀方式，刀库的容量为10～30把。

数控车床的自动换刀装置主要采用回转刀盘，刀盘上安装8～12把刀。有的数控车床采

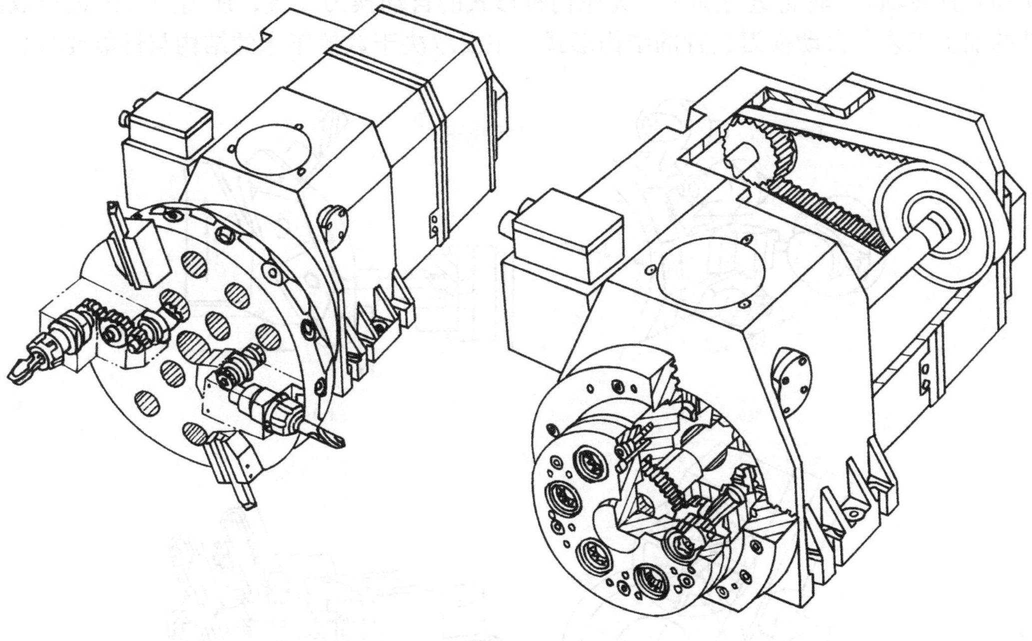

图 6-29　动力转塔刀架

a）刀架外形　b）传动示意图

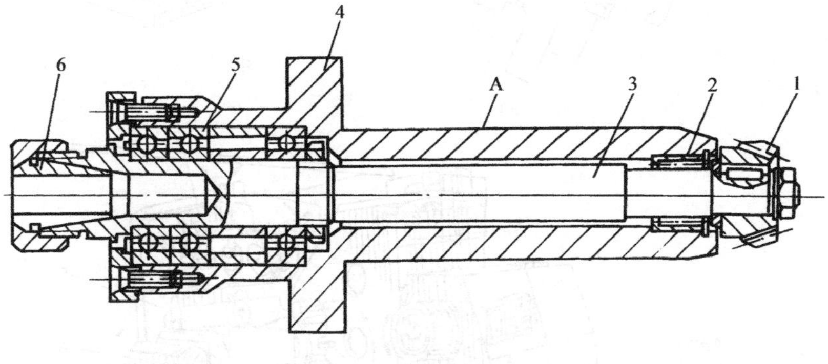

图 6-30　高速钻孔附件

1—锥齿轮　2—滚针轴承　3—主轴　4—轴套　5—角接触球轴承　6—弹簧夹头

用两个刀盘，实行四坐标控制，少数数控车床也具有刀库形式的自动换刀装置。图 6-31a 是一个刀架上的回转刀盘，刀具与主轴中心平行安装，回转刀盘既有回转运动又有纵向进给运动（S_Z）和横向进给运动（S_H）。图 6-31b 为刀盘中心线相对于主轴中心线倾斜的回转刀盘，刀盘上有 6～8 个刀位，每个刀位上可装两把刀具，分别加工外圆和内孔。图 6-31c 为装有两个刀盘的数控车床，刀盘 1 的回转中心与主轴中心线平行，用于加工外圆；刀盘 2 的回转中心线与主轴中心线垂直，用以加工内表面。图 6-31d 为安装有刀库的数控车床，刀库可以是回转式或链式，通过机械手交换刀具。图 6-31e 是带鼓轮式刀库的车削中心，回转刀盘 3 上面装有多把刀具，鼓轮式刀库 4 上可装 6～8 把刀，机械手 5 可将刀库中的刀具换到刀具转轴 6 上，刀具转轴 6 可由电动机驱动回转进行铣削加工，回转头 7 可交换采用回转刀盘 3 和刀具转轴 6，轮番进行加工。无论何种形式的自动换刀装置，所需刀具的数目取决于零件的加工工艺。自动换刀装置的结构形式，主要取决于数控车床的结构与性能要求。

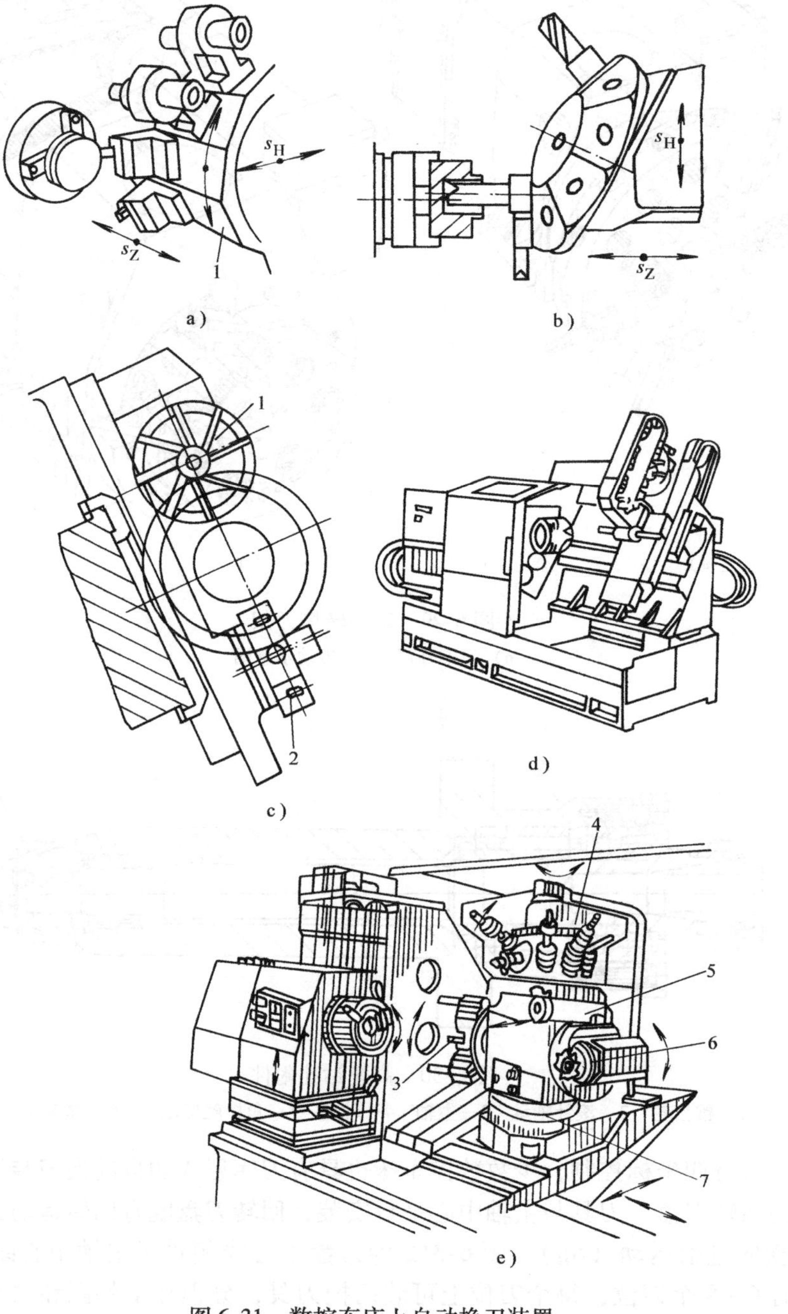

图 6-31　数控车床上自动换刀装置

a)、b）回转刀盘　c）双回转刀盘　d）链式刀库的数控车床　e）鼓轮式刀库数控车床

1、2—刀盘　3—回转刀盘　4—鼓轮式刀库　5—机械手　6—刀具转轴　7—回转头

如图 6-32 所示的自动换刀数控车床中，链式刀库安装在车床尾部，机械手与刀库直接交换刀具。为了节省占地面积，链环装在车床尾部的一个立柱上。

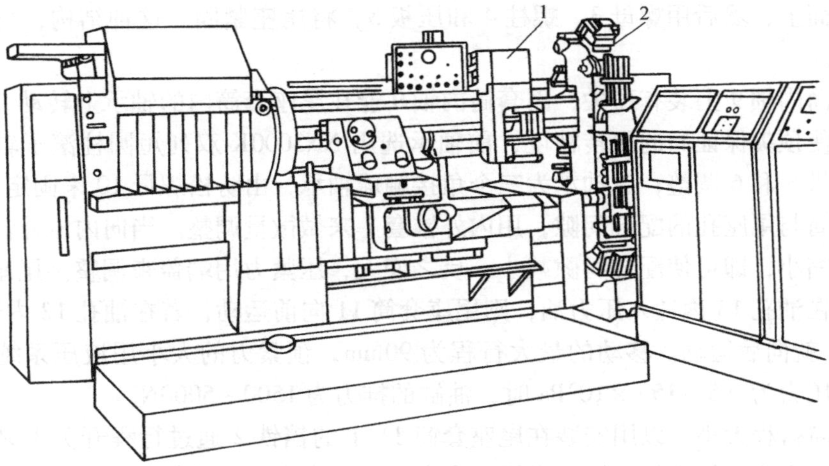

图 6-32　自动换刀数控车床

1—机械手　2—链式刀库

二、尾座

CK7815 型数控车床尾座结构如图 6-33 所示。当手动移动尾座到所需位置后，先用螺柱 16 进行预定位，紧螺柱 16 时，使两楔块 15 上的斜面顶出销轴 14，使得尾座紧贴在矩形导

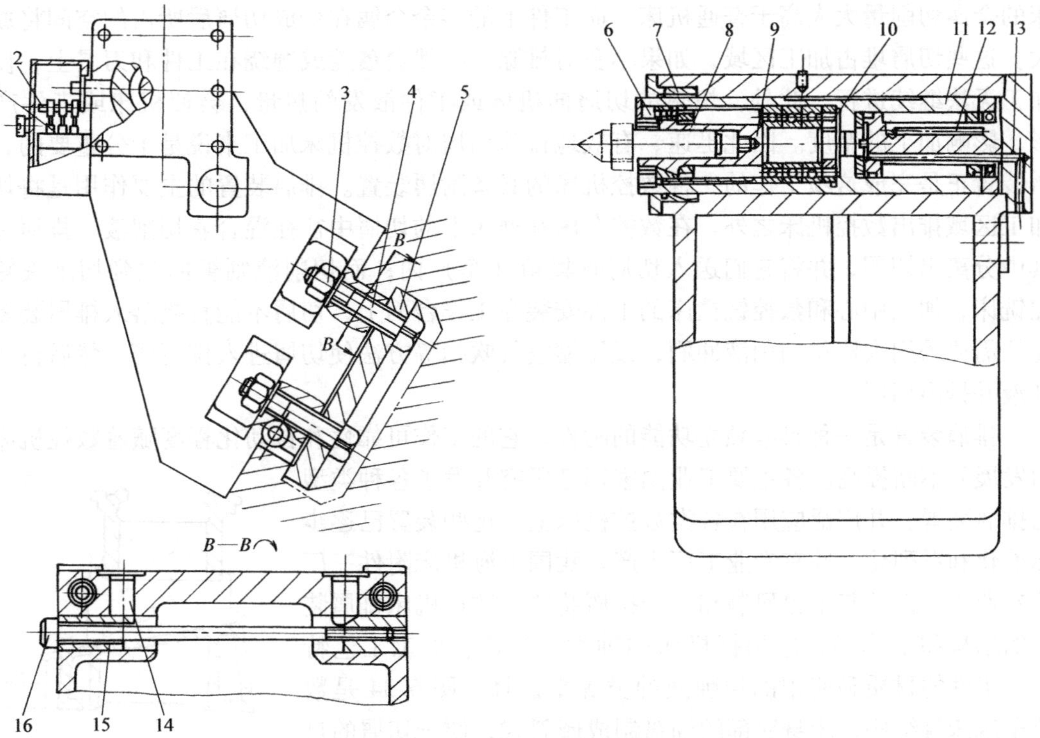

图 6-33　尾座

1—开关　2—挡铁　3、6、8、10—螺母　4、16—螺柱　5—压板　7—锥套

9—套筒内轴　11—套筒　12、13—油孔　14—销轴　15—楔块

轨的两内侧面上，然后用螺母 3、螺柱 4 和压板 5，将尾座紧固。这种结构，可以保证尾座的定位精度。

尾座套筒内轴 9 上装有顶尖，因套筒内轴 9 能在尾座套筒内的轴承上转动，故顶尖是活顶尖。为了使顶尖保证高的回转精度，前轴承选用 NN3000K 双列短圆柱滚子轴承，轴承径向间隙用螺母 8 和 6 调整；后轴承为三个角接触球轴承，由防松螺母 10 来固定。

尾座套筒与尾座孔的配合间隙，用内外锥套 7 来做微量调整。当向内压外锥套时，使得内锥套内孔缩小，即可使配合间隙减小；反之变大，压紧力用端盖来调整。尾座套筒用压力油驱动。若在油孔 13 内通入压力油，则尾座套筒 11 向前运动，若在油孔 12 内通入压力油，尾座套筒 11 就向后运动。移动的最大行程为 90mm，预紧力的大小用液压系统的压力来调整。在系统压力为（5～15）$\times 10^5$Pa 时，油缸的推力为 1500～5000N。

尾座套筒行程大小可以用安装在尾座套筒 11 上的挡铁 2 通过行程开关 1 来控制。尾座套筒的进退由操作面板上的按钮来操纵。在电路上尾座套筒的动作与主轴互锁，即在主轴转动时，按动尾座套筒退出按钮，套筒并不动作，只有在主轴停止状态下，尾座套筒才能退出，以保证安全。在主轴达 5000r/min 高速度时，尾座不能用最大顶紧力。

三、排屑装置

1. 排屑装置在数控机床上的作用

数控机床的出现和发展，使机械加工的效率大大提高。也就是说，在单位时间内数控机床的金属切削量大大高于普通机床，而工件上的多余金属在变成切屑后所占的空间将成倍加大。这些切屑堆占加工区域，如果不及时排除，必然会覆盖或缠绕在工件和刀具上，使自动加工无法继续进行。此外，炽热的切屑向机床或工件散发的热量，会使机床或工件产生变形，影响加工的精度。因此迅速、有效地排除切屑对数控机床加工来说是十分重要的，而排屑装置正是完成这项工作的一种数控机床的必备附属装置。排屑装置的主要作用是将切屑从加工区域排出数控机床之外。在数控车床和磨床上的切屑中往往混合着切削液，排屑装置从其中分离出切屑，并将它们送入切屑收集箱（车）内；而切削液则被回收到切削液箱。数控铣床、加工中心和数控铣镗床的工件安装在工作台面上，切屑不能直接落入排屑装置，故往往需要采用大流量切削液冲刷，或压缩空气吹扫等方法使切屑进入排屑槽，然后再回收切削液并排出切屑。

排屑装置是一种具有独立功能的附件，它的工作可靠性和自动化程度随着数控机床技术的发展而不断提高。各主要工业国家都已研究开发了各种类型的排屑装置，并广泛应用在各类数控机床上。这些装置已逐步标准化和系列化，并有专业工厂生产。我国上海机床附件三厂等专业工厂近几年来也研制和生产排屑装置。数控机床排屑装置的结构和工作形式应根据机床的种类、规格、加工工艺特点，工件的材质和使用的切削液种类等来选择。图 6-34 是数控车床床身结构，床身底部的油盘制成倾斜式，便于切屑的自动集中和排出。

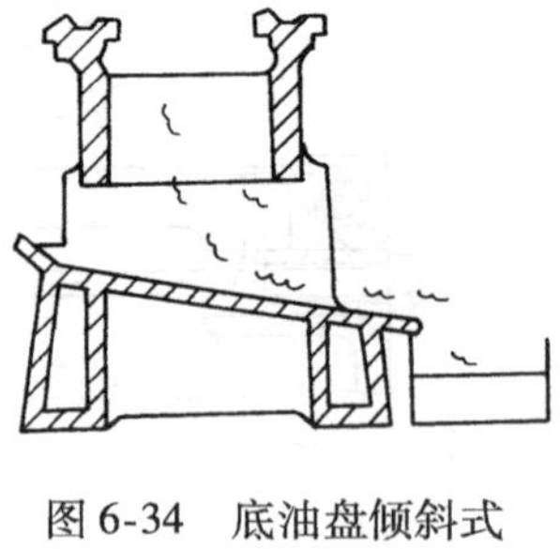

图 6-34　底油盘倾斜式便于排屑图

2. 典型排屑装置介绍

排屑装置的种类繁多，图 6-35 所示为其中的几种。排屑装置的安装位置一般都尽可能靠近刀具切削区域。数控车床的排屑装置，装在回转工件下方，以利于简化机床或排屑装置结构，减小机床占地面积，提高排屑效率。排出的切屑一般都落入切屑收集箱或小车中，有的则直接排入车间排屑系统。几种常见的排屑装置简要介绍如下。

（1）平板链式排屑装置（见图6-35a）　该装置以滚动链轮牵引钢质平板链带在封闭箱中运转，加工中的切屑落到链带上被带出机床。这种装置能排除各种形状的切屑，适应性强，各类机床都能采用。在车床上使用时多与机床切削液箱合为一体，以简化机床结构。

（2）刮板式排屑装置（见图6-35b）　该装置传动原理与平板链式排屑装置的传动原理基本相同，只是链板不同，它带有刮板链板。这种装置常用于输送各种材料的短小切屑，排屑能力较强，因负载大，故需采用较大功率的驱动电动机。

（3）螺旋式排屑装置（见图6-35c）　该装置是采用电动机经减速装置驱动安装在沟槽中的一根长螺旋杆进行驱动。螺旋杆转动时，沟槽中的切屑即由螺旋杆推动连续向前运动，最终排入切屑收集箱。螺旋杆有两种形式，一种是用扁形钢条卷成螺旋弹簧状；另一种是在轴上焊上螺旋形钢板。这种装置占据空间小，适于安装在机床与立柱间空隙狭小的位置上。螺旋式排屑装置结构简单，排屑性能良好，但只适于沿水平或小角度倾斜直线方向排运切屑，不能大角度倾斜、提升或转向排屑。

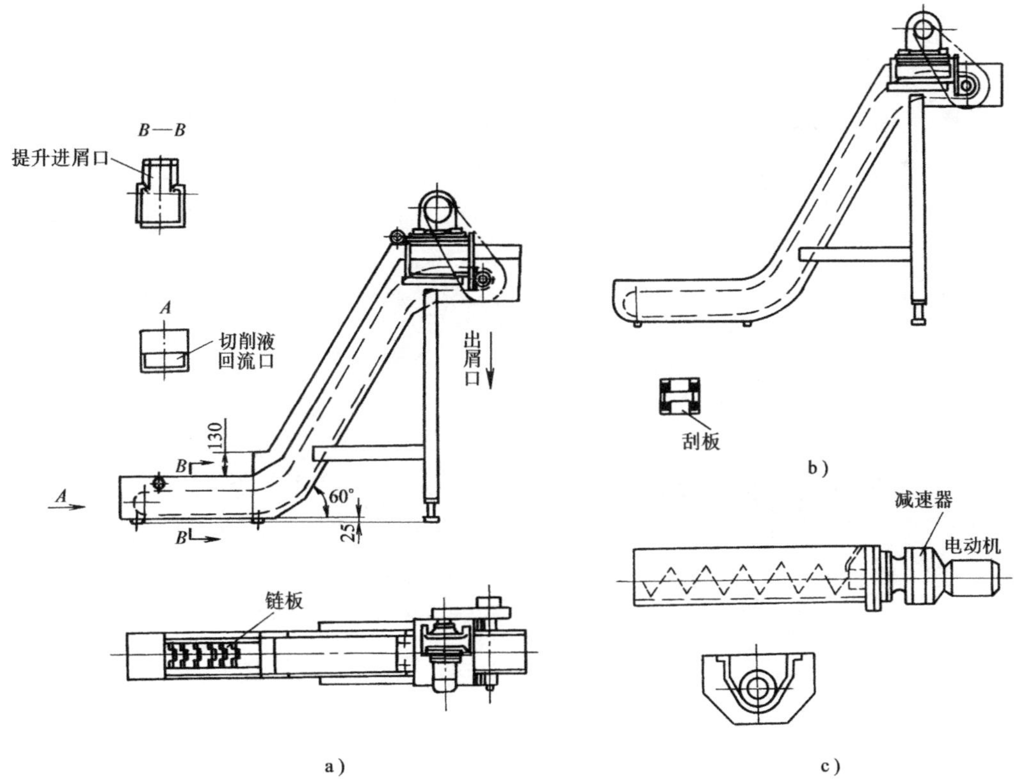

图6-35　排屑装置

a）平板链式　b）刮板式　c）螺旋式

思考题与习题

6-1　数控车床的机械结构有哪些特点？

6-2　对数控车床进行总体布局时，需要考虑哪些方面的问题？

6-3　斜床身和平床身斜滑板这种布局形式具有什么特点？

6-4　数控机床对主传动系统有哪些要求？

6-5　数控机床的主轴变速方式有哪几种？试述其特点及应用场合。

6-6　数控车床上的回转刀架换刀时需完成哪些动作？如何实现？

6-7　数控车床有哪些主要的辅助装置？

6-8　说明主轴位置编码器的用途。

第七章　数控铣床的机械结构

第一节　组成数控铣床的机械结构

一、数控铣床的配置与加工能力

数控铣床用途广泛，不仅可以加工各种平面、沟槽、螺旋槽、成形表面和孔，而且还能加工各种平面曲线和空间曲线等复杂型面，适合于各种模具、凸轮、板类及箱体类零件的加工。数控铣床通常分为立式、卧式和立卧两用式三种。立式数控铣床主要用于水平面内的型面加工，增加数控分度头后，可在圆柱表面上加工曲线沟槽。卧式数控铣床主要用于垂直平面内的各种型面加工，配置万能数控转盘还可以对工件侧面上的连续回转轮廓进行加工，能在一次安装后加工箱体零件的四个表面。立卧两用数控铣床既可以进行立式加工，又可以进行卧式加工，使用范围更大，功能更强，若采用数控万能主轴（主轴头可以任意转换方向），就可以加工出与水平面成各种角度时的工件表面，若采用数控回转工作台，还能对工件实现除定位面外的五面加工。目前三坐标数控铣床占多数，可以进行三个坐标联动加工，还有相当部分的数控铣床采用二坐标半控制（即三个坐标中的任意两个坐标联动加工）。另外附加一个数控回转工作台（或数控分度头）就增加一个坐标，可扩大加工范围。

二、数控铣床的结构组成

XKA5750 型数控立式铣床是北京第一机床厂生产的带有万能铣头的立卧两用数控铣床，为机电一体化结构，三坐标联动，可以铣削具有复杂曲线轮廓的零件，如凸轮、模具、样板、叶片、弧形槽等零件。

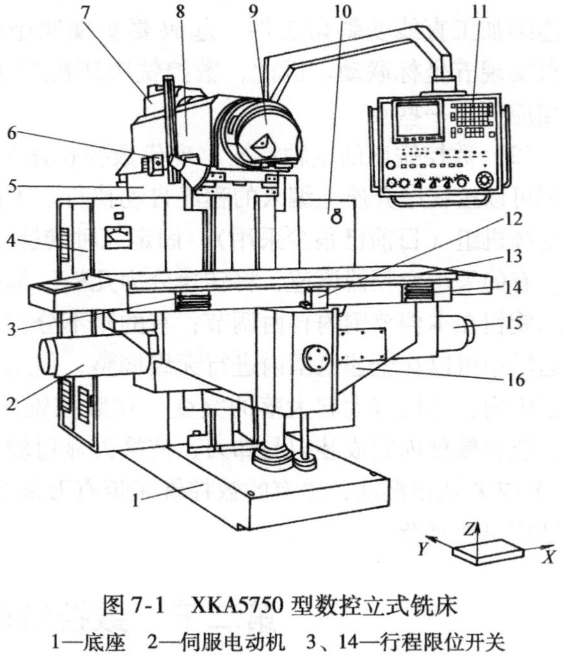

图 7-1　XKA5750 型数控立式铣床

1—底座　2—伺服电动机　3、14—行程限位开关　4—强电柜　5—床身　6—横向限位开关　7—后壳体　8—滑枕　9—万能铣头　10—数控柜　11—按钮站　12—纵向限位开关　13—工作台　15—伺服电动机　16—升降滑座

机床外形图如图 7-1 所示，图中 1 为底座，5 为床身，工作台 13 由伺服电动机 15 带动在升降滑座 16 上作纵向（*X* 轴）左右移动；伺服电动机 2 带动升降滑座 16 作垂直（*Z* 轴）上下移动；滑枕 8 作横向（*Y* 轴）进给运动。用滑枕实现横向运动，可获得较大的行程。机

床主运动由交流无级变速电动机驱动，万能铣头 9 不仅可以将铣头主轴调整到立式和卧式位置（图 7-1），而且还可以在前半球面内使主轴中心线处于任意空间角度。纵向行程限位挡铁 3、14 起限位保护作用，6、12 为横向、纵向限位开关，4、10 为强电柜和数控柜，悬挂按钮站 11 上集中了机床的全部操作和控制键与开关。

机床的数控系统采用的是 AUTOCON TECH 公司的 DELTA40MCNC 系统，可以附加坐标轴增至四轴联动，程序输入/输出可通过软驱和 RS232C 接口连接。主轴驱动和进给采用 AUTOCON 公司主轴伺服驱动和进给伺服驱动装置以及交流伺服电动机，其电动机机械特性硬，连续工作范围大，加减速能力强，可以使机床获得稳定的切削过程。检测装置为脉冲编码器，与伺服电动机装成一体，半闭环控制，主轴有锁定功能（机床有学习模式和绘图模式）。电气控制采用可编程控制器和分立电气元件相结合的控制方式，使电动机系统由可编程控制器软件控制，结构件简单，提高了控制能力和运行可靠性。

三、数控铣床机械结构的主要特点

数控铣床在外观上与通用的普通铣床确有不少相似之处，但实际上数控铣床在结构上的内涵要复杂得多，而与其他数控机床（如数控车床、数控钻镗床等）相比，数控铣床在结构上主要有下列几个特点。

（1）控制机床运动的坐标特征　为了要把工件上各种复杂的形状轮廓连续加工出来，必须控制刀具沿设定的直线、圆弧或空间的直线、圆弧轨迹运动，这就要求数控铣床的伺服驱动系统能在多坐标方向同时协调动作，并保持预定的相互关系，也就是要求机床应能实现多坐标联动。数控铣床要控制的坐标数起码是三坐标中任意两坐标联动，要实现连续加工直线变斜角工件，起码要实现四坐标联动，而若要加工曲线变斜角工件，则要求实现五坐标联动。因此，数控铣床所配置的数控系统在档次上一般都比其他数控机床相应更高一些。

（2）数控铣床的主轴特征　现代数控铣床的主轴开启与停止，主轴正反转与主轴变速等都可以按程序介质上编入的程序自动执行。不同的机床其变速功能与范围也不同。有的采用变频机组（目前已很少采用），固定几种转速，可任选一种编入程序，但不能在运转时改变；有的采用变频器调速，将转速分为几档，编程时可任选一档，在运转中可通过控制面板上的旋钮在本档范围内自由调节；有的则不分档，编程可在整个调速范围内任选一值，在主轴运转中可以在全速范围内进行无级调整，但从安全角度考虑，每次只能调高或调低在允许的范围内，不能有大起大落的突变。在数控铣床的主轴套筒内一般都设有自动拉、退刀装置，能在数秒内完成装刀与卸刀，使换刀显得较方便。此外，多坐标数控铣床的主轴可以绕 X、Y 或 Z 轴作摆动，也有的数控铣床带有万能主轴头，扩大了主轴自身的运动范围，但主轴结构更加复杂。

第二节　数控铣床的传动系统

一、主传动系统

如图 7-2 所示，是 XKA5750 型数控铣床的传动系统图。主运动是铣床主轴的旋转运动，由装在滑枕后部的交流主轴伺服电动机驱动，电动机的运动通过速比为1∶2.4的一对弧齿同步齿形带轮传到滑枕的水平轴Ⅰ上，再经过万能铣头的两对弧齿锥齿轮副（33/34、26/25）将运动传到主轴Ⅳ。转速范围为50～2500r/min（电动机转速范围为120～600r/min）。当主轴转速在625r/min（电动机转速在1500r/min）以下是恒转矩输出；主轴转速在625～1875r/min内为恒功率输出；超过1875r/min后输出功率下降，转速到2500r/min时，输出功率下降到额定功率的1/3。

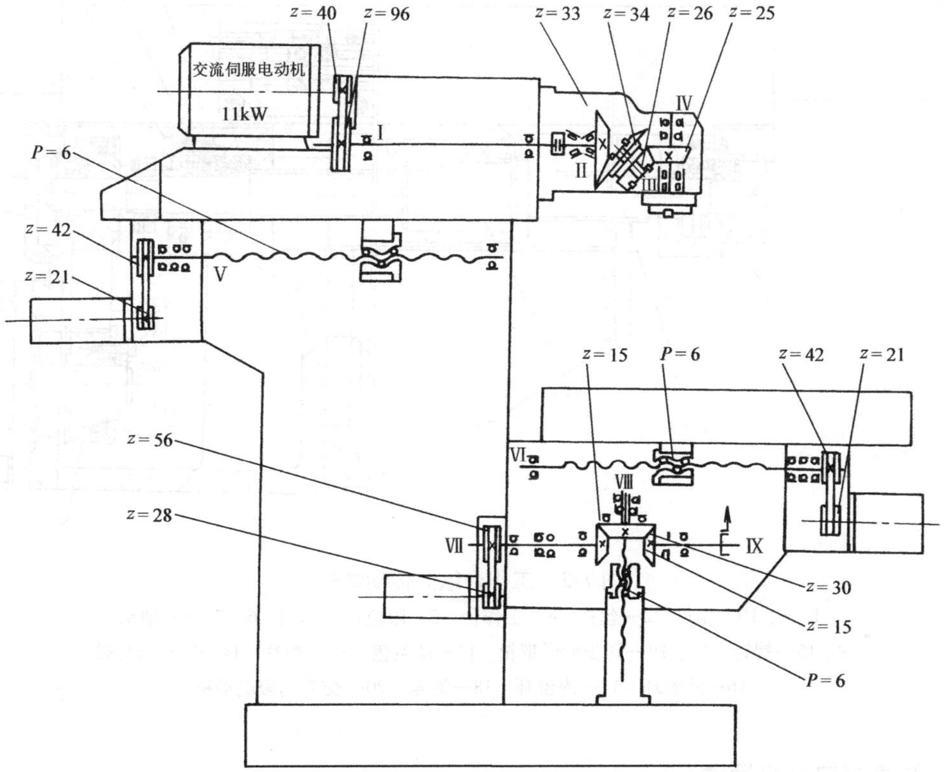

图7-2　XKA5750型数控铣床的传动系统图

二、进给传动系统

工作台的纵向进给和滑枕的横向进给传动系统是由交流伺服电动机通过速比为1∶2的一对同步圆弧齿形带轮，将运动传动至导程为6mm的滚珠丝杠。

图7-3所示是工作台纵向传动结构。交流伺服电动机20的轴上装有圆弧齿同步齿形带轮19，通过同步齿形带14和装在丝杠右端的同步齿形带轮11带动丝杠2旋转，使底部装有螺母1的工作台4移动。装在伺服电动机中的编码器将检测到的位移量反馈回数控装置，形成半闭环控制。同步齿形带轮与电动机轴，以及与丝杠之间的连接采用锥环无键式连接，这种连接方法不需要开键槽，而且配合无间隙，对中性好。滚珠丝杠两端采用角接触球轴承支承，右端支承采用三个7602030TN/P4TFTA轴承，精度等级P4，径向载荷由三个轴承分担。两个开口向右的轴承6、7承受向左的轴向载荷，向左开口的轴承8，承受向右的轴向载荷。轴承的预紧力，由两个轴承7、8的内、外圈轴向尺寸差实现，当用螺母10通过隔套将轴承

内圈压紧时，外圈因为比内圈轴向尺寸稍短，仍有微量间隙，用螺钉 9 通过法兰盘 12 压紧轴承外圈时，就会产生预紧力。调整时修磨垫片 13 厚度尺寸即可。丝杠左端的角接触球轴承（7602025TN/P4），除承受径向载荷外，还通过螺母 3 的调整，使丝杠 2 产生预拉伸，以提高丝杠的刚度和减小丝杠的热变形。5 为工作台纵向移动时的限位行程挡铁。

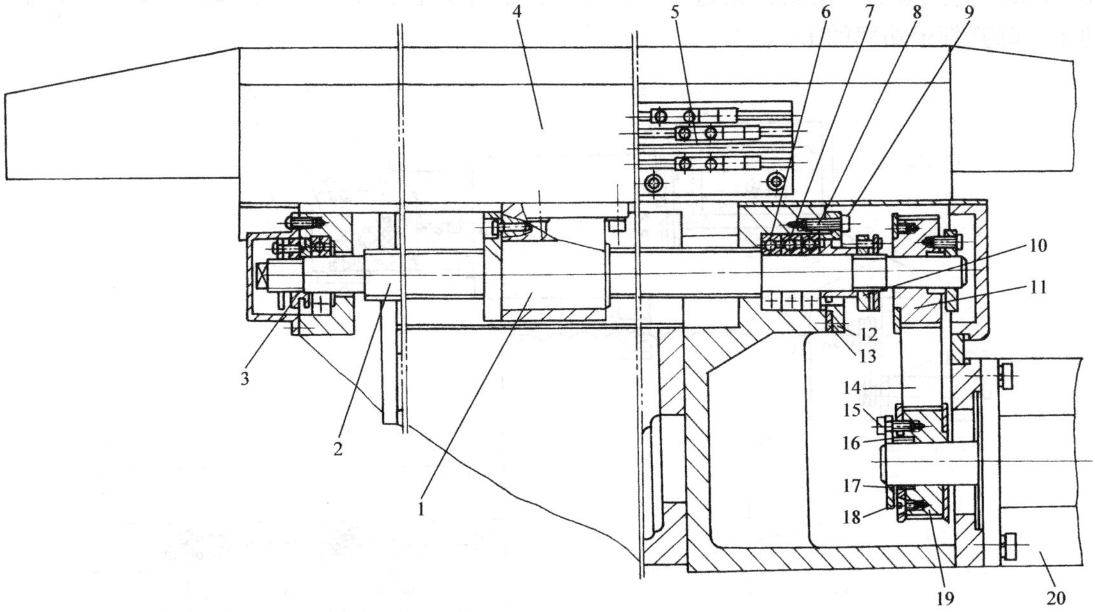

图 7-3　工作台纵向传动结构

1、3、10—螺母　2—丝杠　4—工作台　5—限位行程挡铁　6、7、8—轴承　9、15—螺钉　11、19—同步齿形带轮　12—法兰盘　13—垫片　14—同步齿形带　16—外锥环　17—内锥环　18—端盖　20—交流伺服电动机

三、垂直方向进给运动

升降台的垂直进给运动为交流伺服电动机通过速比为1∶2的一对同步齿形带轮将运动传到轴Ⅶ，再经过一对弧齿锥齿轮传到垂直滚珠丝杠上，带动升降台运动。垂直滚珠丝杠上的弧齿锥齿轮还带动轴Ⅸ上的锥齿轮，经单向超越离合器与自锁器相连，防止升降台因自重而下滑。

图 7-4 所示是升降台升降传动结构。交流伺服电动机 1 经一对齿形带轮 2、3 将运动传到传动轴Ⅶ，轴Ⅶ右端的弧齿锥齿轮 7 带动锥齿轮 8 使垂直滚珠丝杠Ⅷ旋转，升降台上升下降。传动轴Ⅶ有左、中、右三点支承，轴向定位由中间支承的一对角接触球轴承来保证，由螺母 4 锁定轴承与传动轴的轴向位置，并对轴承预紧，预紧量用修磨两轴承的内外圈之间的隔套 5、6 厚度来保证。传动轴Ⅶ的轴向定位由螺钉 25 调节。垂直滚珠丝杠螺母副的螺母 24 由支承套 23 固定在机床底座上，丝杠通过锥齿轮 8 与升降台连接，其支承由深沟球轴承 9 和角接触球轴承 10 承受径向载荷；由 D 级精度的推力圆柱滚子轴承 11 承受轴向载荷。图中轴Ⅸ的实际安装位置是在水平面内，与轴Ⅶ的轴线呈 90°相交（图中为展开画法）。

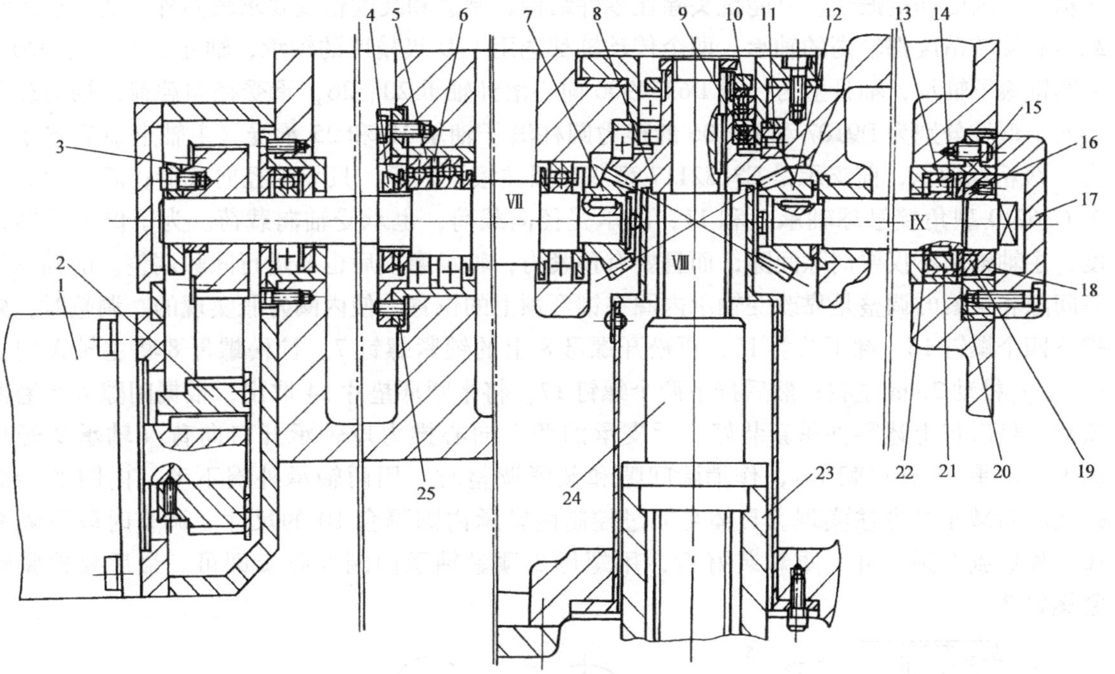

图 7-4　升降台升降传动结构

1—交流伺服电动机　2、3—齿形带轮　4、18、24—螺母　5、6—隔套　7、8、12—锥齿轮　9—深沟球轴承　10—角接触球轴承　11—滚子轴承　13—滚子　14—外环　15、22—摩擦环　16、25—螺钉　17—端盖　19—碟形弹簧　20—防转销　21—星轮　23—支承套

第三节　数控铣床的主要结构

一、主轴部件

万能铣头部件结构如图 7-5 所示，主要由前、后壳体 12、5，法兰 3，传动轴Ⅱ、Ⅲ，主轴Ⅳ及两对弧齿锥齿轮组成。万能铣头用螺柱和定位销安装在滑枕前端。铣削主运动由滑枕上的传动轴Ⅰ（见图 7-5）的端面键传到轴Ⅱ，端面键与连接盘 2 的径向槽相配合，连接盘与轴Ⅱ之间由两个平键 1 传递运动。轴Ⅱ右端为弧齿锥齿轮，通过轴Ⅲ上的两个锥齿轮 22、21 和用花键联接方式装在主轴Ⅳ上的锥齿轮 27，将运动传到主轴上。主轴为空心轴，前端有 7: 24 的内锥孔，用于刀具或刀具心轴的定心；通孔用于安装拉紧刀具的拉杆通过。主轴端面有径向槽，并装有两个端面键 18，用于主轴向刀具传递转矩。

万能铣头能通过两个互成 45°的回转面 *A* 和 *B* 调节主轴Ⅳ的方位，在法兰 3 的回转面 *A* 上开有 T 形圆环槽 a，松开 T 形螺柱 4 和 24，可使铣头绕水平轴Ⅱ转动，调整到要求位置将 T 形螺柱拧紧即可；在万能铣头后壳体 5 的回转面 *B* 内，也开有 T 形圆环槽 b，松开 T 形螺柱 6 和 23，可使铣头主轴绕与水平轴线呈 45°夹角的轴Ⅲ转动。绕两个轴线转动组合起来，可使主轴轴线处于前半球面的任意角度。

万能铣头作为直接带动刀具的运动部件，不仅要能传递较大的功率，更要具有足够的旋转精度、刚度和抗振性。万能铣头除在零件结构、制造和装配精度要求较高外，还要选用承载力和旋转精度都较高的轴承。两个传动轴都选用了 D 级精度的轴承，轴Ⅱ上为一对 D7029 型圆锥滚子轴承，轴Ⅲ上为一对 D6354906 向心滚针轴承 20、26，承受径向载荷，轴向载荷由两个型号分别为 D9107 和 D9106 的推力圆柱滚子轴承 19 和 25 承受。主轴上前后支承均为 C 级精度轴承，前支承是 C3182117 型双列圆柱滚子轴承，只承受径向载荷；后支承为两个 C36210 型角接触球轴承 9 和 11，既承受径向载荷，也承受轴向载荷。为了保证旋转精度，主轴轴承不仅要消除间隙，而且要有预紧力，轴承磨损后也要进行间隙调整。前轴承消除间隙和预紧的调整是靠改变轴承内圈在锥形颈上的位置，使内圈外胀实现的。调整时，先拧下四个螺钉 16，卸下法兰 15，再松开螺母 8 上的锁紧螺钉 7，拧松螺母 8 将主轴Ⅳ向后（向上）推动 2mm 左右；然后拧下两个螺钉 17，将半圆环垫片 14 取出，根据间隙大小磨薄垫片，最后将上述零件重新装好。后支承的两个向心推力球轴承开口向背（轴承 9 开口朝上，轴承 11 开口朝下），作消除间隙和预紧调整时，用两轴承外圈不动，内圈的端面距离相对减小的办法实现。具体是通过控制两轴承内圈隔套 10 的尺寸。调整时取下隔套 10，修磨到合适尺寸，重新装好后，用螺母 8 顶紧轴承内圈及隔套即可。最后要拧紧锁紧螺钉 7。

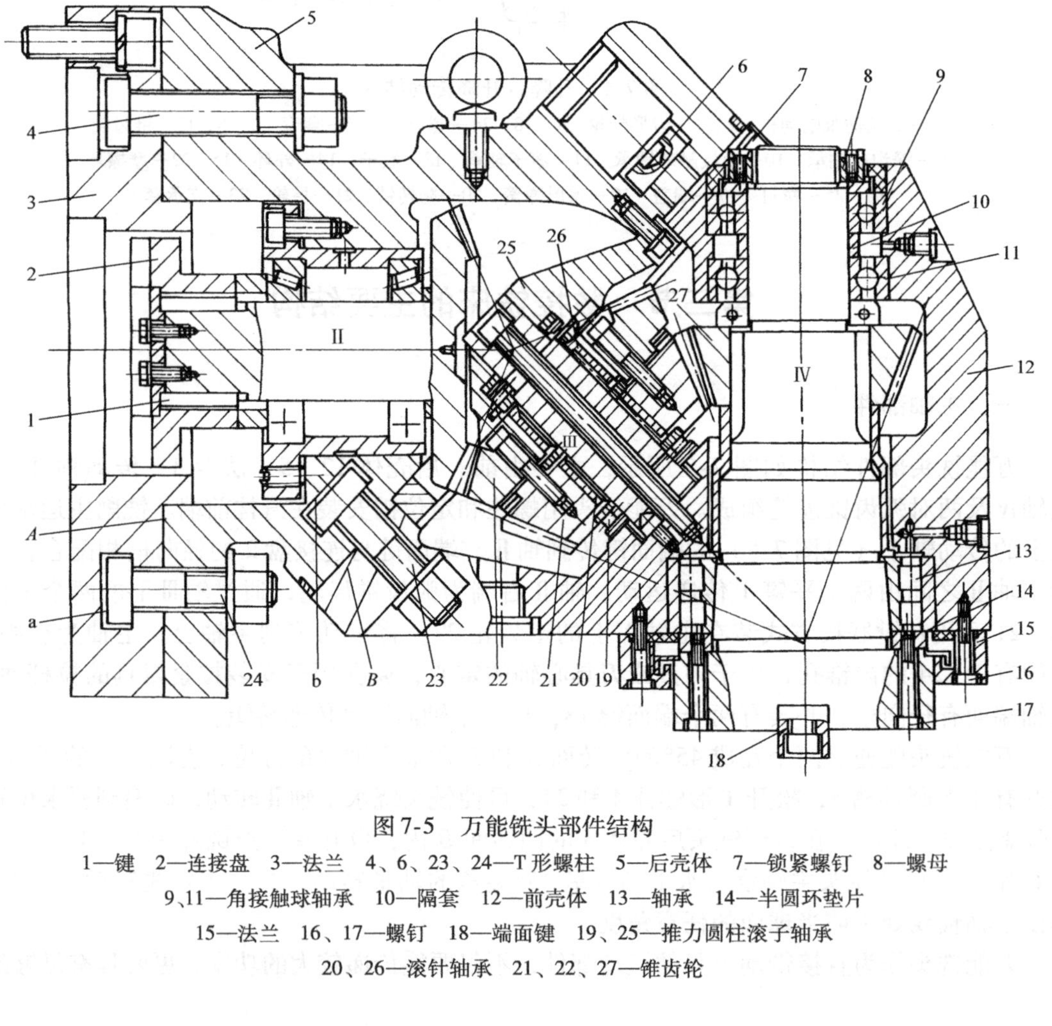

图 7-5　万能铣头部件结构

1—键　2—连接盘　3—法兰　4、6、23、24—T 形螺柱　5—后壳体　7—锁紧螺钉　8—螺母　9、11—角接触球轴承　10—隔套　12—前壳体　13—轴承　14—半圆环垫片　15—法兰　16、17—螺钉　18—端面键　19、25—推力圆柱滚子轴承　20、26—滚针轴承　21、22、27—锥齿轮

二、升降台自动平衡机构

因滚珠丝杠无自锁能力，当垂直放置时，在部件自重作用下，移动部件会自动下降。因此除升降台驱动电动机带有制动器外，还在传动机构中装有自动平衡机构，一方面防止升降台因自重下落，另外还可平衡上升下降时的驱动力。本机床的自动平衡机构由单向超越离合器和自锁器组成。其工作原理为（见图7-4）：丝杠旋转的同时，通过锥齿轮12和轴Ⅸ带动单向超越离合器的星轮21转动。当升降台上升时，星轮的转向使滚子13与超越离合器的外环14脱开，外环14不随星轮21转动，自锁器不起作用；当升降台下降时，星轮21的转向使滚子楔在星轮与外环之间，使外环随轴一起转动，外环与两端固定不动的摩擦环15、22（由防转销20固定）形成相对运动，在碟形弹簧19的作用下，产生摩擦力，增加升降台下降时的阻力，起自锁作用，并使上下运动的力量平衡。调整时，先拆下端盖17，松开螺钉16，适当旋紧螺母18，压紧碟形弹簧19，即可增大自锁力。调整前需用辅助装置支承升降台。

三、主轴准停装置

主轴准停功能又称为主轴定位功能，即当主轴停止时能控制其停于固定位置。它是自动换刀所必需的功能。在自动换刀的镗铣加工中心上，切削的转矩通常是通过刀杆的端面键传递的。这就要求主轴具有准确定位于圆周上特定角度的功能，如图7-6所示。当加工阶梯孔或精镗孔后退刀时，为防止刀具与小阶梯孔碰撞或拉毛已精加工的孔表面，必须先让刀再退刀，而让刀时刀具必须具有准停功能，如图7-7所示。主轴准停可分为机械准停控制和电气准停控制。

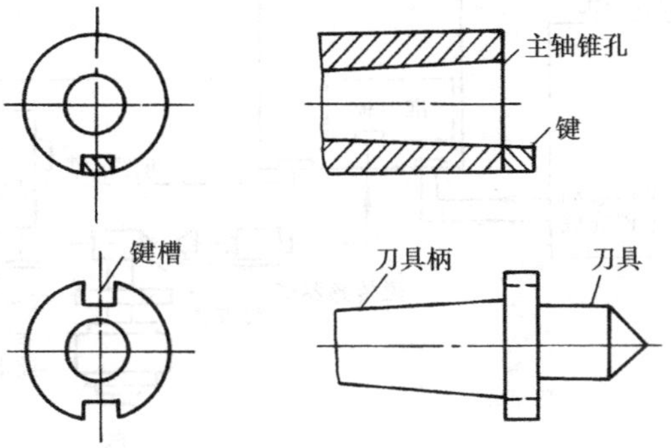

图7-6　主轴准停换刀

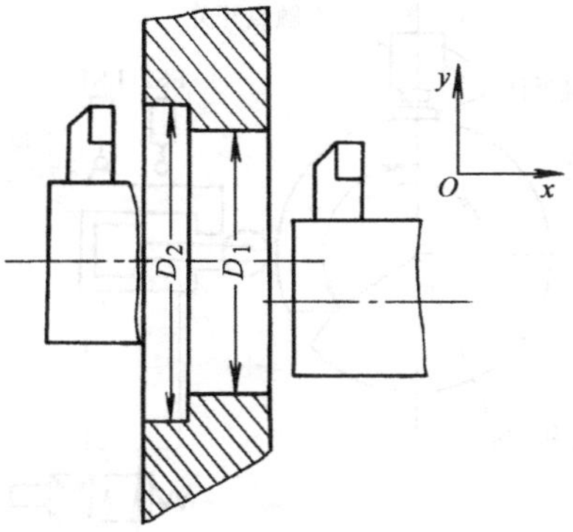

图7-7　主轴准停镗背孔

1. 机械准停控制

图7-8所示为典型的V形槽轮定位盘准停结构。带有V形槽的定位盘与主轴端面保持一定的位置关系，以确定定位位置。当指令为准停控制M19时，首先使主轴减速至可以设定的低速转动，当检测到无触点开关有效信号后，立即使主轴电动机停转，此时主轴电动机与主轴传动件依惯性继续空转，同时准停液压缸定位销伸出，并压向定位盘。当定位盘V形槽与定位销正对时，由于液压缸的压力，定位销插入V形槽中，LS2准停到位信号有效，表明准停动作完成。这里LS1为准停释放信号。采用这种准停方式，必须要有一定的逻辑互

锁，即当 LS2 有效时，才能进行换刀等动作。而只有当 LS1 有效时，才能起动主轴电动机正常运转。准停功能通常由数控系统的可编程序控制器完成。

机械准停控制还有其他方式，如端面螺旋凸轮准停等，但它们的基本原理是一样的。

2. 电气准停控制

目前国内外中高档数控系统均采用电气准停控制。采用电气准停控制有如下优点。

1）简化机械结构。与机械准停控制相比，电气准停控制只需在旋转部件和固定部件上安装传感器即可，机械结构比较简单。

2）缩短准停时间。准停时间包括在换刀时间内，而换刀时间是加工中心的重要指标。采用电气准停控制，即使主轴高速转动时也能快速定位于准停位置，大大节省了准停时间。

3）可靠性增加。由于无需复杂的机械、开关、液压缸等装置，也没有机械准停控制所形成的机械冲击，因而准停控制的寿命与可靠性大大增加。

4）性能价格比提高。由于简化了机械结构和强电控制逻辑，成本大大降低。但电气准停控制常作为选择功能，订购电气准停控制附件需另加费用。但从总体来看，性能价格比大大提高。

目前电气准停控制通常有磁传感器准停控制、编码器型准停控制和数控系统准停控制三种。

磁传感器主轴准停控制由主轴驱动装置本身完成。当执行 M19 时，数控系统只需发出主轴准停起动命令 ORT 即可。主轴驱动完成准停后会向数控装置输出完成信号 ORE，然后数控系统再进行下面的工作。其基本结构如图 7-9 所示。

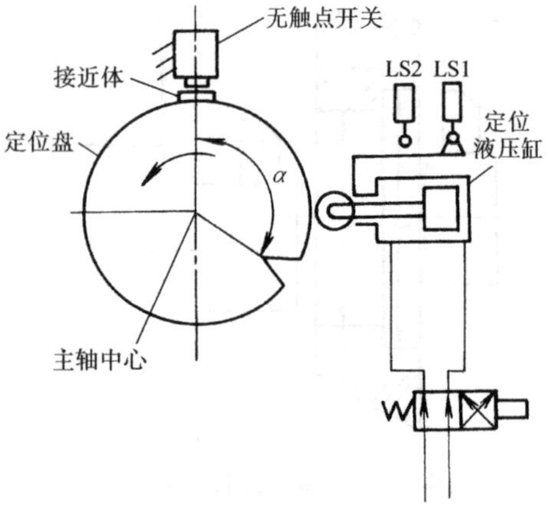

图 7-8　V 形槽轮定位盘准停结构

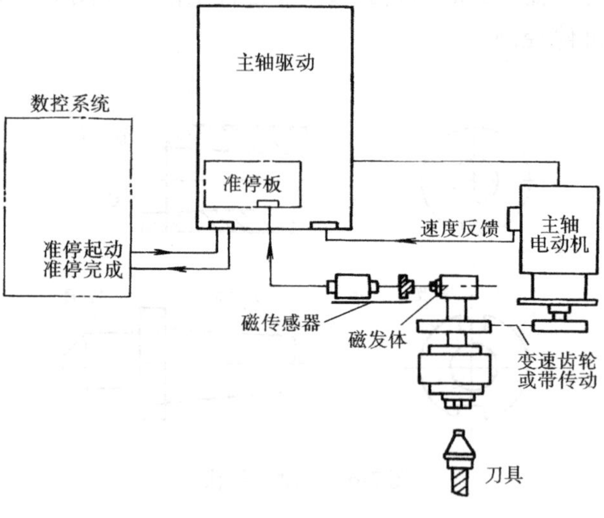

图 7-9　磁传感器准停控制

由于采用了传感器，故应避免产生磁场的元件（如电磁线圈、电磁阀等）与磁发体和磁传感器安装在一起。另外磁发体（通常安装在主轴旋转部件上）与磁传感器（固定不动）的安装有严格的要求，应按说明书要求的精度安装。

采用磁传感器准停控制的步骤如下：当主轴转动或停止时，接收到数控装置发来的准停开关信号量 ORT，主轴立即加速或减速至某一准停速度（可在主轴驱动装置中设定）。主轴到达准停速度且到达准停位置时（即磁发体与磁传感器对准），主轴立即减速至某一爬行速度（可在主轴驱动装置中设定）。当磁传感器信号出现时，主轴驱动立即进入磁传感器作为反馈元件的位置闭环控制，目标位置为准停位置。准停完成后，主轴驱动装置输出准停完成信号 ORE 给数控装置，从而可进行自动换刀（ATC）或其他动作。磁发体与磁传感器在主轴上的位置如图 7-10 所示，准停控制的时序如图 7-11 所示。

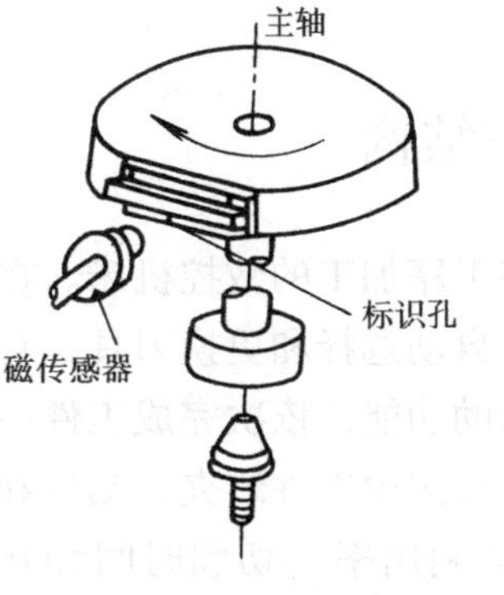

图 7-10　磁发体与磁传感器在主轴上的位置

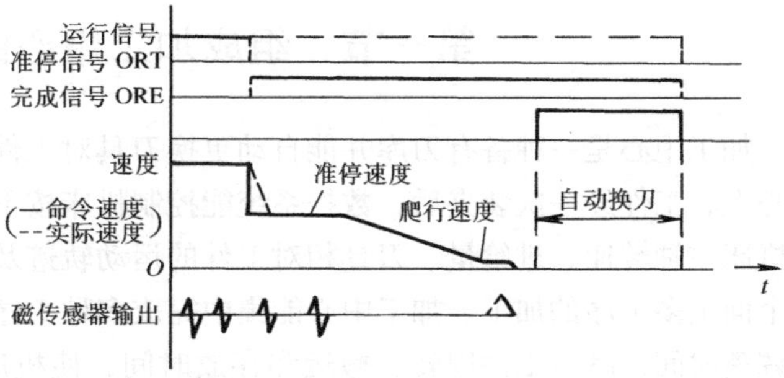

图 7-11　磁传感器准停控制的时序图

思考题与习题

7-1　数控铣床适用完成哪些加工？

7-2　XKA5750 型数控铣床是如何实现主轴的立卧变换的？

7-3　XKA5750 型数控铣床是如何实现升降台的重力平衡的？

7-4　主轴电气准停控制较机械准停控制有何优点？试述磁传感器准停控制的结构与工作原理。

第八章　加工中心的机械结构

第一节　组成加工中心的机械结构

加工中心是一种备有刀库并能自动更换刀具对工件进行多工序加工的数控机床。在加工中心上，工件经一次装夹后，数控系统能控制机床按不同工序自动选择和更换刀具，自动改变机床主轴转速、进给量、刀具相对工件的运动轨迹及其他辅助功能，依次完成工件一个或几个面上多工序的加工。加工中心能集中完成多种工序，因而可减少工件装夹、测量和机床的调整时间，减少工件周转、搬运和存放时间，使机床的切削利用率（切削时间和开动时间之比）可达80%以上，高于普通机床3~4倍。尤其是在加工形状比较复杂，精度要求较高、品种更换频繁的零件时，加工中心更体现出良好的加工效果。

加工中心最先是在镗铣类机床上发展起来的，可称为镗铣类加工中心，习惯上简称为加工中心。车削中心是继加工中心之后，在数控车床基础上发展起来的另一种加工中心。车削中心在主轴箱内设计了 C 轴控制机构，由 C 轴伺服电动机驱动进行主轴分度或回转进给。因此，车削中心除了具有一般数控车床的各种车削功能以外，还可以进行端面和圆周面上任意部位的钻削、铣削和攻螺纹加工，以及各种曲面的铣削加工。

一、加工中心的结构组成

1958年美国的卡尼—特雷克公司在一台数控镗铣床上增加了自动换刀装置，第一台加工中心问世。随后，出现了各种类型的加工中心，图8-1所示为立式加工中心，图8-2所示为卧式加工中心，图8-3所示为五坐标加工中心。

虽然加工中心的外形结构不尽相同，但从总体上看，加工中心基本上由以下几大部分组成。

（1）基础部件　主要由床身、立柱和工作台等大件组成。它们是加工中心的基础结构，要承受加工中心的静载荷以及在加工时的切削负载，因此必须是刚度很高的部件。这些大件可以是铸铁件也可以是焊接的钢结构件，是加工中心中重量和体积最大的部件。

（2）主轴系统　主要由主轴箱、主轴电动机、主轴和主轴轴承等零部件组成。主轴的起动、停止和变转速等动作均由数控系统控制，并通过装在主轴上的刀具参与切削运动，是切削加工的功率输出部件。主轴系统是加工中心的关键部件，其结构的好坏，对加工中心的性能有很大的影响。

（3）数控系统　主要由CNC装置、可编程序控制器、伺服驱动装置以及电动机等部分组成，它们是加工中心执行顺序控制动作和完成加工过程的控制中心。

（4）自动换刀系统　主要由刀库、自动换刀装置等部件组成。刀库是存放加工过程所要使用的全部刀具的装置。当需要换刀时，根据数控系统的指令，由机械手（或通过别的

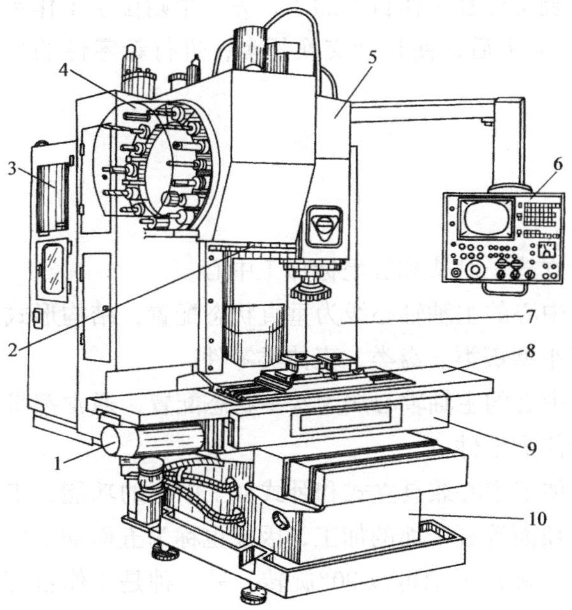

图 8-1　立式加工中心

1—X 轴电动机　2—机械手　3—数控柜　4—刀库
5—主轴箱　6—操作面板　7—电气柜
8—工作台　9—滑座　10—床身

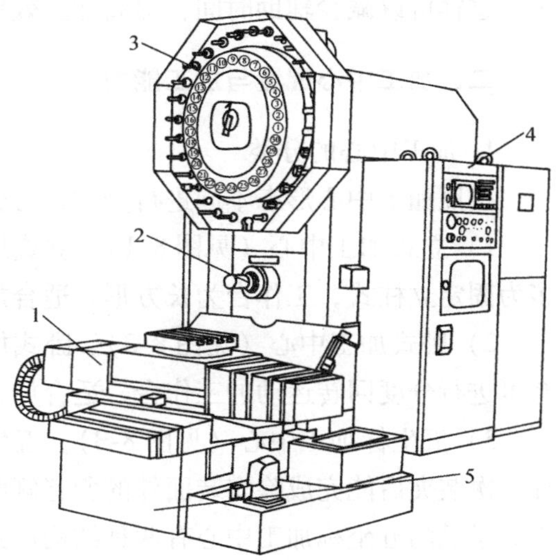

图 8-2　卧式加工中心

1—工作台　2—主轴　3—刀库
4—数控柜　5—床身

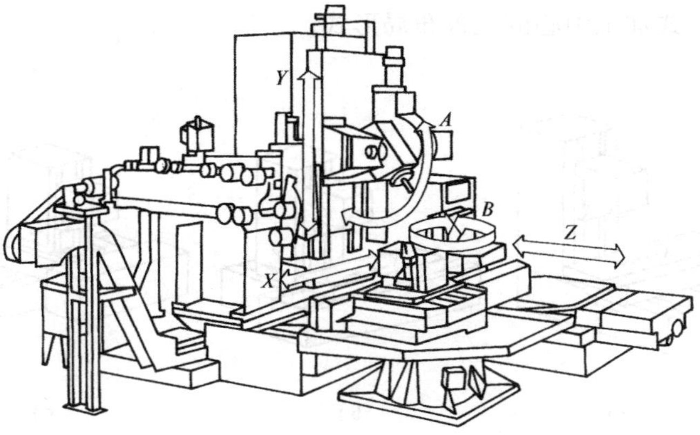

图 8-3　五坐标加工中心

方式）将刀具从刀库取出装入主轴孔中。刀库有盘式、链式和鼓式等多种形式，容量从几把到几百把。机械手的结构根据刀库与主轴的相对位置及结构的不同也有多种形式，如单臂式、双臂式、回转式和轨道式等。有的加工中心利用主轴箱或刀库的移动来实现换刀。

（5）辅助系统　包括润滑、冷却、排屑、防护、液压和随机检测系统等部分。辅助系统虽不直接参与切削运动，但对加工中心的加工效率、加工精度和可靠性起到保障作用，因此也是加工中心中不可缺少的部分。

另外，为进一步缩短非切削时间，有的加工中心还配备了自动托盘交换系统。例如，配有两个自动交换工件托盘的加工中心，一个安装工件在工作台上加工，另一个则位于工作台外进行工件的装卸。当完成一个托盘上工件的加工后，便自动交换托盘，进行新零件的加工，这样可以减少辅助时间，提高加工效率。

二、加工中心配置与加工能力

1. 加工中心的分类

按照加工中心形态不同进行分类，可分为立式、卧式和五坐标加工中心。

1）立式加工中心（见图8-1）。立式加工中心的主轴轴心线为垂直状态配置，结构形式多为固定立柱式，工作台为长方形，适合加工小型板类、盘类、壳体类零件。

2）卧式加工中心（见图8-2）。卧式加工中心的主轴轴心线为水平状态配置，通常都带有可进行分度回转运动的工作台，适合加工箱体类零件。

3）五坐标加工中心（见图8-3）。五坐标加工中心兼具立式和卧式加工中心的功能，工件一次装夹后能完成除安装面外的所有侧面和顶面等五个面的加工，因此也称为五面加工中心。常见的五坐标加工中心有两种结构形式，一种是主轴可以90°旋转，另一种是工作台可以90°旋转。

2. 加工中心的布局

（1）立式加工中心　立式加工中心通常采用固定立柱形式，立柱中空，常采用方形截面框架结构，米字形或井字形肋板。主轴箱吊在立柱一侧，其平衡重锤放置在立柱中。工作台为十字滑台，可以实现平面上 X、Y 两个坐标轴的移动，主轴箱沿立柱导轨运动实现 Z 坐标移动。图8-4为立式加工中心的几种布局形式。

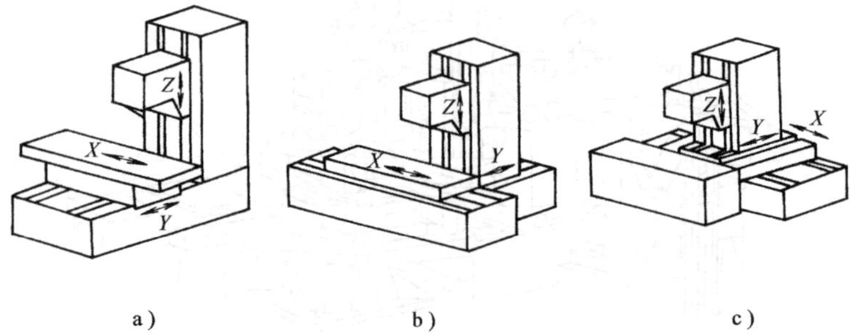

图8-4　立式加工中心的布局形式

（2）卧式加工中心　卧式加工中心通常采用移动立柱形式，T形床身。一体式T形床身的刚度和精度保持性较好，但其铸造和加工工艺性差。分离式T形床身的铸造和加工工艺性较好，但是必须在联接部位用大螺柱紧固，以保证其刚度和精度。图8-5为卧式加工中心的几种布局形式。

（3）五坐标加工中心　常见的五坐标加工中心有两种结构形式，一种是主轴可以90°旋转，可以按照立式和卧式加工中心两种方式进行切削加工（见图8-6a）；另一种是工作台可以带着工件做90°旋转来完成五坐标切削加工（见图8-6b）。

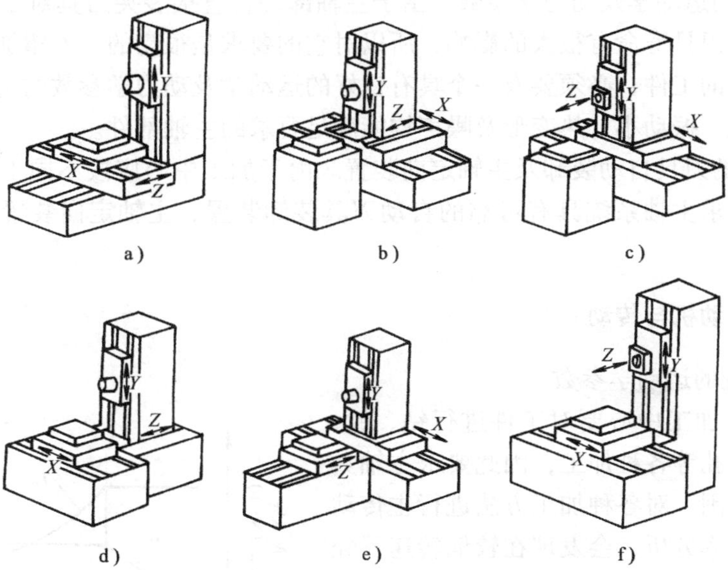

图 8-5　卧式加工中心的布局形式

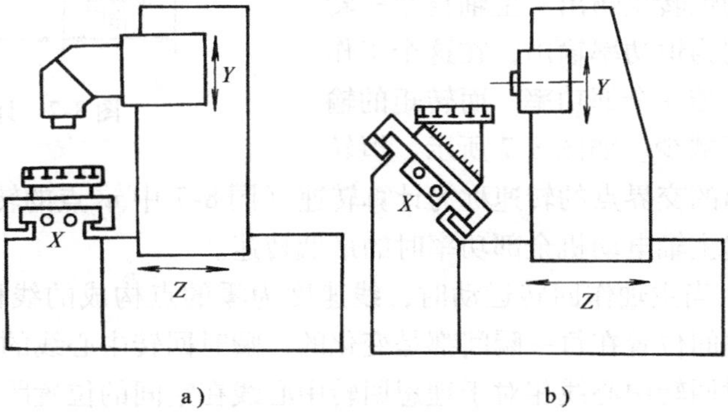

图 8-6　五坐标加工中心的布局形式

第二节　加工中心的主轴系统

一、对加工中心主轴系统的要求

加工中心主轴系统的作用是，将主轴电动机的原动力通过传动系统变成可供切削加工用的切削力矩和切削速度。主轴系统是加工中心的重要组成部分，对加工质量及刀具寿命有很大的影响，对它的要求是很高的。在设计加工中心主轴系统时，应充分注意以下问题。

1）有较宽的调速范围及较大的输出转矩。在加工中心上，工件经一次装夹后，可完成工件一个或几个面上多工序的加工。为了适应各种工序及各种材料的加工，要求加工中心的主轴系统要有较宽的调速范围。并且，往往是工件经一次装夹后，在一台加工中心上先后进行粗加工和精加工，因此要求加工中心的主轴系统有较大的输出转矩。

2）有良好的运动学及动力学参数。由于主轴部件将直接装夹刀具对工件进行切削，因而对加工质量及刀具寿命有很大的影响，所以对它的要求是很高的。希望加工中心能高效率地加工出高精度的工件，必须要有一个具有良好的运动学及动力学参数的主轴系统，和一个高精度、高刚度、振动小，热变形及噪声均能满足要求的主轴部件。

3）有可靠的刀具自动装卸及主轴定向装置。由于加工中心应按不同工序自动选择和更换刀具，因此要求主轴系统具有可靠的自动刀具装卸装置、主轴定向装置及主轴孔清洁装置等。

二、主轴电动机与传动

1. 主轴系统的运动学参数

（1）转速　加工中心要对工件进行钻、镗、铣、攻螺纹和铰孔等各种加工，因此要求主轴具有较宽的转速范围。对各种加工方法进行主传动系统的转速、功率分析，会发现在较低转速下经常使用的是攻螺纹、铰孔或部分精加工工序，这些工序相对来说需要的输出功率较小，因此主轴在低速区需要较大的恒转矩输出。主轴自某一转速起至最高转速止则为恒功率输出，在这个工作区内，任何转速都能传递全部功率，而转矩的输出则随转速的增加而减少。如图 8-7 所示，恒转矩输出与恒功率输出的交界点的转速称为计算转速（图 8-7 中 n_j 点的转速），也就是说计算转速是传动系统传递主轴电动机全部功率时的最低转速。

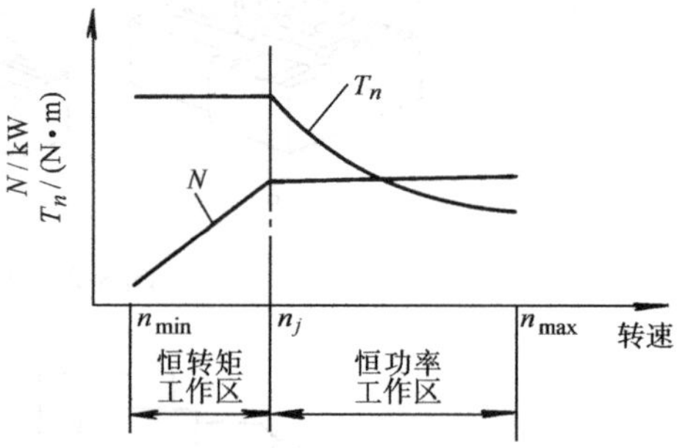

图 8-7　计算转速

（2）回转精度　当主轴作回转运动时，线速度为零的点构成的线称为主轴的回转中心线。回转中心线的空间位置在每一瞬间都是变化的，瞬时回转中心线的理想空间位置称为理想回转中心线。瞬时回转中心线相对于理想回转中心线在空间的位置距离，就是主轴的回转误差。回转误差的范围，就是主轴的回转精度。主轴回转精度的测量，一般分为三种：静态测量、动态测量和间接测量。

静态测量是用一个精密的检测棒插入主轴锥孔中，使千分表触头触及检测棒圆柱表面，以低速转动主轴进行测量。千分表最大和最小的读数差，即认为是主轴的回转误差值。目前，普通级加工中心的回转精度出厂时用静态测量法测量，当 $L = 300\text{mm}$ 时允差应小于 0.02mm，如图 8-8 所示。

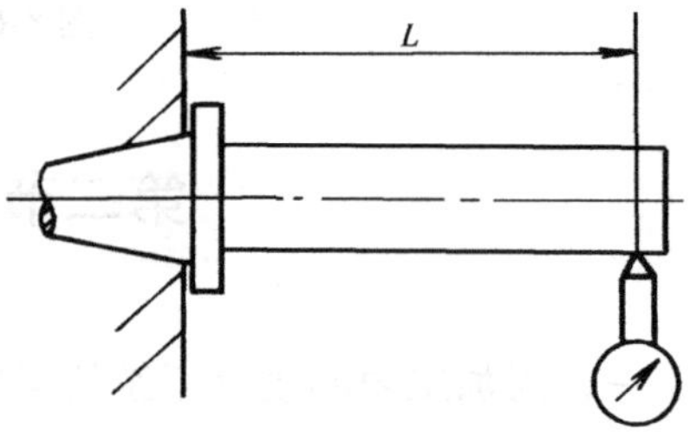

图 8-8　静态测量法

动态测量是用一标准钢球装在主轴中心线上，与主轴同时旋转，在工作台上安装两个互成 90°角的非接触传感器，通过仪器记录回转的误差值。

间接测量是用小切削量加工非铁金属试件，然后在圆度仪上测量试件的圆度，间接评价主轴的回转精度。

造成主轴回转误差的主要原因在于主轴的结构及其加工精度，主轴轴承的选用及刚度等，而主轴及其回转零件的不平衡，在回转时引起的激振力，也会造成主轴的回转误差。

2. 主轴系统的动力学参数

主轴系统的功率或转矩的传递是通过电动机—变速机构—主轴—刀具传动链完成的。主轴系统的各个环节在工作时，除了要传递功率，还要保证在切削运动中进行高质量加工。也就是说，主轴系统的动力特性应该保证原动力的功率以最小的损耗传递到切削刀具上，同时保证在一定的功率输出下，平稳地、高精度地进行切削加工。因此，需保证以下几项动力学参数。

（1）静刚度 静刚度是指主轴受到静态外力时抵抗变形的能力。在主轴系统中，主轴及主轴轴承的综合静刚度对加工中心的性能及加工精度都有影响，如刚度不足则会造成加工工件尺寸误差和形状误差，并影响齿轮及轴承工作性能及寿命，引起切削过程不稳，发生振颤，降低加工质量，限制了机床功率的充分利用，从而影响切削生产率。影响主轴静刚度的主要因素有：主轴的直径、支承间的距离及工作端的悬伸量；轴承的径向刚度和角刚度；传动件所处的位置及传动力；切削力的相对作用方向等。

（2）抗振性 加工中心在工作时，通过主轴系统的运动，电动机的功率被传递到刀具上，在切削过程中，不仅有静态力的作用，同时还受到由于断续切削、加工余量变化、运动部件不平衡、零件在加工或装配时的缺陷及在切削过程中的再生自振等原因引起的冲击力或交变力的干扰。这些因素使主轴产生振动，降低加工精度，影响加工面表面质量，严重的甚至可能破坏刀具或主轴系统中的零件，使其无法工作。因此在主轴系统中的各个主要零部件不但要具有一定的静刚度，而且要求具有抑制各种干扰力引起振动的抗振力。抗振力用动刚度或动柔度来衡量。影响主轴抗振性的主要因素有：主轴部件的阻尼比、静刚度及固有频率等。

（3）热稳定性 在主轴系统中，工作时产生热量的因素较多，有主电动机的运行、传动部件（传动带、齿轮）的摩擦、主轴轴承的运转、通过刀具传来的切削热等，这些热量使主轴系统的所有零部件产生热变形。齿轮的变形造成传动效率的降低，噪声的增加，而主轴轴承和主轴的变形引起配合间隙变化和主轴与加工件的空间位置和精度的变化，造成加工误差，严重时能影响到加工中心的使用。衡量热稳定的标准是达到热平衡的时间及温升。当主轴系统在工作时，发热量和接受到的热量等于散射到周围环境和传到其他部件上的热量时，即为热平衡状态（一般以温度变化小于5℃/h 时作为检测时的界限）。而达到这种状态所需的时间，一般的加工中心在120min 以内，通常其温升不应超过35℃。

3. 主轴电动机

主轴电动机应有较宽的调速范围，足够的输出功率，并且能实现无级调速。如图 8-9 所示，为某种加工中心主轴电动机的功率转矩特性曲线，图中实线为电动机的特性，虚线为主轴的特性。该主轴系统通过一对同步带轮将运动传给主轴，使主轴在 22.5 ~2250r/min（标准型）转速范围内可以实现无级调速。

主轴电动机采用了 FANUCAC12 型交流伺服电动机，该电动机 30min 超载时的最大输出功率为 15kW，连续运转时的最大输出功率为 11kW，计算转速为 1500r/min。实际应用时，在主轴电动机的伺服系统中加了功率限制，使电动机的额定输出功率为 7.5kW（30min 超载）和 5.5kW（连续运转），电动机的计算转速为 750r/min，即加大了恒功率区域。如图 8-9a 所示，电动机转速范围为 45 ~4500r/min 即为恒功率区域。电动机的运动经过 1∶2 齿形

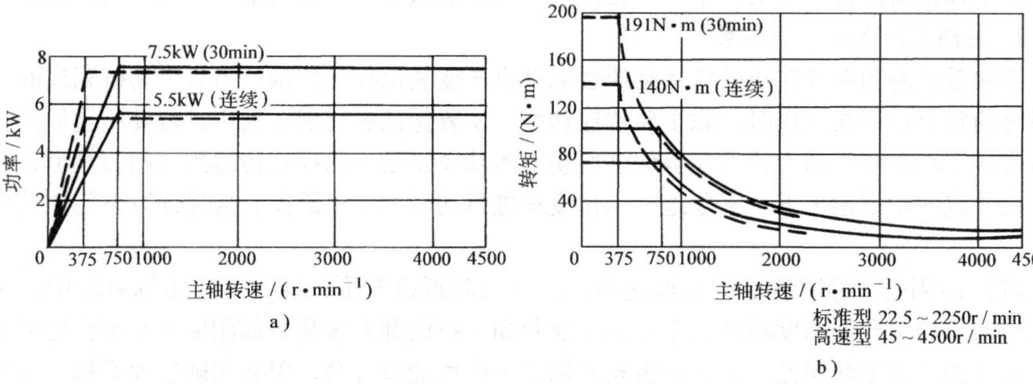

图 8-9　功率转矩特性曲线

带轮传给主轴，主轴的转速范围为 22.5 ~ 2250r/min，主轴的计算转速为 375r/min，转速在 375 ~ 2250r/min 的范围内，为主轴的恒功率区域，在该区域内，主轴传递功率为 5.5kW（连续运转）或 7.5kW（30min 超载）。如图 8-9b 所示，电动机转速在 45 ~ 750r/min 范围内为恒转矩区域，其连续运转的最大输出转矩为 70N · m（连续运转）或 95.5N · m（30min 超载）。主轴恒功率区域的转速范围为 22.5 ~ 375r/min，最大输出转矩分别为 140N · m（连续运转）和 191N · m（30min 超载）。

4. 主轴传动系统

为了适应不同的加工需要，目前主轴的传动系统大致可以分为三类。一是由电动机直接带动主轴旋转。其优点是结构紧凑，占用空间少，但主轴转速的变化及转矩的输出和电动机的输出特性完全一致，因而在使用上受到一定的限制，如图 8-10 所示。二是电动机的转动经过一级变速传给主轴。目前这种形式多用带传动来完成，其优点是结构简单，安装调试方便，且在一定程度上能满足转速与转矩的输出要求，但其调速范围仍与电动机一样，如图 8-11 所示。三是经过二级以上的变速，电动机的转动传给主轴。目前多采用齿轮来完成，其优点是能够满足各种切削运动的转矩输出，且具有大范围的速度变化能力。但由于结构复杂，需增加润滑及温度控制系统，成本较高，此外制造与维修也较困难，如图 8-12 所示。

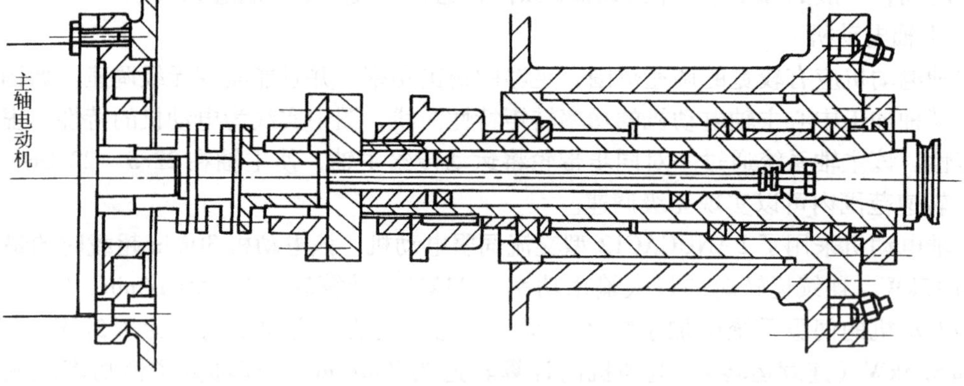

图 8-10　直接传动主轴系统

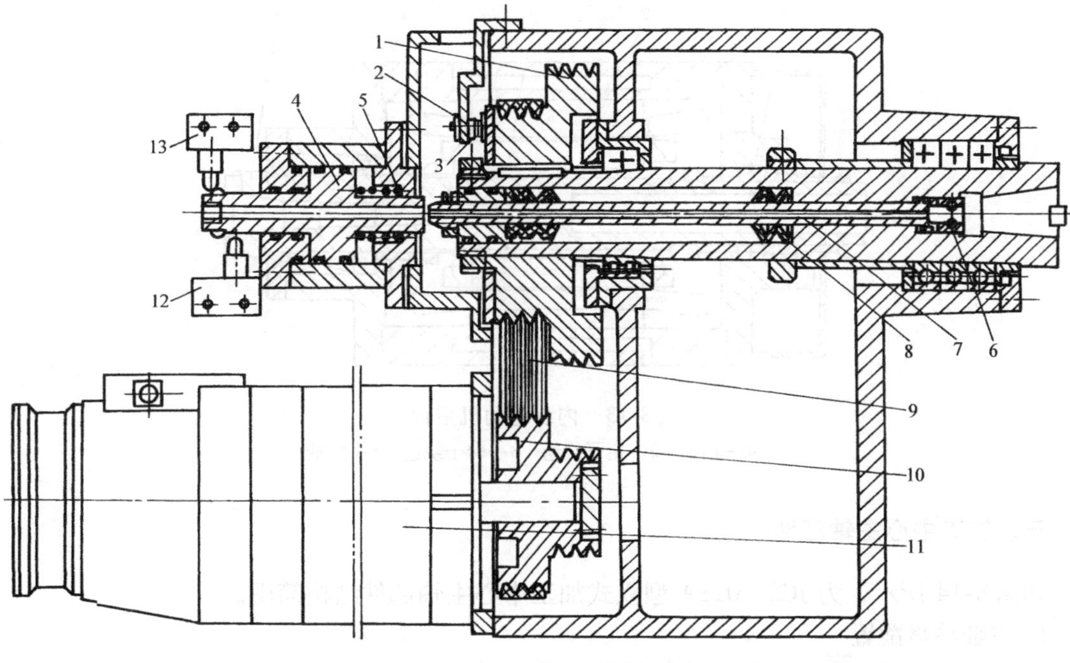

图 8-11　一级传动主轴系统

1、10—带轮　2—磁传感器　3—磁铁　4—活塞　5—弹簧　6—钢球　7—拉杆　8—碟形弹簧　9—带　11—电动机　12、13—限位开关

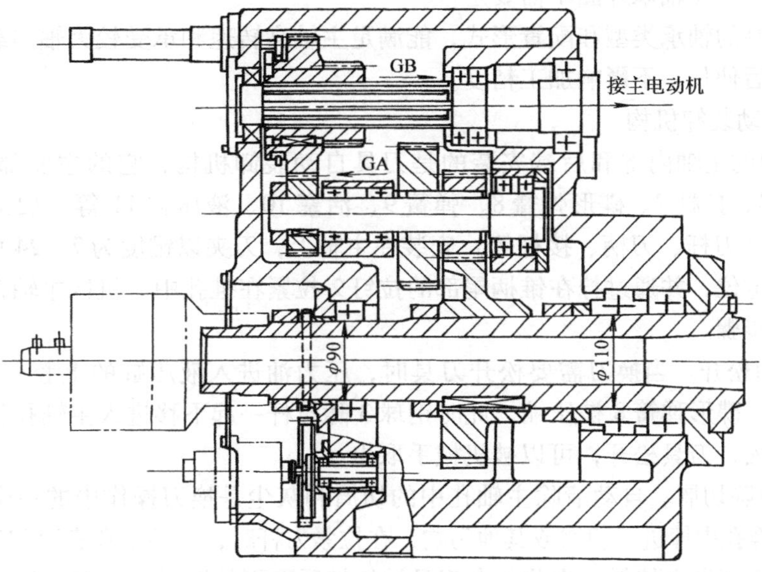

图 8-12　二级传动主轴系统

近年来，又出现了一种新式的内装电动机主轴，主轴与电动机转子合为一体。其优点是主轴部件结构紧凑，重量轻，惯量小，可提高起动、停止的响应特性，并利于控制振动和噪声。缺点是电动机运转产生的热量易使主轴产生热变形，因此温度的控制和冷却是使用内装电动机主轴的关键问题。图 8-13 是某种立式加工中心主轴部件，其内装电动机最高转速可达 20000r/min。

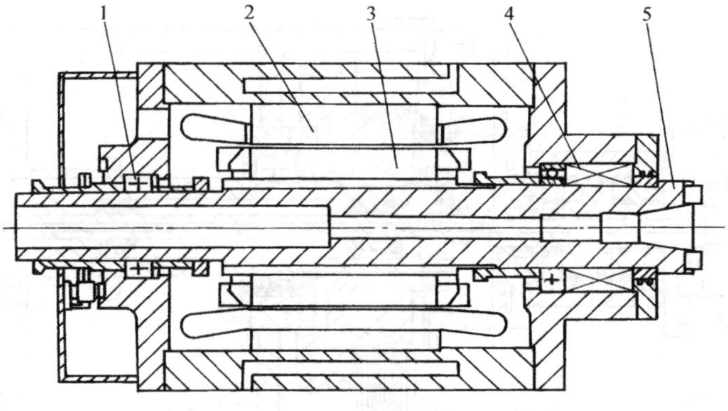

图 8-13　内装电动机主轴

1、4—轴承　2—定子绕组　3—转子绕组　5—主轴

三、加工中心主轴部件

如图 8-14 所示，为 JCS—018A 型立式加工中心主轴部件结构简图。

1. 主轴轴承配置

图 8-14 中的零件 1 为主轴，主轴的前支承 4 配置了三个高精度的角接触球轴承，用以承受径向载荷和轴向载荷，前两个轴承大口朝下，后面的一个轴承大口朝上，前支承按预加载荷计算的预紧量由螺母 5 来调整。后支承 6 为一对小口相对配置的角接触球轴承，它们只承受径向载荷，因此轴承外圈不需要定位。

该主轴选择的轴承类型和配置形式，能满足主轴高转速和承受较大轴向载荷的要求，主轴受热变形向后伸长，不影响加工精度。

2. 刀具自动装卸机构

图 8-14 中的主轴内部和后端安装的是刀具自动装卸机构，它的主要部件有：主轴 1、拉钉 2、钢球 3、拉杆 7、碟形弹簧 8、弹簧 9、活塞 10、液压缸 11 等。加工用的刀具通过各种标准刀夹（刀杆、刀柄、接杆等）安装在主轴上，刀夹以锥度为 7：24 的锥柄在主轴 1 前端的锥孔中定位，并通过拧在锥柄尾部的拉钉 2 拉紧在锥孔中。机床主轴在换刀过程时要经过以下三个步骤。

1）刀具的松开。当换刀需要松开刀具时，压力油进入液压缸的上腔，活塞 10 推动拉杆 7 向下移动，碟形弹簧 8 被压缩，此时钢球 3 随拉杆一起下移进入主轴孔径较大处，拉杆前端将刀具顶松，刀具松开，可以被机械手取出。

2）自动清除切屑。自动清除主轴孔中的切屑和灰尘是换刀操作中的一个不容忽视的问题。如果主轴锥孔中掉进了切屑或其他污物，在拉紧刀杆时，主轴锥孔表面和刀杆的锥柄就会被划伤，并使刀杆发生偏斜。为此，在刀具被机械手取下的同时，压缩空气通过活塞杆和拉杆的中心孔把主轴锥孔吹净，使刀柄锥面和主轴锥孔能够紧密贴合，保证刀具的正确定位。

3）刀具的夹紧。当夹紧刀具时，液压缸 11 上腔接通回油，弹簧 9 推动活塞 10 上移，拉杆 7 在碟形弹簧 8 作用下向上移动；由于此时装在拉杆前端径向孔中的 4 个钢球 3 进入主轴孔直径较小处，被迫收拢，此时刀具被拉杆拉紧，刀具锥柄的外锥面与主轴锥孔的内锥面相互压紧，这样刀具就被定位夹紧在主轴上了。

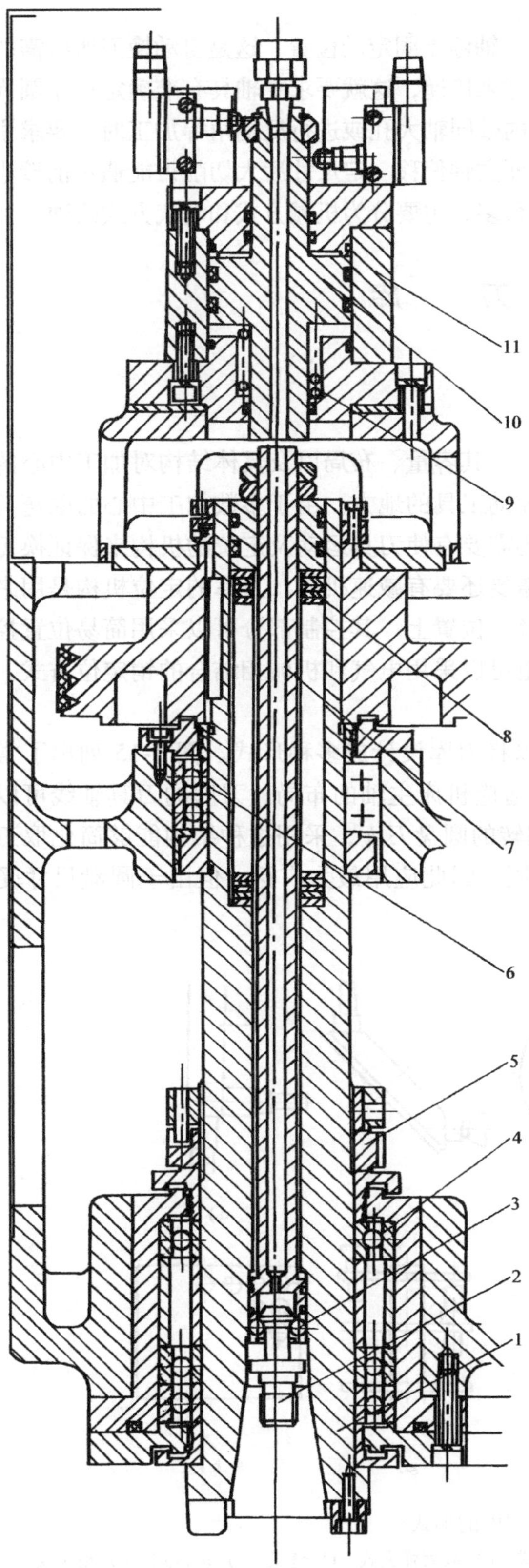

图 8-14　JCS-018A 型
主轴部件结构简图
1—主轴
2—拉钉
3—钢球
4、6—轴承
5—螺母
7—拉杆
8—碟形弹簧
9—弹簧
10—活塞
11—液压缸

3. 主轴定向装置

主轴定向功能又称主轴准停功能，即控制主轴停于固定的位置。这是自动换刀所必需的功能，在加工中心上，切削转矩通常是通过端面键来传递，这就要求主轴具有准确定位于圆周上特定角度的功能。此外，在通过前壁小孔镗削内壁同轴大孔或进行反倒角等加工时，要求主轴实现准停，使刀尖停在一个固定的方位上，以便主轴偏移一定尺寸后大切削刃能通过前壁小孔进入箱体对大孔进行镗削。目前主轴定向装置很多，主要分为机械方式和电气方式两种。

第三节　刀　　库

一、刀库的类型与容量

刀库是自动换刀装置中最主要的部件之一，其容量、布局以及具体结构对加工中心的设计有很大影响。刀库是用来储存加工刀具及辅助工具的地方。由于多数加工中心的取送刀位置都是在刀库中的某一固定刀位，因此刀库还需要有使刀具运动及定位的机构来保证换刀的可靠。其动力可采用液动机或电动机，如果需要还要有减速机构。刀库的定位机构是用来保证更换的每一把刀具或刀套都能准确地停在换刀位置上。其控制部分可以采用简易位置控制器或类似半闭环进给系统的伺服位置控制，也可以采用电气和机械相结合的销定位方式，一般要求综合定位精度达到0.1～0.5mm。

根据刀库所需要的容量和取刀方式，可以将刀库设计成多种形式。图8-15列出了常用的几种刀库。图8-15a～d是单盘式刀库，为适应机床主轴的布局，刀库的刀具轴线可以按不同的方向配置，图8-15d是刀具可作90°翻转的圆盘刀库，采用这种结构能够简化取刀动作。单盘式刀库的结构简单，取刀也较为方便，因此应用最为广泛。但由于圆盘尺寸受限制，刀库的容量较小（通常装15～30把刀）。

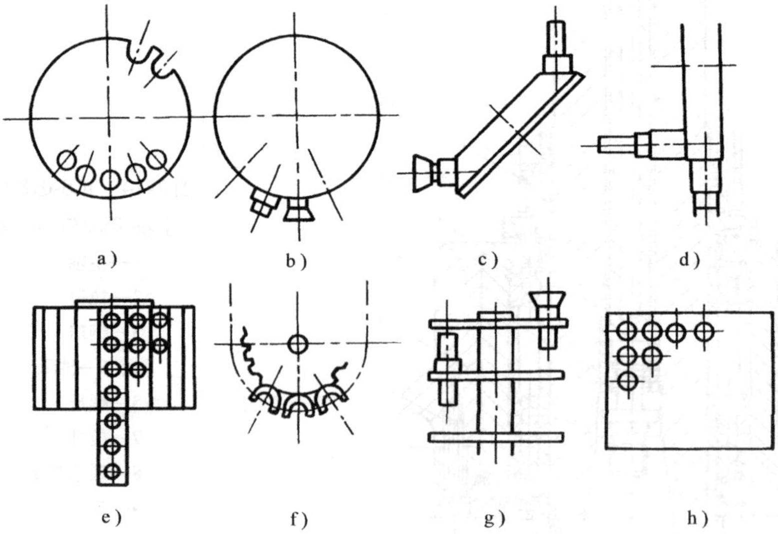

图8-15　刀库的形式

a）轴向式　b）径向式　c）斜向式　d）刀具翻转式　e）鼓筒弹夹式　f）链式　g）多盘式　h）格子式

当需要存放更多数量的刀具时，可以采用图 8-15e ~ h 形式的刀库，它们充分利用了机床周围的有效空间，且刀库的外形尺寸又不致过于庞大。图 8-15e 是鼓筒弹夹式刀库，其结构十分紧凑，在相同的空间内，它的刀库容量较大，但选刀和取刀的动作较复杂。图 8-15f 是链式刀库，其结构有较大的灵活性，存放刀具的数量也较多，选刀和取刀动作十分简单。当链条较长时，可以增加支承链轮的数目，使链条折叠回绕，提高了空间利用率。图 8-15g 和图 8-15h 分别为多盘式和格子式刀库，它们虽然也具有结构紧凑的特点，但选刀和取刀动作复杂，较少应用。

1. 刀库的类型

加工中心上普遍采用的刀库是盘式刀库和链式刀库。密集型的鼓筒式刀库或格子刀库虽然占地面积小。可是由于结构的限制，已很少用于单机加工中心。密集型的固定刀库目前多用于 FMS 中的集中供刀系统。

（1）盘式刀库　盘式刀库结构简单，应用较多，如图 8-16 所示。由于刀具环形排列，空间利用率低。因此出现了将刀具在盘中采用双环或多环排列，以增加空间的利用率。但这样一来使刀库的外径过大，转动惯量也很大，选刀时间也较长。因此，盘式刀库一般适用于刀具容量较少的刀库。

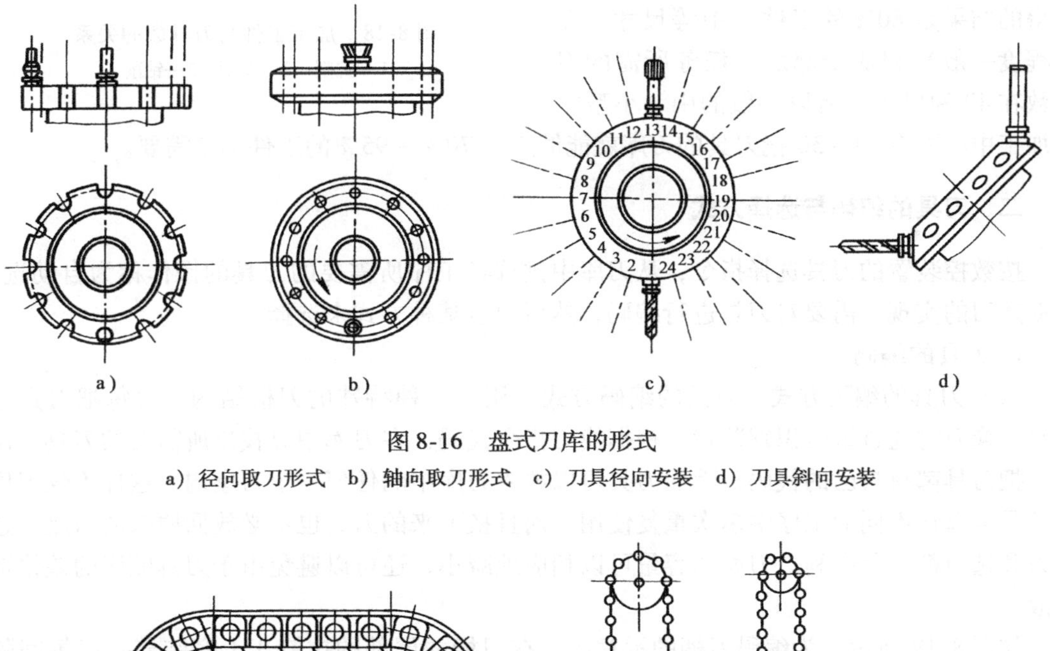

图 8-16　盘式刀库的形式

a）径向取刀形式　b）轴向取刀形式　c）刀具径向安装　d）刀具斜向安装

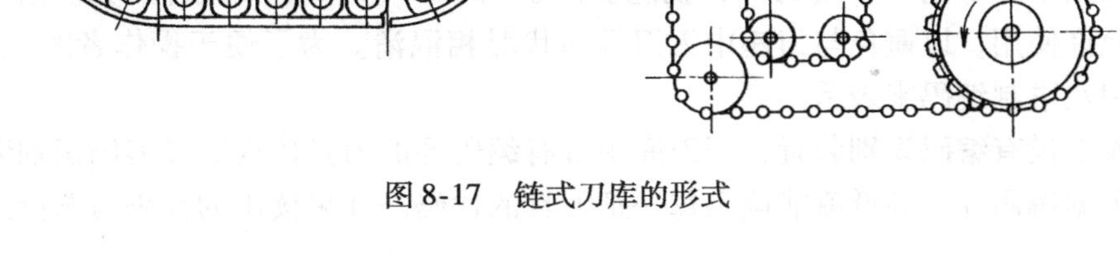

图 8-17　链式刀库的形式

(2) 链式刀库　如图 8-17 所示，链式刀库的结构紧凑，刀库容量较大，链环的形状可以根据机床的布局配置成各种形状，也可将换刀位突出以利于换刀。当链式刀库需增加刀具容量时，只需增加链条的长度和支承链轮的数目，在一定范围内，无需变更线速度及惯量。这些特点也为系列刀库的设计与制造带来了很大的方便，可以满足不同使用条件。一般刀具数量在 30 ~ 120 把时，多采用链式刀库。

2. 刀库的容量

刀库的容量首先要考虑加工工艺的需要。例如，立式加工中心的主要加工方法为钻削、铣削。采用成组技术对 15000 种工件进行分组，并统计了各种加工所必需的刀具数后，得出图 8-18 所示的结果。从图中可以看出，4 把铣刀可完成工件 90% 左右的铣削工艺，10 把孔加工刀具可完成 70% 左右的钻削工艺，因此 14 把刀的容量就可完成 70% 以上的工件钻铣工艺。如果从完成工件的全部加工所需刀具数目统计，所得的结果是 80% 的工件（中等尺寸，复杂程度一般）完成全部加工任务所需的刀具数在 40 种以下。所以一般的中、小型立式加工中心配有 14 ~ 30 把刀具的刀库就能够胜任 70% ~ 95% 的工件加工需要。

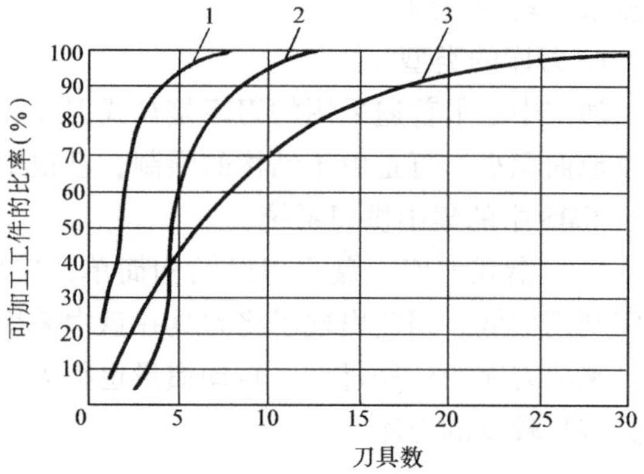

图 8-18　加工工件与刀具数的关系
1—铣削　2—车削　3—钻削

二、刀具的编码与选择方式

按数控装置的刀具选择指令，从刀库中挑选各工序所需要的刀具的操作称为自动选刀。自动选刀的实现，需要对刀具进行编码，然后通过某种方式来选择。

1. 刀具的编码

(1) 刀具的编码方式　刀具的编码方式采用了一种特殊的刀柄结构，对每把刀具进行编码。换刀时通过编码识别装置，根据换刀指令代码，在刀库中寻找出所需要的刀具。由于每一把刀具都有自己的代码，因而刀具可以放入刀库中的任何一个刀座内。这样不仅刀库中的刀具可以在不同的工序中多次重复使用，而且换下来的刀具也不必放回原来的刀座，这对装刀和选刀都十分有利。刀库的容量可以相应地减小，还可以避免由于刀具顺序的差错造成事故。

如图 8-19 所示，为编码刀柄的示意图。在刀柄的尾部的拉钉 3 上套装着一组等间隔的编码环 1，并由锁紧螺母 2 将它们固定。编码环的外径有大小两种不同的规格，每个编码环的高低分别表示二进制数的“1”和“0”。通过对两种圆环的不同排列，可以得到一系列的代码。例如图中所示的 7 个编码环，就能够区别出 127（即 2^7-1）种刀具。通常全部为 0 的代码不允许使用，以避免与刀座中无刀具的状况相混淆。为了便于操作者的记忆和识别，也可以采用八进制编码来表示。

在刀库上设有编码识别装置，当刀库中带有编码环的刀具依次通过编码识别装置时，相应的触针根据编码环的高低就能读出每一把刀具的代码。如果读出的代码与选择刀具的代码

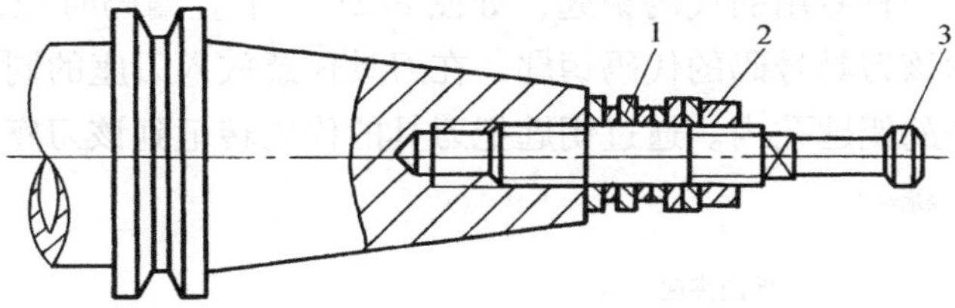

图 8-19　编码刀柄示意图

1—编码环　2—锁紧螺母　3—拉钉

一致时，就发出信号使刀库停止回转。这时，加工所需刀具就准确地停留在取刀位置上，等待机械手从刀库中将刀具取出。接触式编码识别装置的结构简单，但可靠性较差，寿命较短，且不能快速选刀。

除了机械接触识别方法之外，还可以采用非接触式的磁性或光电识别方法。如图 8-20 所示，磁性识别方法是利用磁性材料和非磁性材料磁感应的强弱不同，通过感应线圈读取代码。编码环分别由软钢和黄铜（或塑料）制成，前者代表“1”，后者代表“0”；将它们按规定的编码排列，安装在刀柄的前端。当编码环通过线圈时，只有对应于软钢圆环的那些绕组才能感应出高电位，其余绕组输出低电位，通过识别电路就可选出所需刀具。磁性识别装置没有机械接触和磨损，可以快速选刀，而且具有结构简单、工作可靠、寿命长和无噪声等优点。

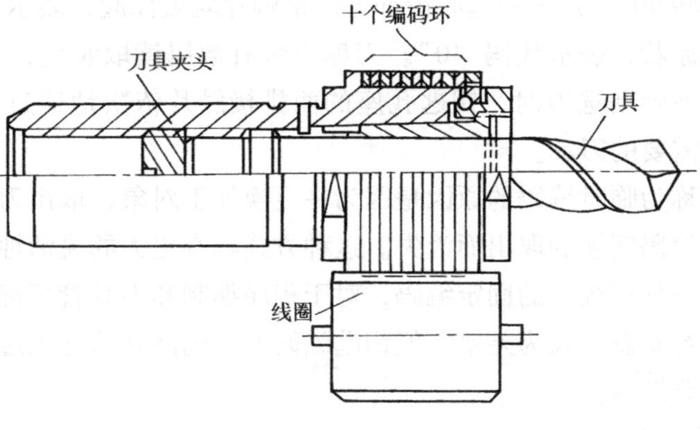

图 8-20　磁性识别法

（2）刀座的编码方式　刀座的编码方式是对刀库的刀座进行编码，并将与刀座编码相对应的刀具一一放入指定的刀座中，然后根据刀座的编码来进行刀具的选取。这种编码方式取消了刀柄中的编码环，使刀柄的结构大为简化，因此刀具识别装置的结构就不受刀柄尺寸的限制，而且可以放置在较为合理的位置。采用这种编码方式时，当操作者把刀具误放入与编码不符的刀座内，仍然会造成事故。而且在刀具自动交换过程中，必须将用过的刀具放回原来的刀座内，这样就增加了刀库动作的复杂性。

刀座编码方式可分为永久性编码和临时性编码两种。一般情况下，永久性编码是将一种与刀座编号相对应的刀座编码板安装在每个刀座的侧面，编码固定不变。临时性编码也称为钥匙编码，它采用了一种专用的代码钥匙，如图 8-21 所示。编码时先按加工程序的规定给每一把刀具附上表示该刀具号码的代码钥匙，在刀具任意放入刀座的同时，将刀具附带的代码钥匙插入该刀座旁的钥匙孔内。通过钥匙把刀具的代码转记到该刀座上，从而给刀座编上代码。

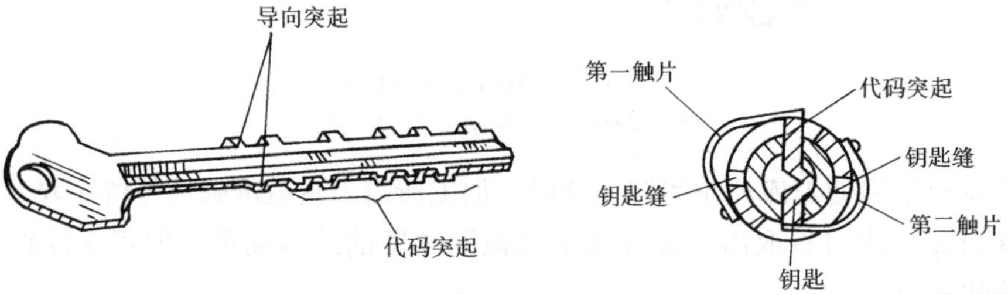

图 8-21　钥匙编码示意图

这种代码钥匙的两边最多可带有 22 个方齿，前 20 个齿组成了一个五位的二—十进制数代码，四个二进制数代码表示一位十进制数，以便于操作者的识别。这样，代码钥匙就可以给出从 1 到 99999 之间的任何一个号码，并将对应的号码打印在钥匙的正面。采用这种方法可以给大量的刀具编号。只要钥匙插入刀座，每把钥匙带有的后两个方齿，就发出信号表示刀座已编上了代码。

编码钥匙孔座的结构如图 8-21 右图所示，钥匙对准键槽和水平方向槽插入钥匙孔座，然后顺时针方向旋转 90°，处于钥匙有齿部分的接触片就被撑起，表示代码“1”，处于无齿部分的接触片保持原状，表示代码“0”。刀库上装有数码读取装置，它由两排呈 180°分布的电刷组成。当刀库转动选刀时，钥匙孔座的两排接触片依次地通过电刷，读出刀座的代码，直到寻找到所需要的刀具。

这种编码方式称为临时编码的原因是因为在更换加工对象，取出刀库中的刀具之后，刀座原来的编码随着编码钥匙的取出而消失。这种方式具有更大的灵活性，各个工厂可以对大量刀具刀库中的每一种用统一的固定编码，对于程序编制和刀具管理都十分有利。而且在刀具放入刀库时，不容易发生人为差错。但钥匙编码方式仍然必须把用过的刀具放回原来的刀座中，这是它的主要缺点。

2. 刀具的选择方式

常用的刀具选择方式有顺序选刀和任意选刀两种。

（1）顺序选择方式　刀具的顺序选择方式是将刀具按加工工序的顺序，依次放入刀库的每一个刀座内。每次换刀时，刀库按顺序转动一个刀座的位置，并取出所需要的刀具。已经使用过的刀具可以放回到原来的刀座内，也可以按顺序放入下一个刀座内。采用这种方式的刀库，不需要刀具识别装置，驱动控制也较简单，可以直接由刀库的分度机构来实现。因此刀具的顺序选择方式具有结构简单、工作可靠等优点。但刀库中的刀具在不同的工序中不能重复使用，因而必须相应地增加刀具的数量和刀库的容量，这样就降低了刀具和刀库的利用率。此外，人工的装刀操作必须十分谨慎，一旦刀具在刀库中的顺序发生差错，将会造成严重事故。这种方式适合加工批量较大、工件品种数量较少的中、小型加工中心。

（2）任意选择方式　随着数控系统的发展，目前绝大多数的数控系统都具有刀具任选功能。任选刀具的换刀方式可以由刀套编码、刀具编码和记忆等方式来实现。

刀具编码或刀套编码都需要在刀具或刀套上安装识别编码条，一般都是根据二进制数编码原理进行编码。刀具编码选刀方式采用了一种特殊的刀柄结构，并对每把刀具编码。由于每把刀具都具有自己的代码，因而刀具可以放在刀库中的任何一个刀座内，这样不仅刀库中的刀具可以在不同的工序中多次重复使用，而且换下的刀具也不用放回原来的刀座，这对装刀和选刀都十分有利，刀库的容量也可以相应的减少，而且还可以避免由于刀具顺序的差错所造成的事故。但是由于每把刀具上都带有专用的编码系统，使刀具的长度加长，制造困难，刀具刚度降低，同时使得刀库和机械手的结构也变得比较复杂。

对于刀套编码的方式，一把刀具只对应一个刀套，从一个刀套中取出的刀具必须放回同一刀套中，取送刀具十分麻烦，换刀时间长。因此，无论是刀具编码还是刀套编码都给换刀系统带来麻烦。

目前，在加工中心上绝大多数都使用记忆式的任选换刀方式。这种方式能将刀具号和刀库中的刀套位置（地址）记忆在数控系统的 PC 中，无论刀具放在哪个刀套内都始终记忆着它的踪迹。刀库上装有位置检测装置（一般与电动机装在一起），可以检测出每个刀套的位置。这样刀具就可以任意取出并送回。刀库上还设有机械原点，使每次选刀时就近选取。对于盘式刀库来说，每次选刀运动正转或反转都不会超过 180°角。

三、刀库结构

以某立式加工中心为例，如图 8-1 所示，介绍其刀库的结构组成及传动过程。

1. 换刀过程

在介绍刀库结构之前，先了解一下换刀过程。刀库位于立柱左侧，其中刀具的安装方向与主轴轴线垂直，换刀前应改变在换刀位置的刀具轴线方向，使之与主轴轴线平行。某工序加工完毕，主轴定向后，可由自动换刀装置换刀，如图 8-22 所示。

1）刀套下翻。换刀前，刀库 2 转动，将待换刀具 5 送到换刀位置。换刀时，带有刀具 5 的刀套 4 下翻 90°，使刀具轴线与主轴轴线平行。

2）机械手抓刀。机械手 1 从原始位置顺时针方向旋转 75°（*K* 向观察），两手爪分别抓住刀库上和主轴 3 上的刀具。

3）刀具松开。主轴内的刀具自动夹紧机构松开刀具。

4）机械手拔刀。机械手下降，同时拔出两把刀具。

5）刀具位置交换。机械手带着两把刀具逆时针

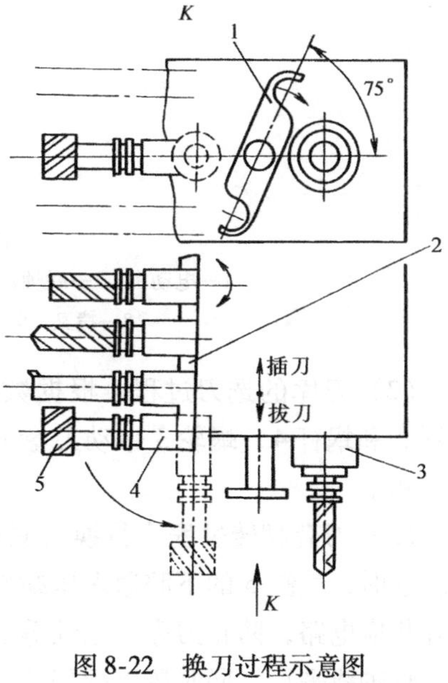

图 8-22　换刀过程示意图

1—机械手　2—刀库　3—主轴

4—刀套　5—刀具

方向旋转 180°（*K* 向观察），交换两把刀具位置。

6）机械手插刀。机械手上升，分别把刀具插入主轴锥孔和刀套中。

7）刀具夹紧。主轴内的刀具自动夹紧机构夹紧刀具。

8）液压缸活塞复位。驱动机械手逆时针方向旋转 180°的液压缸活塞复位（机械手无动作）。

9）机械手松刀。机械手 1 逆时针方向旋转 75°（*K* 向观察），松开刀具回到原始位置。

10）刀套上翻。刀套带着刀具上翻 90°。

2. 刀库的结构与传动

（1）刀库的结构组成　如图 8-23 所示，为盘式刀库结构示意图。它主要由电动机、蜗杆蜗轮、刀盘、刀套、气缸及拨叉等构件组成。其盘式刀库的具体结构，如图 8-24 所示。

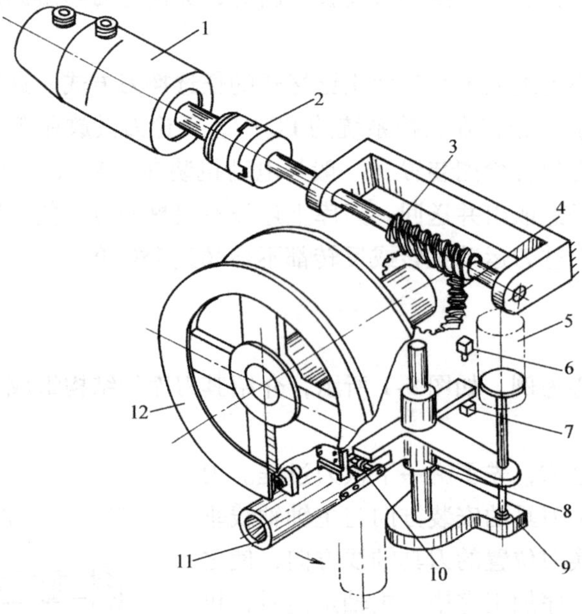

图 8-23　刀库结构示意图

1—电动机　2—联轴器　3—蜗杆　4—蜗轮　5—气缸　6、7—行程开关　8—拨叉　9—挡标　10—滚子　11—刀套　12—刀盘

（2）刀库的选刀过程　根据数控系统发出的选刀指令，直流伺服电动机 1 经十字联轴器 2 和蜗杆 4、蜗轮 3 带动刀盘 14 和安装其上的 16 个刀套 13 旋转相应角度，完成选刀的过程。

（3）刀套翻转过程　待换刀具转到换刀位置时，刀套尾部的滚子 11 转入拨叉 7 的槽内。这时，气缸 5 的下腔通入压缩空气，活塞带动拨叉上升，同时松开行程开关 10，用以断开相应电路，防止刀库、主轴等出现误动作。拨叉上升，带动刀套下翻 90°，使刀具轴线与主轴轴线平行，同时压下行程开关 9，发出信号使机械手抓刀。反之，拨叉下降，带动刀套上翻 90°。

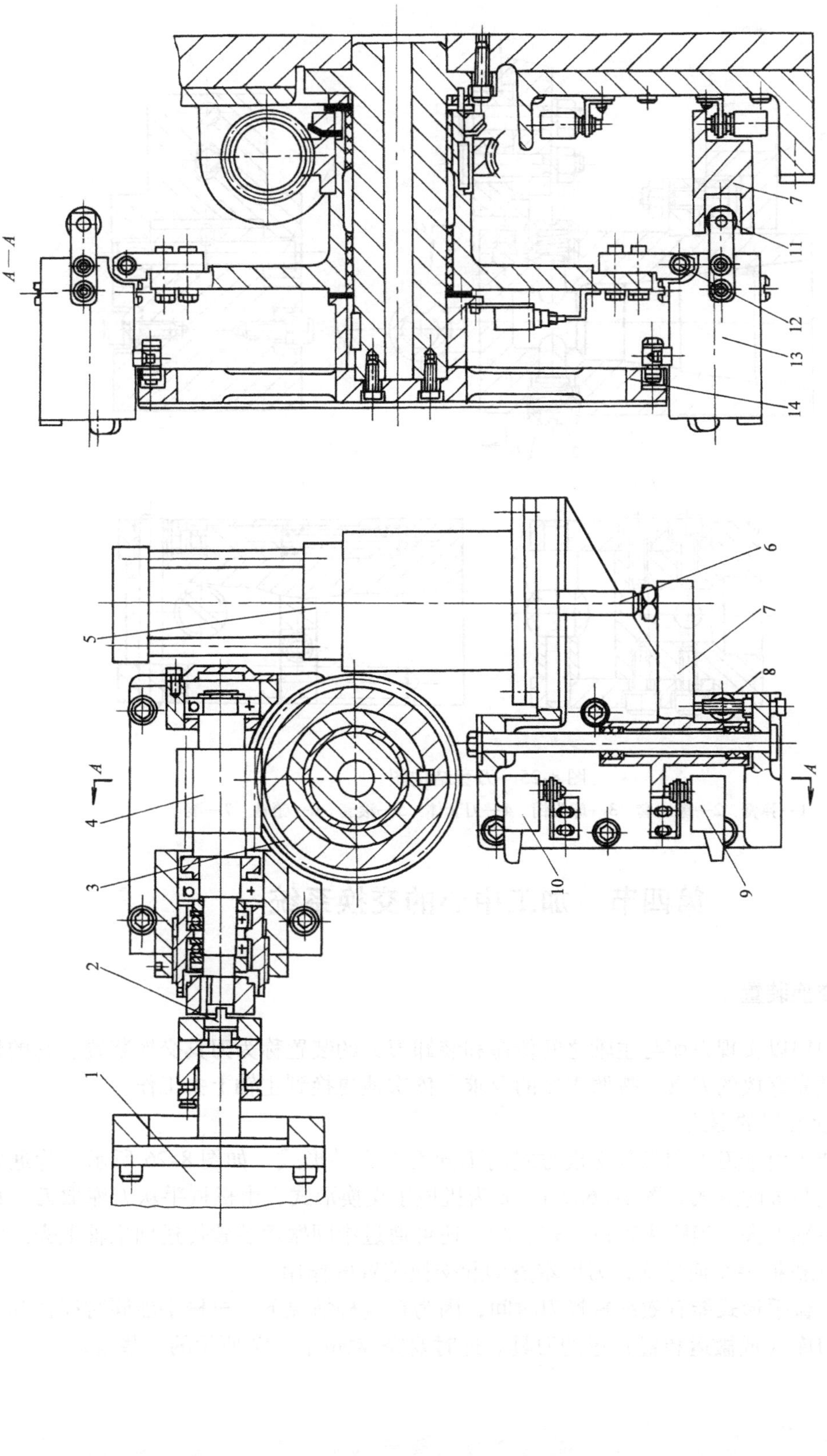

图 8-24　刀库结构图

1—电动机　2—联轴器　3—蜗轮　4—蜗杆　5—气缸　6—活塞杆　7—拨叉　8—挡标　9、10—行程开关　11—滚子　12—销轴　13—刀套　14—刀盘

（4）刀套的结构组成　如图 8-25 所示，为该盘式刀库刀套的结构图。刀套体 4 的锥孔尾部有两个球头销 3。在螺纹套 2 与球头销之间装有弹簧 1，当刀具装入刀套体 4 时，在弹簧力的作用下刀具被夹紧。

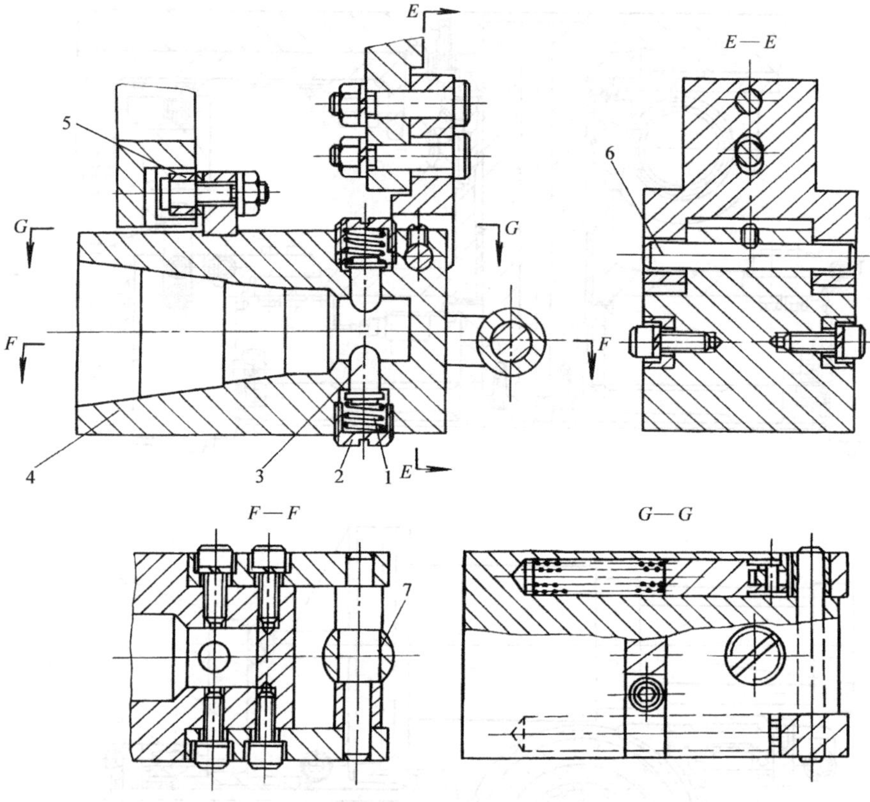

图 8-25　刀套结构图

1—弹簧　2—螺纹套　3—球头销　4—刀套体　5—滚套　6—销轴　7—滚子

第四节　加工中心的交换系统

一、刀具交换装置

加工中心中用以实现刀库与主轴之间传递和装卸刀具的装置称为刀具交换装置。它的作用是将刀库上预先存放的刀具，按照工序的要求，依次地更换到主轴上去工作。

1. 刀具交换装置的形式

刀具交换装置由于刀库和刀具交换方式的不同而有多种形式。如图 8-26 所示，为通常采用的几种交换装置的形式。图 8-26a、b、c 为机械手交换形式，由机械手从刀库取刀，再传送至机床的主轴上去。当距主轴位置较远时，还可通过中间搬运装置传送到主轴上去。图 8-26d、e 都是无机械手交换形式，刀库本身即起交换装置的作用。

双臂回转机械手形式能有效缩短换刀时间，因为在这种情况下，机械手能同时抓住和传送位于主轴和刀库（或搬运装置）里的刀具。这时要完成如图 8-27 所示的一些运动。

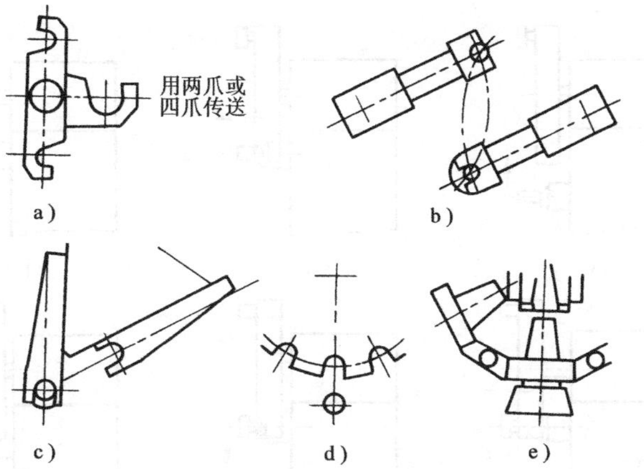

图 8-26　刀具交换装置的形式

a）回转机械手　b）双机械手（回转）　c）双机械手（交叉）

d）刀库（盘式）　e）刀库（链式）

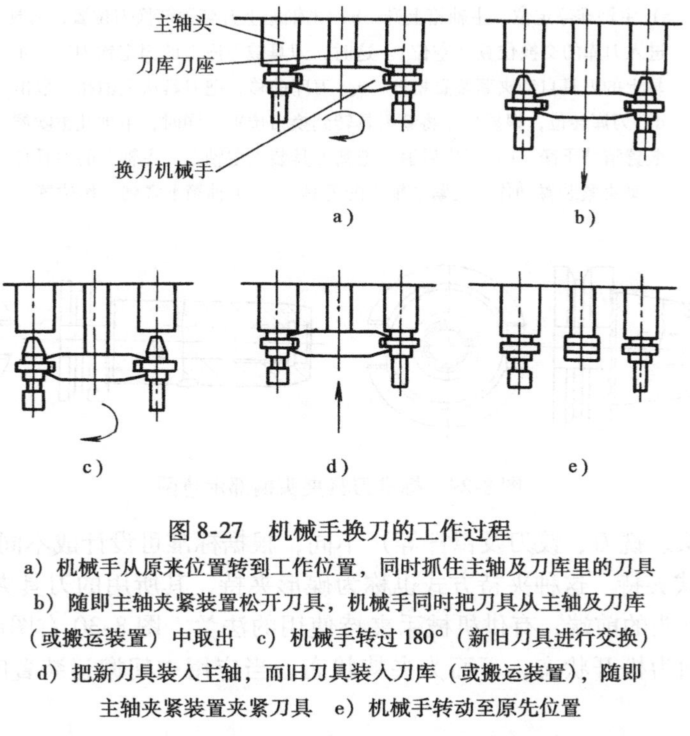

图 8-27　机械手换刀的工作过程

a）机械手从原来位置转到工作位置，同时抓住主轴及刀库里的刀具

b）随即主轴夹紧装置松开刀具，机械手同时把刀具从主轴及刀库（或搬运装置）中取出　c）机械手转过 180°（新旧刀具进行交换）

d）把新刀具装入主轴，而旧刀具装入刀库（或搬运装置），随即主轴夹紧装置夹紧刀具　e）机械手转动至原先位置

图 8-28 是无机械手换刀的工作过程，刀库本身即起交换装置的作用。工作过程为如图 8-28a ~ f 所示。

2. 刀具的夹持

在刀具自动交换装置上，机械手抓刀具的方法大体上可分为柄式夹持、法兰盘式夹持两类。

（1）柄式夹持　如图 8-29 所示，为标准刀具夹头的柄部示意图（锥柄和直柄）。由图可见，刀柄圆柱部分的 V 形槽是供机械手夹持之用。带 V 形槽圆柱部分的右端，按所安装

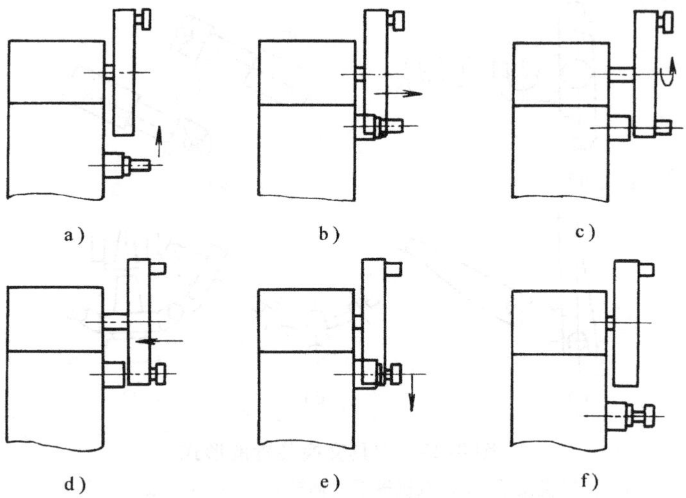

图 8-28　无机械手换刀的工作过程

a）主轴准停定位，主轴箱上升　b）主轴箱上升到顶部换刀位置，刀具进入刀库的交换位置（空位）。这时，刀具被刀库上的固定钩固定，主轴上的刀具自动夹紧装置松开　c）刀库前移，把刀具从主轴孔中取出　d）刀库转位，根据指令将新刀具转到换刀位置。同时，主轴孔被吹屑装置清洁干净　e）刀库后退，把新刀具装入主轴孔，主轴上的刀具自动夹紧装置动作，夹紧主轴中的刀具　f）主轴箱下降到工作位置

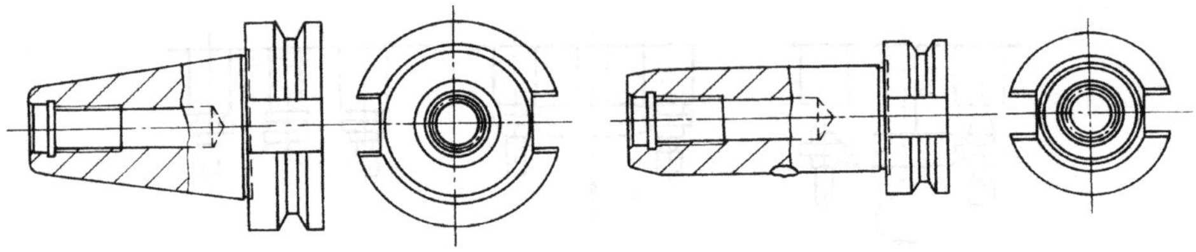

图 8-29　标准刀具夹头柄部示意图

的刀具（例如钻头、铣刀、铰刀及镗杆等）不同，根据标准可设计成不同形式。

（2）法兰盘式夹持　这种夹持方式也称为碟形夹持，其所用的刀具夹头，如图 8-30 左图所示。在刀具夹头的前端，有供机械手夹持使用的法兰。图 8-30 右图所示为机械手夹持刀夹的方法，上面为松开状态，下面为夹持状态。当应用中间搬运装置时，采用法兰盘式

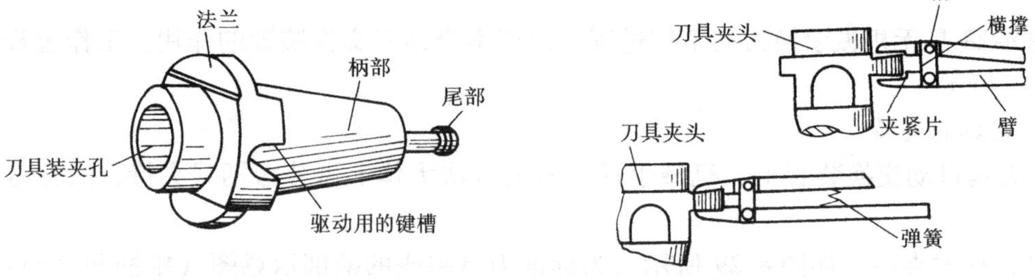

图 8-30　法兰盘式夹持示意图

（碟式）夹持，可以很方便地将刀具夹头从一个机械手过渡到另一个辅助机械手上，如图8-31 所示。

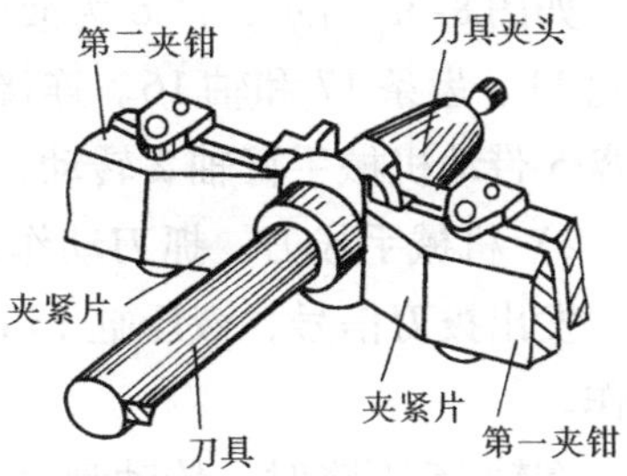

图 8-31　法兰盘式夹持交换示意图

3. 刀具交换装置的结构

以某立式加工中心为例，如图 8-1 所示，介绍其刀具交换装置的结构组成及动作过程。

该机床上使用的换刀机械手为回转式单臂双机械手。在自动换刀过程中，机械手要完成抓刀、拔刀、换刀、插刀、复位等动作。

（1）机械手的结构及动作过程　图 8-32 为机械手传动结构示意图，图 8-33 为机械手传动局部结构图。其换刀动作过程如下所述。

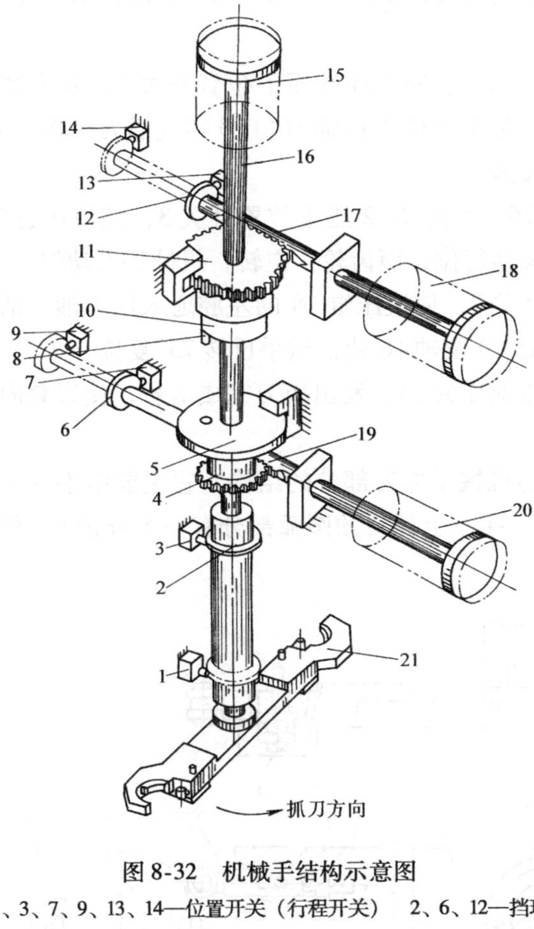

图 8-32　机械手结构示意图

1、3、7、9、13、14—位置开关（行程开关）　2、6、12—挡环　4、11—齿轮　5—连接盘　8—销　10—传动盘　15、18、20—液压缸　16—机械手臂轴　17、19—齿条　21—机械手

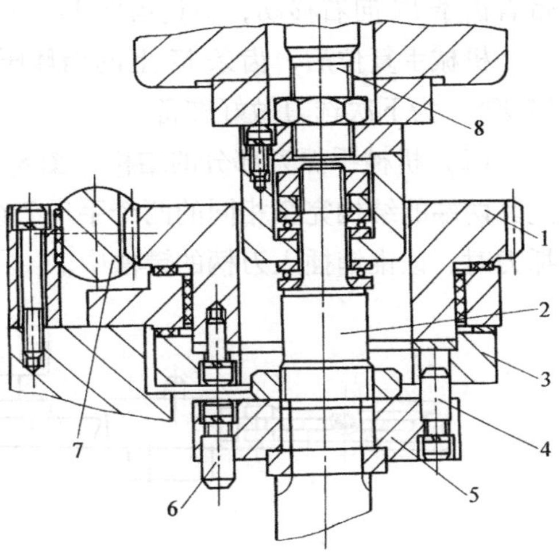
图 8-33　机械手局部结构图

1—齿轮　2—机械手臂轴　3—连接盘　4、6—销　5—传动盘　7—齿条　8—活塞杆

1）机械手抓刀。如前面介绍刀库结构时所述，刀套向下转 90°后，压下上行程开关，发出机械手抓刀信号。此时，机械手 21 处在图 8-32 中所示位置，液压缸 18 右腔通入压力油，活塞杆推着齿条 17 向左移动，使得齿轮 11 转动。

如图 8-33 所示，件 8 为液压缸 15 的活塞杆，齿轮 1、齿条 7 和轴 2 分别为图 8-32 中的齿轮 11、齿条 17 和轴 16。连接盘 3 与齿轮 1 用螺钉联接，它们空套在机械手臂轴 2 上，传动盘 5 带动机械手臂轴 2 转动，使机械手回转 75°实现抓刀动作。

2）机械手拔刀。抓刀动作结束时，如图 8-32 所示，齿条 17 上的挡环 12 压下位置开关 14，发出拔刀信号，液压缸 15 的上腔通入压力油，活塞杆推动机械手臂轴 16 下降实现拔刀动作。

在轴 16 下降时，传动盘 10 随之下降，其下端的销 8（即图 8-33 中的销 6）插入连接盘 5 的销孔中，连接盘 5 和其下面的齿轮 4 也是用螺钉联接的，它们空套在轴 16 上。

3）机械手换刀。当拔刀动作完成后，轴 16 上的挡环 2 压下位置开关 1，发出换刀信号。这时液压缸 20 的右腔通入压力油，活塞杆推着齿条 19 向左移动，使齿轮 4 和连接盘 5 转动，通过销 8，由传动盘带动机械手转动 180°，交换两刀具位置，完成换刀动作。

4）机械手插刀。换刀动作完成后，齿条 19 上的挡环 6 压下位置开关 9，发出插刀信号，使液压缸 15 的下腔通入压力油，活塞杆带动机械手臂轴 16 上升实现插刀动作。同时，传动盘 10 下面的销 8 从连接盘 5 的销孔中移出。

5）机械手复位。插刀动作完成后，轴 16 上的挡环 2 压下位置开关 3，使液压缸 20 的左腔通入压力油，活塞杆带着齿条 19 向右移动复位，而齿轮 4 空转，机械手无动作。

齿条 19 复位后，其上的挡环压下位置开关 7，使液压缸 18 的左腔通入压力油，活塞杆带着齿条 17 向右移动，通过齿轮 11、传动盘 10 及轴 16 使机械手反转 75°复位。

机械手复位后，齿条 17 上的挡环压下位置开关 13，发出换刀完成信号，使刀套向上翻转 90°，为下次选刀做好准备。

（2）机械手抓刀部分的结构　图 8-34 为机械手抓刀部分的结构，它主要由手臂 1 和固定其两端的结构完全相同的两个手爪 7 组成。手爪上握刀的圆弧部分有一个锥销 6，机械手抓刀时，该锥销插入刀柄的键槽中。

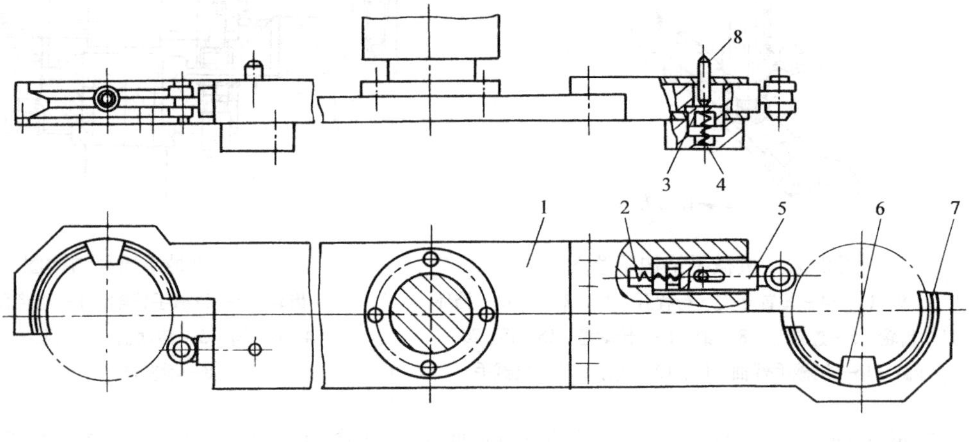

图 8-34　机械手抓刀部分结构图

1—机械手臂　2、4—弹簧　3—锁紧销　5—活动销

6—锥销　7—手爪　8—长销

当机械手由原位转 75°抓住刀具时，两手爪上的长销 8 分别被主轴前端面和刀库上的挡块压下，锁紧销 3 被压下，使活动销 5（轴向开有长槽）可以移动，机械手爪实现抓刀动作。

机械手拔刀时，长销 8 与挡块脱离接触，锁紧销 3 被弹簧 4 弹起，使活动销 5 顶住刀具不能后退，这样机械手在回转 180°时，刀具不会被甩出。

当机械手上升插刀时，两长销 8 又分别被两挡块压下，锁紧销 3 从活动销 5 的槽中退出，松开刀具，机械手便可放开刀具反转 75°复位。

二、工件交换系统

为了减少工件安装、调整等辅助时间，提高自动化生产水平，在有些加工中心上已经采用了多工位托盘自动交换机构。目前较多地采用双工作台形式，如图 8-35 所示。当其中一个托盘工作台进入加工中心内进行自动循环加工时，对于另一个在机床外的托盘工作台，就可以进行工件的装卸调整。这样，工件的装卸调整时间与机床加工时间重合，节省了加工辅助时间。图 8-36 所示为具有 10 工位托盘自动交换系统的柔性加工单元，托盘支撑在圆柱环形导轨上，由内侧的环链拖动而实现回转，链轮由电动机驱动。

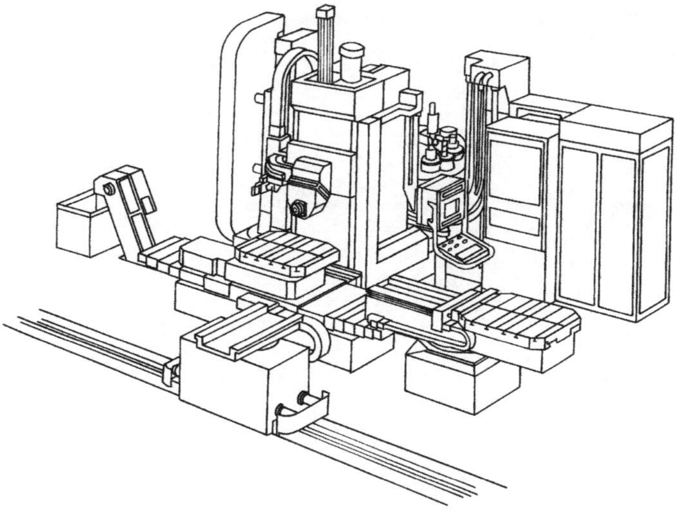

图 8-35　配备双工作台的加工中心

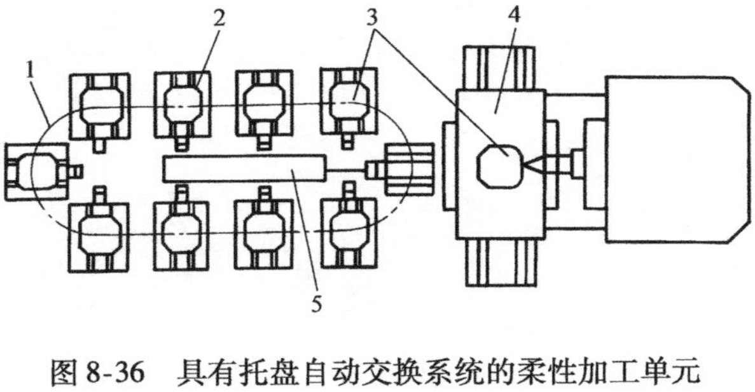

图 8-36　具有托盘自动交换系统的柔性加工单元

1—环形交换工作台　2—托盘座　3—托盘　4—加工中心　5—托盘交换装置

思考题与习题

8-1　加工中心基本上由哪几大部分组成？

8-2　对加工中心主轴系统通常有哪些要求？

8-3　说明 JCS—018A 型立式加工中心主轴装卸刀具的过程。

8-4　说明主轴定向功能的作用。

8-5　叙述采用回转式单臂双机械手的立式加工中心机械手的换刀动作过程。

第九章　数控电火花线切割机床的机械结构

第一节　机床工作台结构

数控电火花线切割机床工作台结构如图 9-1 所示。工作台分上下滑板（上滑板的上平面是工作台面），均可独立前后移动，下滑板移动表示横向运动，上滑板移动表示纵向运动，如同时运动可形成任意复杂图形。工作台移动由步进电动机带动无间隙齿轮通过精密丝杠传动而得到；为了保证工作台移动精度，该机床采用复合螺母自动消除丝杠与螺母间隙，使其失动量小于 0.004mm。工作台移动的灵敏度由中间放有高精度滚柱的 V 形导轨和平导轨获得。

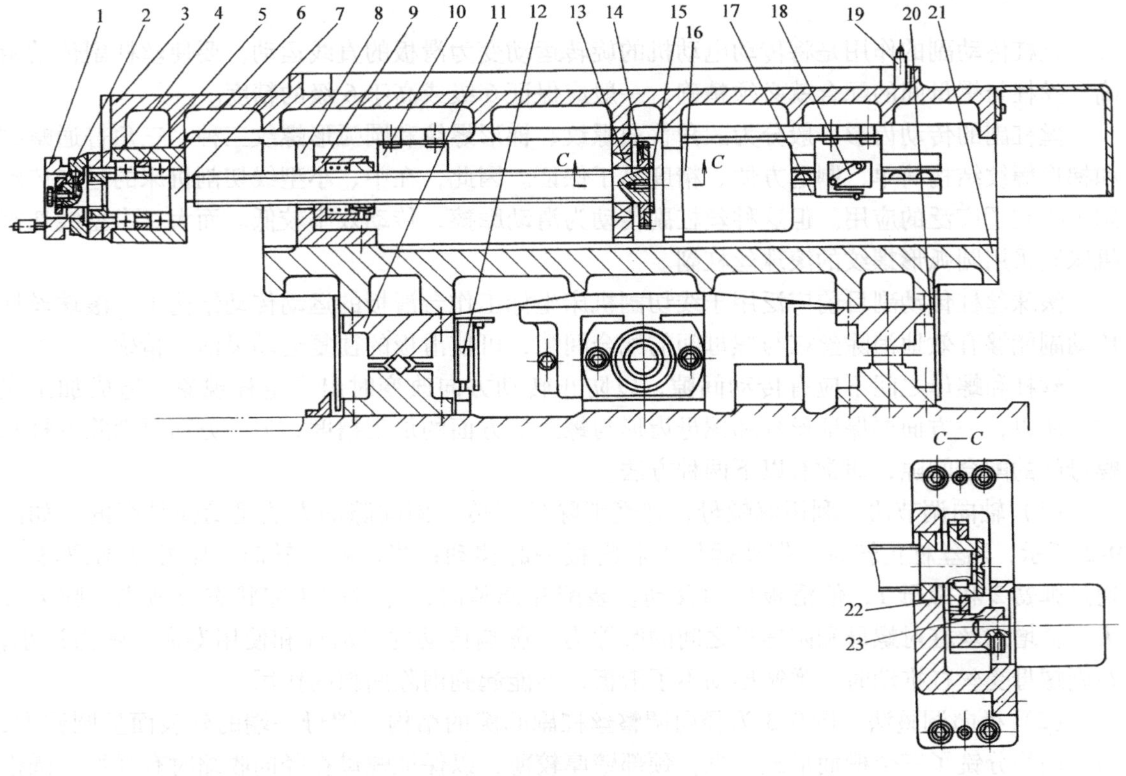

图 9-1　DK7725 型数控线切割机床工作台结构

1—手轮　2—刻度盘　3—上滑板　4—轴承座　5—内外隔板　6—轴承　7—丝杠　8—螺母座　9—调整螺母　10—限位开关挡块　11—V 形导轨　12—限位开关　13—轴承　14—精密双齿轮　15—端盖　16—步进电动机　17—上 V 形导轨　18—限位开关　19—接线柱　20—平导轨　21—下滑板　22—电动机座　23—小齿轮

切割工件前需使手轮刻度盘对“0”，对“0”时可松开手轮端面的滚花螺钉，转动刻度盘使“0”线对准刻度盘的标记，再拧紧滚花螺钉即可。

一、工作台的纵、横向移动

该机床步进电动机和工作台丝杠之间的减速齿轮比为24/100，丝杠螺距为1mm，因此可以求得工作台移动量。

机动时：步进电动机每转工作台移动量 = (24/100) × 1mm = 0.24mm，即步进电动机每转动一转，工作台在相应的方向移动0.24mm。

该机床数控系统的编程数据单位是1μm（0.001mm），它是步进电动机的控制电路接收一个进给脉冲时，工作台的移动距离，称为脉冲当量。该机床步进电动机的步进角为1.5°，也就是步进电动机每接收一个进给脉冲，转动1.5°。因此，步进电动机单个脉冲工作台移动量(脉冲当量) = (1.5°/360°) × (24/100) × 1mm = 0.001mm。

手动时（手动刻度盘每转100个格）：手轮每转工作台移动量 = 工作台丝杠螺距 = 1mm，手轮刻度盘每转一格工作台移动量 = (1/100) × 1mm = 0.01mm。

二、丝杠传动副

丝杠传动副的作用是将传动电动机的旋转运动变为滑板的直线运动。要使丝杠副传动精确，丝杠与螺母间的配合就必须精确，一般应保证6级或高于6级的精度。

丝杠副的传动齿形一般分为三角普通螺纹、梯形螺纹和圆弧形螺纹三种。三角普通螺纹和梯形螺纹结构简单、制造方便、精度易于保证。因此，在中、小型线切割机床的丝杠传动副中得到了广泛的应用。但这种丝杠副传动为滑动摩擦，传动效率较低。而大、中型线切割机床则采用圆弧形螺纹的滚珠丝杠副。

滚珠丝杠传动副目前广泛用于线切割机床坐标工作台滑板的运动传动结构中。滚珠丝杠传动副能够有效地消除丝杠与螺母间的配合间隙，可使滑板的往复运动灵活、精确。

丝杠和螺母之间不应有传动间隙，以防止转动方向改变时出现空程现象，造成加工误差。所以，一方面要保证丝杠和螺母齿形与螺距等方面的加工精度；另一方面要消除丝杠和螺母间的配合间隙，通常有以下两种方法。

（1）轴向调节法　利用双螺母、弹簧消除丝杠传动副间隙的方法是简便易行的。如图9-2所示，当丝杠正转时，带动螺母1和滑板一起移动；当丝杠反转时，则推动副螺母3，通过弹簧2和螺母1，使滑板反向移动。装配和调整时，弹簧的压缩状态要适当。弹力过大，会增加丝杠对螺母和副螺母之间的摩擦力，影响传动的灵活性和使用寿命；弹力过小，在副螺母受丝杠推动时，弹簧推动不了滑板，不能起到消除间隙的作用。

（2）径向调整法　图9-3为径向调整丝杠副间隙的结构。螺母一端的外表面呈圆锥形，沿径向均分铣了三个槽而形成三爪，颈部壁厚较薄，以保证螺母在径向收缩时有弹性。圆锥底部处的外圆柱面上有螺纹，用带有锥孔的调整螺母与之配合，使螺母三爪径向压向或离开丝杠，消除螺纹的径向和轴向间隙。

三、齿轮副

步进电动机与丝杠间的传动通常采用齿轮副来实现。由于齿侧间隙、轴和轴承之间的间隙及传动链中的弹性变形的影响，当步进电动机主轴上的主动齿轮改变转动方向时，会出现传动空程。为减少和消除齿轮传动空程，应当采取以下措施。

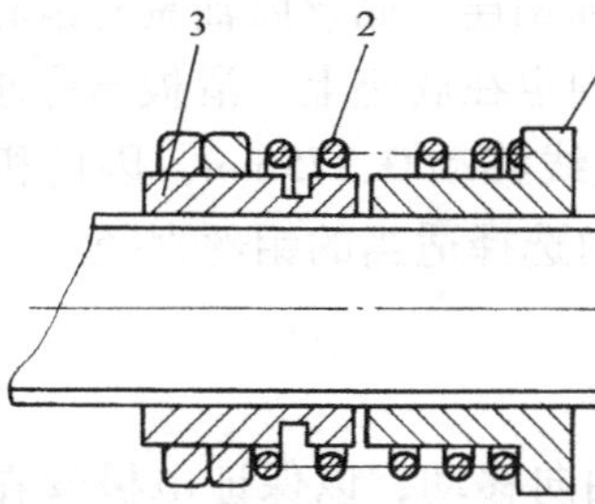

图 9-2 双螺母弹簧消除间隙的结构
1—螺母 2—弹簧 3—副螺母

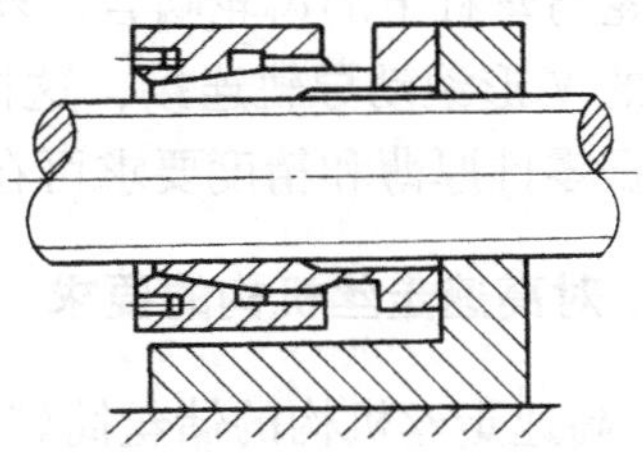

图 9-3 径向调节丝杠间隙的结构

1）尽量小的齿轮减速级数，力求从结构上减少齿轮传动精度的误差。

2）齿轮副中心距可调整结构，也可通过改变步进电动机的固定位置来实现。

3）将被动齿轮或介轮沿轴向剖分为双轮的形式。装配时应保证两轮齿廓分别与主动轮齿廓的两侧面接触，当步进电动机变换旋转方向时，丝杠能迅速得到相应的反映。

步进电动机的安装装置有两种：一种是置于滑板的一侧端部；另一种是固定在可移动滑板的下面，齿轮传动副也固定在滑板下面的相应位置上。

第二节 储丝、走丝部件的结构

DK7725 型数控线切割机床的储丝、走丝结构如图 9-4 所示，走丝结构的运动是由储丝

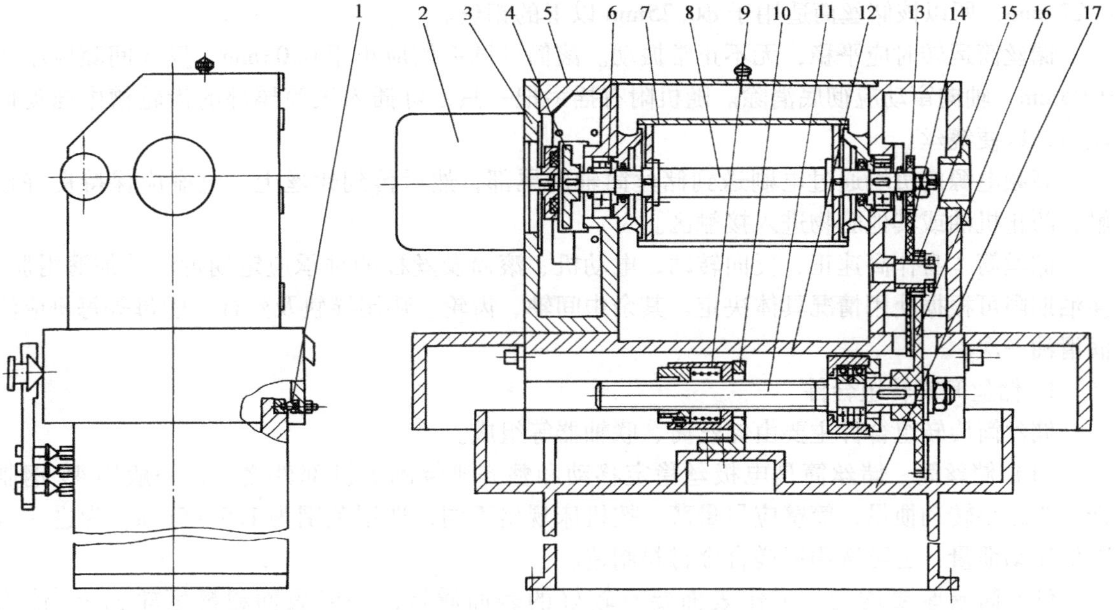

图 9-4 DK7725 型数控线切割机床的储丝、走丝结构
1—V 形导轨 2—电动机 3—电动机架 4—联轴器 5—左轴承座 6—轴承 7—储丝筒 8—轴 9—调整螺母 10—支架 11—丝杠 12—滑板 13—齿轮（$z=34$） 14—大齿轮（$z=102$） 15—小齿轮（$z=34$） 16—齿轮（$z=95$） 17—底座

筒电动机正、反转动得到的。电动机通过联轴节与储丝筒轴相连，储丝筒轴装有齿轮，通过过渡齿轮与丝杠上的齿轮啮合。丝杠固定在滑板上，螺母固定在底座上，滑板与底座采用装有滚珠的V形滚动导轨连接，这样储丝筒每转一周滑板直线移动0.275mm，因此机床工作前应根据零件厚薄和精度要求可在0.12～0.25mm的范围内选择适当的钼丝直径。

一、对高速走丝机构的要求

1）高速走丝机构的储丝筒转动时，还要进行相应的轴向移动，以保证电极丝在储丝筒上整齐排绕。

2）储丝筒的径向圆跳动和轴向窜动量要小。

3）储丝筒要能正、反向旋转，电极丝的走丝速度在7～12m/s范围内无级或有级可调，或恒速运转。

4）走丝机构最好能与机床床身相互绝缘。

5）传动齿轮副、丝杠副应具备润滑措施。

二、高速走丝机构的结构及特点

高速走丝机构由储丝筒组合件、上下滑板、齿轮副、换向装置和绝缘件等部分组成（图9-4）。储丝筒7由电动机2通过联轴器4带动，以1400r/min的转速正、反向转动，并通过齿轮13、14、15、16减速后带动丝杠11。储丝筒、电动机、齿轮都安装在两个支架上，支架及丝杠则安装在滑板12上，调整螺母9装在支架10上，滑板在底座17上来回移动。螺母具有消除间隙的副螺母及弹簧，齿轮及丝杠螺距的搭配为滚筒每旋转一周滑板移动0.275mm，所以该储丝筒适用于ϕ0.25mm以下的钼丝。

储丝筒运转时应平稳，无不正常振动。滚筒外圆振摆应小于0.03mm，反向间隙应小于0.05mm，轴向窜动应彻底消除。随机附有摇手把一只，可插入滚筒尾部的齿轮槽中摇动储丝筒，以便绕丝。

高频电源的负端通过电刷送到储丝筒轴的尾部，然后传到钼丝上，电刷应保持良好接触，防止机油或其他脏物进入接触区。

储丝筒本身作高速正、反向转动，电动机、滚筒及丝杠的轴承应定期拆洗并加润滑脂，换油期限可根据使用情况具体决定。其余中间轴、齿轮、燕尾导轨及丝杠、螺母等每班应注润滑油一次。

1. 储丝筒旋转组合件

储丝筒旋转组合件主要由储丝筒、联轴器等组成。

（1）储丝筒　储丝筒是电极丝稳定移动和整齐排绕的关键部件之一，一般用45钢制造。为减小转动惯量，筒壁应尽量薄，按机床规格不同，选用范围为1.5～5mm。为进一步降低转动惯量，也可选用铝镁合金材料制造。

储丝筒壁厚要均匀，工作表面要有较好的表面质量，一般表面粗糙度轮廓Ra值为0.8μm，为保证储丝筒组合件动态平衡，应严格控制内孔、外圆对支承部分的同轴度。

储丝筒与主轴装配后的径向圆跳动量应不大于0.01mm。一般装配后，以轴的两端中心孔定位，重磨储丝筒外圆和轴承配合的轴径。

（2）联轴器　走丝机构中运动组合件的电动机轴与储丝筒中心轴，一般不采用整体的长轴，而是利用联轴器将二者联接在一起。由于储丝筒运行时频繁换向，联轴器瞬间受到正、反向剪切力很大，因此多用弹性联轴器和摩擦锥式联轴器。

1）弹性联轴器，如图9-5所示。弹性联轴器结构简单，惯性力矩小，换向较平稳，无金属撞击声，可减少对储丝筒中心轴的冲击。弹性材料采用橡胶、塑料或皮革。这种联轴器的优点是，允许电动机轴与储丝筒轴有同轴度或平行度误差（如最大的同轴度误差允许为0.2~0.5mm，最大的平行度误差为1°），缺点是由其连接的两根轴在传递转矩时会有相对运动。

2）摩擦锥式联轴器，如图9-6所示。摩擦锥式联轴器可带动转动惯量较大的大、中型机床储丝筒旋转组合件。此种联轴器可传递较大的转矩，同时在传动负荷超载时，摩擦面之间的滑动还可起到过载保护作用。因此锥形摩擦面会对电动机和储丝筒产生轴向力，所以在电动机主轴的滚动支承中，应选用角接触球轴承和圆锥滚子轴承。另外，还要正确选用弹簧规格。弹力过小，摩擦面打滑，使传动不稳定或摩擦面过热烧伤；弹力过大，会增大轴向力，影响中心轴的正常运动。

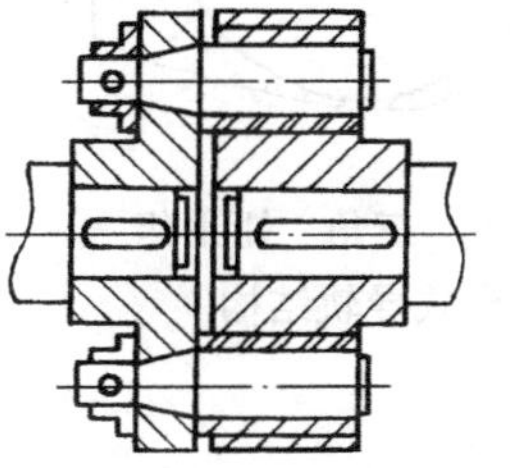

图9-5　弹性联轴器

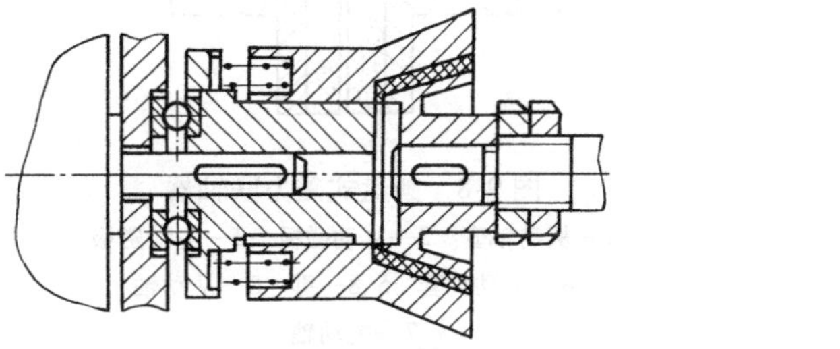

图9-6　摩擦锥式联轴器

3）磁力联轴器是依靠磁性力无接触式连接的，保留了传统联轴器的优点。套筒式磁力联轴器，如图9-7所示。此种联轴器主动磁极3和从动磁极2均可为圆筒状或以若干块磁铁排列成圆筒状，并用粘结剂分别将其固定于主动轴套4外表面和从动轴套1内表面上，主动轴6与被动轴7之间用键5、8联接。主动磁极3和从动磁极2之间有一定的间隙，其目的为两磁极之间无摩擦，靠磁场连接，被连接两轴应受制造及安装误差、承载后变形及温度变化等因素影响，往往不能严格对中心。留有一定间隙，可补偿这一不足，还可适当降低加工及装配要求。该套筒式联轴器因磁场面积大，可以传递较大转矩。其磁场连接力可以通过改变主动轴套4和从动轴套1的配合长度来进行调整。

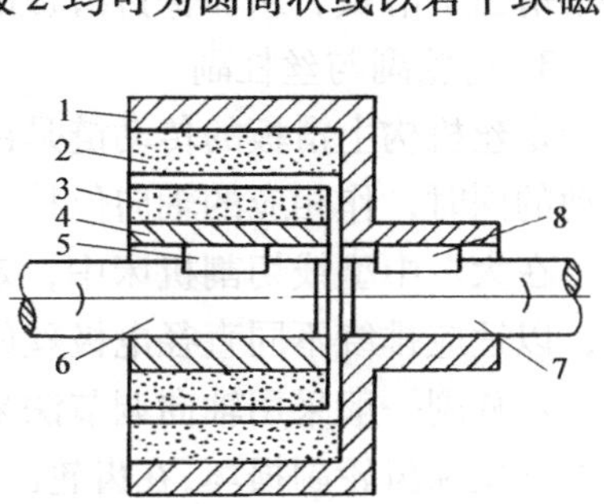

图9-7　套筒式磁力联轴器

1—从动轴套　2—从动磁极　3—主动磁极　4—主动轴套　5、8—键　6—主动轴　7—被动轴

圆盘式磁力联轴器，如图9-8所示。此种联轴器主动磁极3和从动磁极2均可为圆盘状或以若干块磁铁排列成圆形射线状，并用粘结剂分别将其固定于主动轴套4和从动轴套1的大端面上。由于圆盘式联轴器磁场面积小，所以传递转矩较小，并且体积也相应较小。其磁场连接力可以通过改变主动磁极3和从动磁极2之间的距离来进行调整。

由于磁力联轴器轴与轴之间没有零件直接连接，而是靠磁场连接来传递转矩，因此电动机换向时，转动惯量被磁力线的瞬时扭曲抵消；在超负荷时，键 8、5 联接的主动轴 7 与从动轴 6 可以自动打滑脱开，起到安全离合器的作用，不会损坏任何零部件。主动磁极 3 和从动磁极 2 均用磁性强的永磁材料制成，如铁氧体、钕铁硼、稀土合金等。

2. 上下滑板

走丝机构的上下滑板多采用燕尾形导轨和三角、矩形组合导轨两种滑动导轨。燕尾形导轨结构紧凑，调整方便。旋转调整杆带动动塞铁，可改变导轨副的配合间隙。但该导轨的制造和检验比较复杂，刚性较差，传动中摩擦损失也较大。三角、矩形组合式导轨如图 9-9 所示，导轨的配合间隙由螺钉和垫片组成的调整环节来调节。

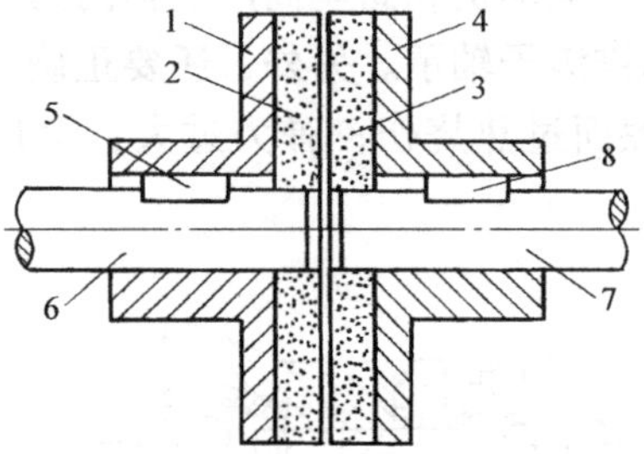

图 9-8　圆盘式磁力联轴器
1—从动轴套　2—从动磁极　3—主动磁极
4—主动轴套　5、8—键　6—从动轴
7—主动轴

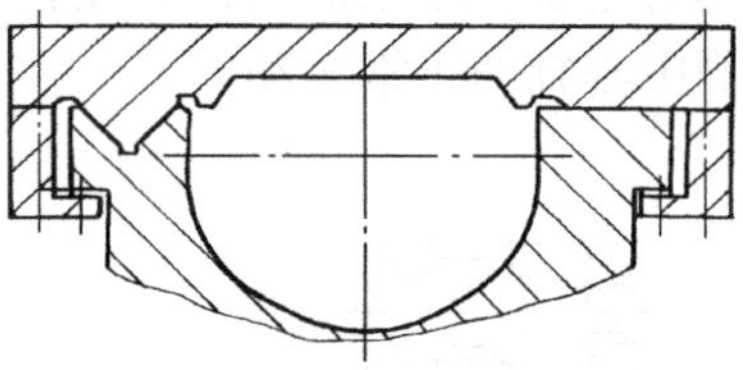

图 9-9　三角、矩形组合式导轨结构

由于储丝筒走丝机构的上滑板一边装有走丝电动机，储丝筒轴向两边负荷差较大。为保证上滑板能平稳地往复移动，应把下滑板设计得较长以使走丝机构工作时，上滑板部分可始终不滑出下滑板，从而保持滑板的刚度、机构的稳定性及运动精度。

3. 齿轮副与丝杠副

走丝机构上滑板的传动链是由 2 ~ 3 级减速齿轮副和一组丝杠副组成的。它使储丝筒在转动的同时，作相应的轴向位移，保证电极丝整齐地排绕在储丝筒上。

在大、中型线切割机床中，走丝机构常常通过配换齿轮改变储丝筒的排丝筒的排丝距离，以适应排绕不同直径电极丝的要求。

丝杠副一般采用轴向调节法来消除螺纹配合间隙。为防止走丝电动机换向装置失灵，导致丝杠副和齿轮副损坏，在齿轮副中，可选用尼龙齿轮代替部分金属齿轮。这不但可在电动机换向装置失灵时由于尼龙齿轮先损坏，保护丝杠副与走丝电动机，还可以减少振动和噪声。

4. 绝缘

走丝机构的绝缘一般采用绝缘垫圈和绝缘垫块，方法简单易行。在一些机床中，也有用绝缘材料制成连接储丝筒和轴的定位板实现储丝筒与机床床身绝缘的。这种方法的缺点是，储丝筒组合件装卸时精度容易改变。

5. 润滑方式

润滑方式有人工润滑和自动润滑两种。人工润滑是操作者用油壶和油枪周期性地向相应运动副加油，自动润滑为采用油池润滑或油泵供油的集中润滑系统。

采用润滑措施，能减少齿轮副、丝杠副、导轨副和滚动轴承等运动部件的磨损，保持传动精度；同时能减少摩擦面之间的摩擦阻力及其引起的能量损失。此外，还有润滑接触面和防锈的作用。

三、换向断高频、走丝换向调节及超程保险

储丝筒运转换向，切断高频及超程保险由六个微动开关控制，并安装在走丝滑板后面的两个微动开关板上。撞块随滑板来回移动，撞到微动开关触头后，使微动开关动作，控制储丝筒电动机转向，使储丝筒的移动反向，并切断高频输出，撞块离开触头后，弹簧片使触头弹回原处，重新接通高频电源并准备第二次动作。

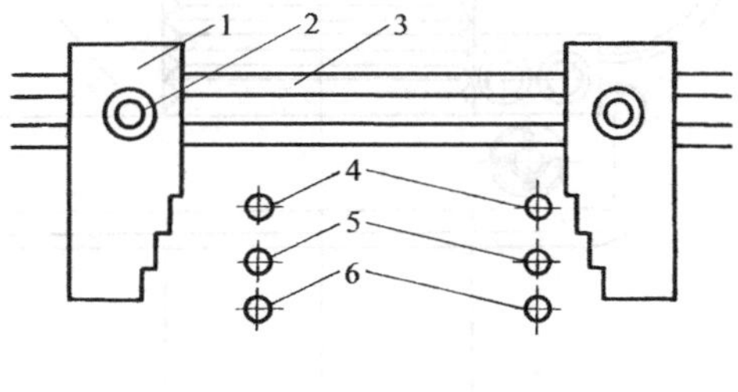

图 9-10　开关控制板和撞块简图
1—撞块　2—紧固螺母　3—紧固槽板
4—切断高频开关　5—走丝换向开关
6—切断总电源开关

撞块的位置可以分别调节，以适应不同的绕丝长度，撞块伸出的长度可以调节，应使微动开关接通后有 0.25mm 的超行程，最大超行程不超过 0.5mm，撞块伸出长度调好后再用螺母拧紧。行程开关板上每侧装有三个行程开关，如图 9-10 所示。撞块移动首先切断高频开关 4，之后撞至开关 5 换向。开关 6 用于保险，如果反向失灵，撞块冲过头，撞上保险开关 6，即切断总电源。由于有些线切割机床装有专用设计的上绕丝机构和紧丝装置，所以微动开关板上只装有三个微动开关，即可实现上述动作。

第三节　线架、导轮部件的结构

DK7725 型数控线切割机床的线架、导轮部件，如图 9-11 所示。上、下线架与立柱连接，下线架固定不动，上线架可以转动立柱上方的手轮使其在 200mm 范围内自由调节，下线架有两个导轮，上、下线架的两个导轮为蓝宝石导轮。导轮座用金属材料制作，内装精密型轴承用于支承导轮，在线架上的两个前导轮座装配过程中，调整钼丝在 *X* 向的垂直，*Y* 向垂直只需平移下线架上的两个前导轮座即可。钼丝与工作台面的调整是否合适，可采用钼丝垂直度量具（随机附件）用透光法检查。

线架与走丝机构组成了电极丝的运动系统。线架的主要功用是在电极丝按给定线速度运动时，对电极丝起支撑作用，并使电极丝工作部分与工作台面保持一定的几何角度。对线架的要求如下所述。

1）具有足够的刚度和强度，在电极丝运动（特别是高速走丝）时，不应出现振动和变形。

2）线架的导轮有较高的运动精度，径向偏摆和轴向窜动不超过 5μm。

3）导轮与线架本体、线架与床身之间有良好的绝缘性能。

4）导轮运动组合件有密封措施，可防止带有大量放电产物和杂质的工作液进入导轮轴承。

5）线架不但要保证电极丝垂直于工作台面，在具有锥度切割功能的机床上，还要具备

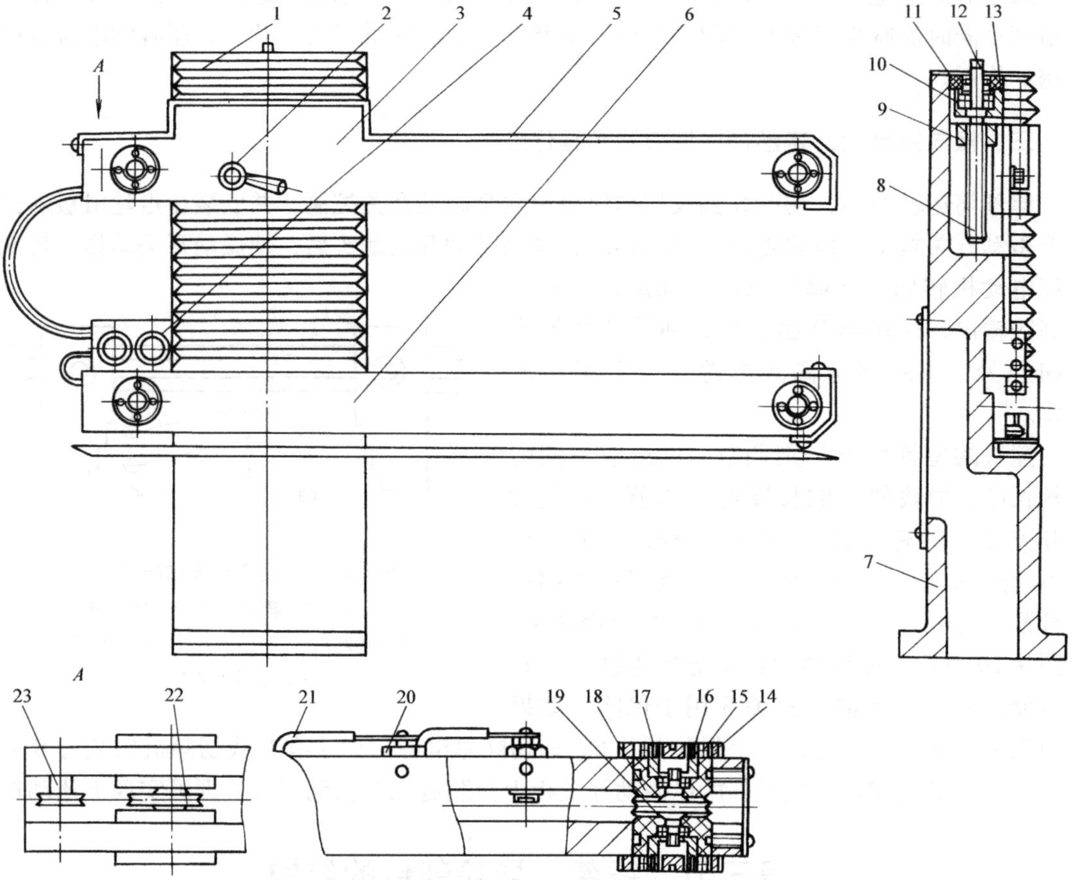

图 9-11　DK7725 型数控线切割机床的线架、导轮部件

1—防护罩　2—锁紧手柄　3—上线架　4—切削液调节阀　5—护板　6—下线架　7—立柱　8—丝杠　9—螺母　10—轴承　11—法兰盖　12—螺母　13—轴承座　14—圆螺母　15—压紧螺母　16—小圆螺母　17—轴承　18—导轮座　19—前导轮　20—接线柱　21—高频进线　22—后导轮　23—过渡轮

能使电极丝按给定要求保持与工作台平面呈一定角度的功能。

线架按功能可分为固定式、升降式和偏移式三种类型；按结构可分为悬臂式和龙门式两种类型。悬臂式固定线架主要由线架本体、导轨运动组合件及保持器等组成。

一、线架本体结构

目前，中、小型线切割机床的线架本体常采用单柱支承、双臂悬梁式结构。由于支承电极丝的导轮位于悬臂的端部，同时电极丝保持一定张力，因此应加强线架本体的刚度和强度，可使线架的上、下悬臂在电极丝运动时不至于产生振动和变形。

为了进一步提高刚度和强度，有在上、下悬臂间增加加强肋的结构。大型线切割机床的线架本体有的采用龙门结构。这时，工作台滑板只沿一个坐标方向运动，另一个坐标方向的运动通过架在横梁上的线架滑板来实现。

此外，针对不同厚度的工件，还有采用丝臂张开高度可调的分离式结构，如图 9-12 所示。活动丝臂在导轨上滑动，上、下移动的距离由丝杠副调节。松开固定螺钉时，旋转丝杠带动固定于上丝臂体的螺母，使上丝臂移动。调整完毕后，拧紧固定螺钉，上丝臂的位置便固定下来。为了适应线架丝臂张开高度的变化，在线架上、下部分应增设副导轮，如图9-13所示。

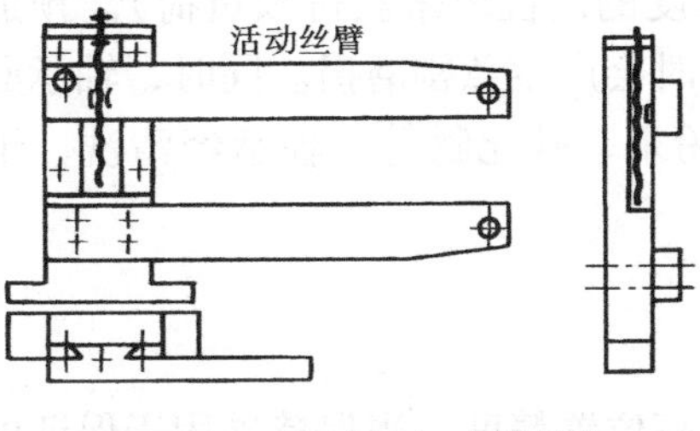

图9-12　可调式线架本体结构

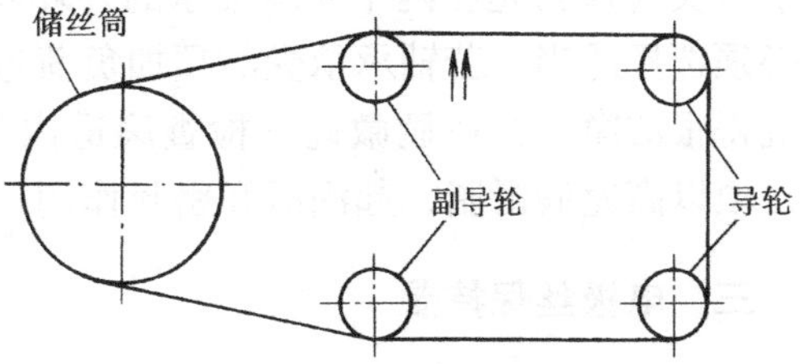

图9-13　可移动丝臂

二、导轮部件结构

1. 导轮运动组合件的要求

导轮是机床关键零件，关系到切削质量，对其要求如下。

1）导轮V形槽面应有较高的精度，V形槽底的圆弧半径应小于选用的电极丝半径，保证电极丝在导轮槽内运动时不产生轴向移动。

2）在满足一定强度要求下，应尽量减轻导轮质量，以减少电极丝换向时的电极丝与导轮间的滑动摩擦。导轮槽工作面应有足够的硬度，以提高其耐磨性。

3）导轮装配后移动应轻便灵活，尽量减少轴向窜动和径向圆跳动。

4）进行有效的密封，以保证轴承的正常工作条件。

2. 导轮运动组合件的结构

导轮运动组合件的结构主要有三种：悬臂支承结构、双支承结构和双轴尖支承结构。

悬臂支承结构如图9-14所示，结构简单，上丝方便。但因悬臂支承，张紧的电极丝运动稳定性较差，难于维持较高的运动精度，同时也影响导轮和轴承的寿命。

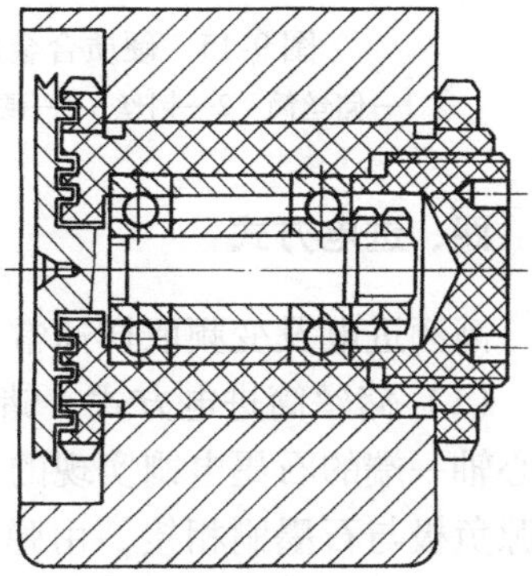

图9-14　悬臂支承导轮结构

双支承结构为导轮居中，两端用轴承支承，结构较复杂，上丝较麻烦。但此结构的运动稳定性较好，刚度较高，不易发生变形及跳动。

双轴尖支承结构，是在导轮两端加工成30°的锥形轴尖，硬度在60HRC以上，轴承由红宝石或锡磷青铜制成。该结构易于保证导轮运动组合件的同轴度，导轮轴向窜动和径向圆跳动量可以控制在较小的范围内。缺点是轴尖运动副摩擦力大，易于发热和磨损。为了补偿轴尖运动副的磨损，利用弹簧的作用力使运动副良好接触。此外，有的导轮支承还采用滑动支承结构。

3. 导轮的材料

为了保证导轮轴径与导向槽的同轴度，一般采用整体结构。导轮要求用硬度高、耐磨性好的材料制成，也可选用硬质合金或陶瓷材料制造导轮的镶件来增强导轮V形工作面的耐磨性和耐蚀性。

4. 导轮组合件的装配

导轮组合件装配的关键是消除滚动轴承中的间隙，避免滚动体与套环工作表面在负荷作用下产生弹性变形，以及由此引起的轴向窜动和径向跳动。因此，常用轴承施加预负荷的方法来解决（通常是在两个支承轴承的外环间放置一定厚度的定位环来获得预负荷）。预加负荷必须选择适当。若轴承承受的预加负荷过大，在运转时会产生急剧磨损。同时，轴承必须清洗得很洁净，并在显微镜下检查滚道内是否有金属粉末、碳化物等。轴承经清洗、干燥后，填以高速润滑脂，起润滑和密封作用。

三、电极丝保持器

保持器主要是对电极丝往复运动起限位作用，以提高位置精度。当保持器用于保证电极丝顺序排绕时，一般置于上、下丝臂靠近储丝筒的一端，使上、下保持器左右相对偏移，如图 9-15 所示。保持器的定位圆柱面应从相应中心位置对称地左右调节，使电极丝走向与导轮 V 形槽夹角尽量小，有利于导轮的正常使用。图 9-16 的 V 形宝石架用于保持电极丝运动的位置精度时，不应对电极丝产生较大的压力。圆柱式保持器可以用硬质合金或红宝石、蓝宝石制成，目前使用的有圆弧形、V 形，#形等方式。

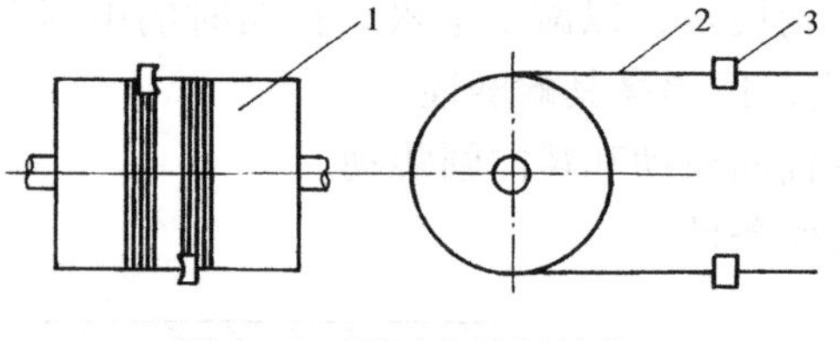

图 9-15　硬质合金保持器

1—储丝筒　2—钼丝　3—硬质合金保持器

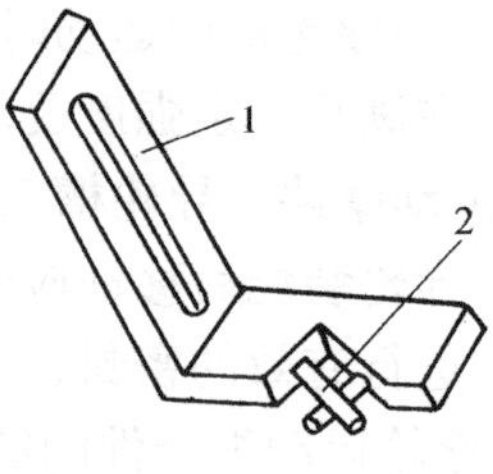

图 9-16　V 形宝石架

1—保持器架　2—V 形宝石保持器

四、进电方式

高频进电及变频取样通常有储丝筒进电方式、线架进电方式和挡丝块进电方式。

（1）储丝筒进电方式　储丝筒进电是通过储丝筒中心轴一端的石墨电刷实现的，如图 9-17 所示。脉冲电源负极与石墨刷相接，由弹簧保证石墨电刷与轴端紧密接触，且中心轴可以旋转，使石墨电刷磨损后，两者仍能保持良好接触。

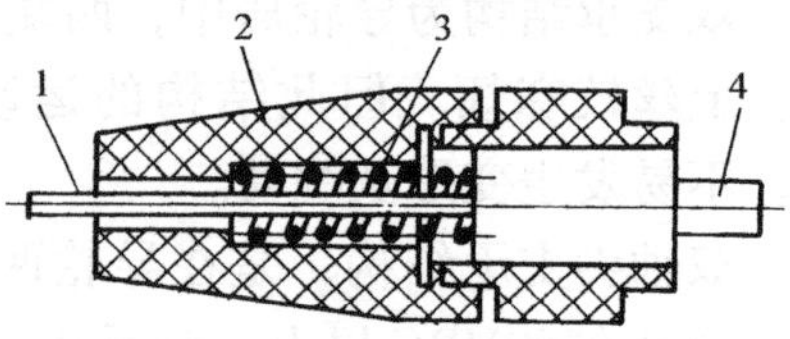

图 9-17　储丝筒进电结构

1—进电导线　2—绝缘体

3—弹簧　4—石墨电刷

（2）线架进电方式　线架进电一般有导轮直接进电和导电柱进电两种形式。

1）导轮直接进电方式。如图 9-18 所示，这种方式有利于减少脉冲电源的能量损失，并减少外界干扰。为减少导轮轴与进电部位的摩擦力矩，可采用水银导电壶结构，如图 9-19 所示。为防止水银对导针的腐蚀，导针选用不锈钢材料，水银壶采用有机玻璃材料。

2）导电柱进电方式。导电柱一般采用硬质合金制成，固定在线架的上、下臂处靠近导轮的部位，通过其与电极丝的接触进电，如图 9-20 所示。这种进电方式的缺点是，由于放电腐蚀，导电柱会产生沟槽，因此，应不断适当地调整导电柱与电极丝的接触位置，避免卡断电极丝。

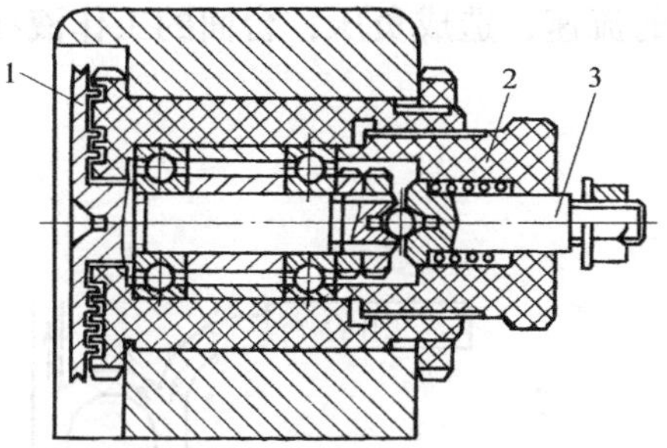

图 9-18　导轮直接进电结构

1—金属导轮　2—绝缘体　3—进电柱

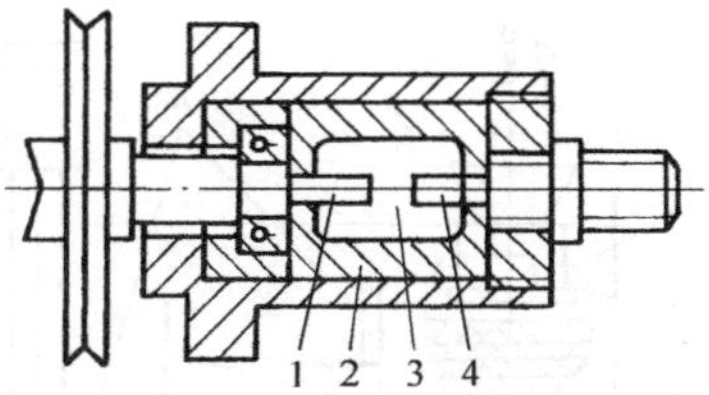

图 9-19　水银导电壶结构

1—导针　2—水银壶　3—水银　4—导针

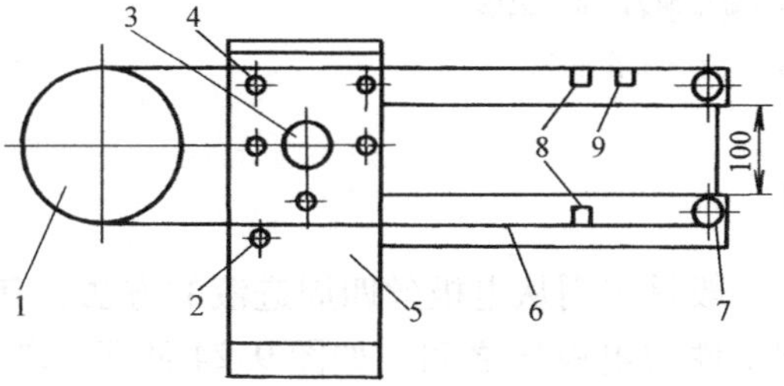

图 9-20　走线架

1—储丝筒　2—导向轮　3、4—螺钉　5—立柱

6—悬臂　7—导轮　8—导电柱　9—断丝保护

第四节　工作液系统

在电火花线切割加工过程中，需要稳定地供给有一定绝缘性能的工作介质（工作液），以冷却电极丝和工件，排除电蚀产物等，这样才能保证火花放电持续进行。一般线切割机床的工作液系统包括：工作液箱、工作液泵、流量控制阀、进液管、回液管及过滤网罩等，如图 9-21 所示。

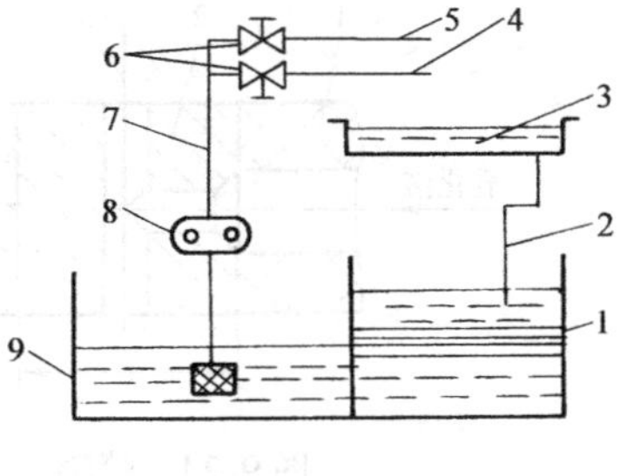

图 9-21　线切割机床工作液系统图

1—过滤器　2—回液管　3—工作台

4—下丝臂进液管　5—上丝臂进液管

6—流量控制阀　7—进液管

8—工作液泵　9—工作液箱

一、工作液过滤装置

工作液的质量及清洁程度对线切割工作起着很大的作用。如图 9-22 所示，用过的工作液经管道流到漏斗 5，再经磁钢 2、泡沫塑料 3、纱布 1 流入水池中。这时基本上已将电蚀物过滤掉，再流经两块隔墙 4、铜网布 6、磁钢 2，工作液得到过滤复原。这种过滤装置不需特殊设备，方法简单，可靠实用，设备费用低。

值得注意的是水箱内壁不能涂涂料，要做镀锌处理，工作液的黏度要小些，否则泡沫塑料会堵塞，水泵的进水口要装铜丝网。

坐标工作台的回水系统装有射流吸水装置，如图 9-23 所示。在进水管旁装有一段分流管，与回水管连接，使回水管内的回水具有一定的流速，造成负压，台面的工作液在大气压下流入回水管而不外溢。

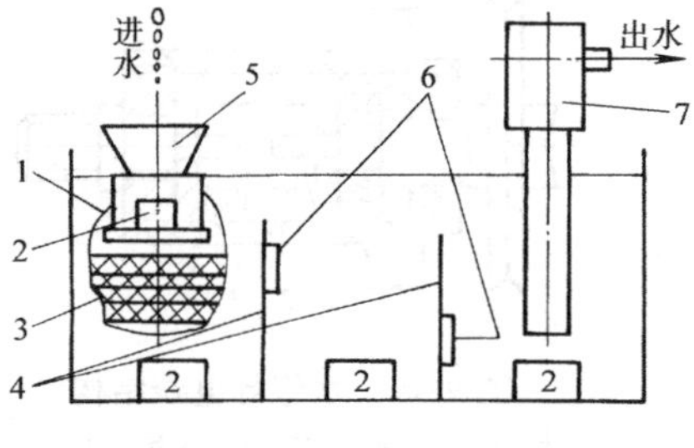

图 9-22　工作液过滤图

1—纱布　2—磁钢　3—泡沫塑料　4—隔墙　5—漏斗　6—铜网布　7—工作液泵

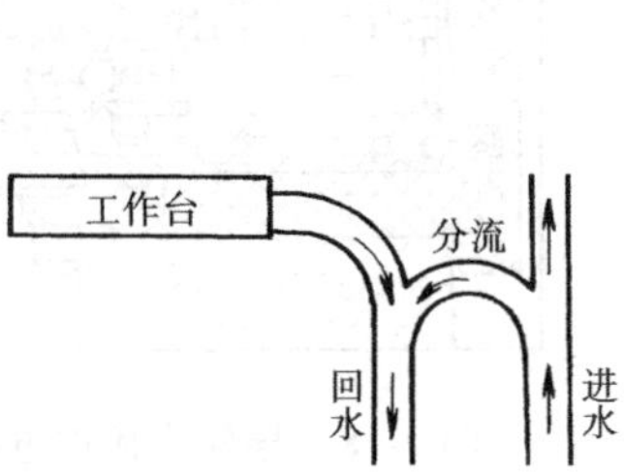

图 9-23　射流吸水装置示意图

二、工作液喷嘴结构

工作液供给到工件上一般是采用从电极丝四周进液的方法，其结构比较复杂。当然也可将工作液用喷嘴直接冲到工件与电极丝之间，如图 9-24 所示。乳化液经配水板直接冲击穿过喷嘴中心的钼丝。由于液流实际上是不稳定的，因此液流对钼丝直接产生一个不规则振源，当线架跨距在 160mm 左右时，这个振源对工件精度和表面质量的影响较小，由于线架的增高，对加工工件的精度和表面质量的影响随线架增高而明显增大。为克服上述缺点，可以改进为如图 9-25 所示的环形喷嘴，在实际应用中收到了良好的效果。喷嘴由导液嘴 3 和嘴座 2 组成，导液嘴和嘴座的配合采用过盈配合，装配时先将嘴座在 200°C 机油中加温后与导液嘴配合。乳化液经配水板 1 进入嘴座 2 环形缓冲腔，由于导液嘴 3 的隔离作用，而使其向钼丝中心喷射环形液流。

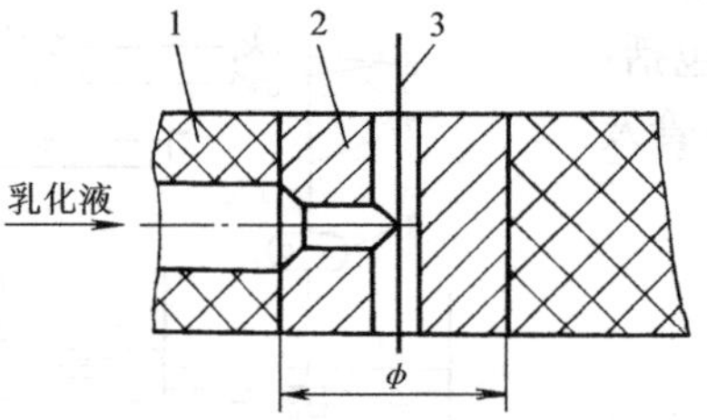

图 9-24　喷嘴

1—配水板　2—喷嘴　3—钼丝

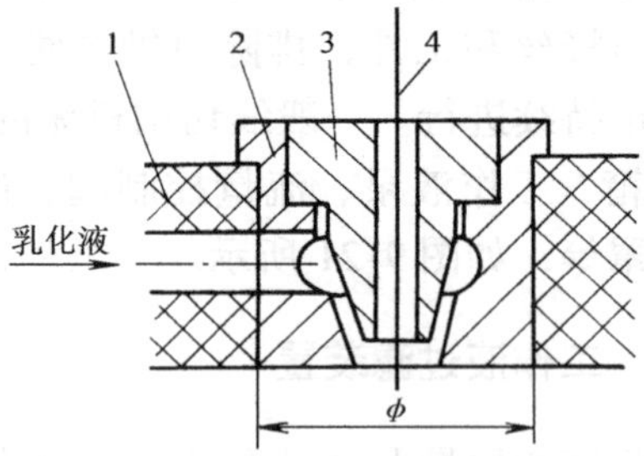

图 9-25　环形喷嘴

1—配水板　2—嘴座　3—导液嘴　4—钼丝

思考题与习题

9-1　DK7725 型数控线切割机床工作台主要由哪几个部分组成？

9-2　消除丝杠和螺母间的间隙有哪些方法？

9-3　丝杠副的传动齿形一般有哪几种？它们分别适用于哪种场合？

9-4　为减少和消除齿轮传动空程，应采取的措施有哪些？

9-5　储丝筒旋转组合件中联轴器的选用有哪几种？各有何优缺点。

9-6　为保证电极丝运动稳定可靠，对线架的要求有哪些？

9-7　高频进电方式有哪几种？各有何优缺点。

参考文献

[1] 晏初宏. 数控机床 [M]. 北京：机械工业出版社，2010.
[2] 王平. 数控机床与编程实用教程 [M]. 北京：化学工业出版社，2004.
[3] 杨有君. 数控技术 [M]. 北京：机械工业出版社，2005.
[4] 李善术. 数控机床及其应用 [M]. 北京：机械工业出版社，2005.
[5] 晏初宏. 数控加工工艺与编程 [M]. 2 版. 北京：化学工业出版社，2010.
[6] 张超英. 数控车床 [M]. 北京：化学工业出版社，2003.
[7] 董献坤. 数控机床结构与编程 [M]. 北京：机械工业出版社，1997.
[8] 徐宏海，谢富春. 数控铣床 [M]. 北京：化学工业出版社，2003.
[9] 沙杰，等. 加工中心结构、调试与维护 [M]. 北京：机械工业出版社，2003.
[10] 高德文. 数控加工中心 [M]. 北京：化学工业出版社，2003.
[11] 吴明友. 数控机床加工技术 [M]. 南京：东南大学出版社，2000.
[12] 李福生. 数控机床技术手册 [M]. 北京：北京出版社，1996.
[13] 赵云龙. 数控机床及应用 [M]. 北京：机械工业出版社，2002.
[14] 朱晓春. 数控技术 [M]. 北京：机械工业出版社，2002.
[15] 杨伟群. 数控工艺培训教程 [M]. 北京：清华大学出版社，2002.
[16] 王爱玲. 现代数控机床实用操作技术 [M]. 北京：国防工业出版社，2002.
[17] 毕承恩，丁乃建，等. 现代数控机床上册 [M]. 北京：机械工业出版社，1991.
[18] 张振国，等. 数控机床的结构与应用 [M]. 北京：机械工业出版社，1990.
[19] 王贵明. 数控实用技术 [M]. 北京：机械工业出版社，2000.
[20] 陈志雄，董兆伟. 数控机床与数控编程技术 [M]. 北京：电子工业出版社，2003.
[21] 罗学科，李跃中. 数控电加工机床 [M]. 北京：化学工业出版社，2003.
[22] 李宏胜. 机床数控技术 [M]. 北京：高等教育出版社，2001.
[23] 熊光华. 数控机床 [M]. 北京：机械工业出版社，2001.
[24] 王爱玲. 现代数控机床结构与设计 [M]. 北京：兵器工业出版社，1999.